材料新技术书库

激光熔覆增材制造技术

郭士锐　崔英浩　崔陆军　著

中国纺织出版社有限公司

内 容 提 要

本书系统介绍了激光熔覆制造技术的基础知识和原理，激光熔覆过程中工艺参数与粉末体系的选取、数值仿真技术的应用、图像识别技术在增材制造领域中的应用，同时详细阐述了相关产业化应用实例，展望了激光熔覆制造技术的应用前景和发展趋势。

本书可供从事激光增材制造、激光加工及装备制造等领域的工程技术人员阅读，也可供高等院校机械工程、材料科学与工程、光学工程等专业的师生参考。

图书在版编目（CIP）数据

激光熔覆增材制造技术 / 郭士锐，崔英浩，崔陆军著． -- 北京：中国纺织出版社有限公司，2022.8
（材料新技术书库）
ISBN 978-7-5180-9441-7

Ⅰ．①激… Ⅱ．①郭…②崔…③崔… Ⅲ．①激光熔覆—快速成型技术 Ⅳ．① TG174.445

中国版本图书馆 CIP 数据核字（2022）第 048056 号

责任编辑：范雨昕　　责任校对：王蕙莹　　责任印制：何 建

中国纺织出版社有限公司出版发行
地址：北京市朝阳区百子湾东里A407号楼　邮政编码：100124
销售电话：010—67004422　传真：010—87155801
http://www.c-textilep.com
中国纺织出版社天猫旗舰店
官方微博 http://weibo.com/2119887771
唐山玺诚印务有限公司印刷　各地新华书店经销
2022年8月第1版第1次印刷
开本：710×1000　1/16　印张：22.25
字数：327千字　定价：98.00元

前　言

　　我国每年有大量的高端装备处在严苛的服役环境中，长期以来高端装备的关键结构零部件因磨损、腐蚀而失效，只能不断更换新构件，资源消耗巨大，报废后的机械零部件和整装设备则进一步造成了资源的浪费。激光熔覆技术是一种绿色先进的表面工程技术，利用激光在基体表面覆盖一层具有特定性能的薄涂覆材料，实现高效率、无污染、高精度的加工效果。随着我国制造业的高速发展，激光熔覆技术广泛应用于煤矿、石油化工、医疗、钢铁等主流制造领域，产生了巨大的经济效益和社会效益，符合现代化制造工业发展的需求。

　　本书是作者多年来从事激光增材制造理论和工程实践应用成果的积累和提炼，同时总结了中原工学院激光增材制造课题组多年来的理论和实践经验。本书共10章：第1章介绍了激光熔覆技术的基本原理及其发展现状与趋势，包括常用的激光器；第2章介绍了激光熔覆制造技术的材料体系与参数分析；第3章介绍了激光熔覆工艺参数、分析方法以及在重要工程机械中的应用；第4章介绍了激光熔覆过程中的数值模拟，包括温度场、结构场及流场分析；第5章介绍了激光熔覆过程中的图像检测技术，包括激光熔覆宏观缺陷及微观组织的识别；第6~第9章主要介绍了激光熔覆技术的应用实例，包含液压支架、截齿、阀门和转子轴，用于指导相关理论研究与实际工业生产；第10章介绍了激光熔覆设备的操作安全与维护，提醒相关人员在进行试验时注意规范操作。本书力求突出先进性与实用性，为解决激光熔覆制造技术过程中的疑难问题及保证产品性能提供了重要的技术资料和数据参考。

　　本书第1、第6~第9章由中原工学院郭士锐撰写，第2~第5章由中原工学院崔英浩撰写，第10章由崔陆军撰写，浙江大学曹衍龙、安徽理工大学深部开采国家重点实验室程刚对本书内容进行了审定与校对，课题组陈永骞、李晓磊、刘嘉霖、郑博也参与了本书内容的整理工作，课题组研究生王凯祥、谢聪、王沛雄、郁君豪、袁岗参与了部分章节的梳理工作，相关研究成果得到了河南省研究生教育改革与质量提升工程项目"增材制造技术"教学案例库（YJS2022AL057）、河南省科技攻关计划项目（202102210068）、安徽理工大学矿山智能装备与技术安徽省重点实验室开放基金项目（KSZN202002003）、中原工学院优势学科实力提升计划资助"学科骨干教师支持计划"项目（GG202220）与"骨干学科发展计划"项目（FZ202204）、中原工学院科研团队发展项目"激光增材制造技术团队"（K2021TD002）、中原工学院青年骨干教师资助项目（2021XQG07）、中原工学院学术专著出版基金的资助。同时，在本书编写过程中参考了国内外专家发表的文献资料，在此一并表示衷心的感谢。

  鉴于作者水平有限，书中难免存在欠缺和不足之处，欢迎广大读者朋友予以批评指正。

作者

2022年7月

目　录

第1章　绪论

1.1　激光熔覆制造技术基础

激光熔覆技术（图1-1、图1-2）是激光表面改性技术的一个分支，起源于20世纪60年代，美国AVCO公司D．S．Gnanamathn于1974年提出专利申请，并在1976年获得激光熔覆技术专利。90年代初，我国便开始了激光熔覆技术的研究，一直至今。它的激光功率密度的分布区间为$10^4 \sim 10^6 W/cm^2$，介于激光淬火和激光合金化之间。激光熔覆是在激光束作用下将两种或两种以上不同性质的材料（合金粉末或陶瓷粉末与基材）表面迅速加热并熔化，光束移开后自激冷却形成稀释率极低，与基材材料呈冶金结合的表面熔覆层，如图1-2所示，充分发挥各自优良性能的工艺方法。激光熔覆具有加热速度快冷却迅速的特点，因此激光熔覆能够获得强度更高、显微组织很细的熔覆层，是一种更优的表面改性方法。

图1-1　激光熔覆加工图

图1-2　激光熔覆表面熔覆层

随着表面技术的发展与革新，第三代表面工程阶段已经来临，将纳米材料和纳米技术与传统表面工程有机结合并应用的纳米表面工程阶段。激光合金化是一种新型表面改性技术，可以针对航空材料的不同服役条件，利用高能密度激光束加热冷却速率快等特点，在结构件表面制备非晶—纳米晶增强金属陶瓷复合涂层，达到航空材料表面改性的目的。在钛合金表面制备的激光非晶纳米晶增强涂层，将陶瓷材料优异的耐磨性能与金属材料的高塑性、高韧性以及非晶—纲米晶优异的耐磨性有机结合，可大幅延长航空钛合金的使用寿命。可以利用激光熔覆技术修复飞机零部件中的裂纹。一些非穿透性裂纹通常产生于厚壁零部件中，裂纹深度无法直接测量，当采用其他修复技术无法发挥作用时，可采用激光熔覆技术。根据裂纹情况，通过多次打磨、探伤将裂纹逐步清除。打磨后的沟槽用激光熔覆添加粉末的多层熔覆工艺填平，即可重建损伤结构，恢复其使用性能。

激光熔覆涉及物理、冶金、材料科学等多个领域，能够有效提高工件表面的耐蚀、耐磨、耐热等性能，节省贵重合金，因此，该技术在航空航天、矿山机械、石油化工、汽车、船舶、电力、铁路等行业具有广阔的应用前景，也越来越受到世界各国的重视与关注。

1.2　激光熔覆制造技术的原理和特点

1.2.1　传统激光熔覆技术的原理和特点

1.2.1.1　原理

激光熔覆技术是指将选定的涂层材料通过不同的填充方法，利用高能量激光照射，使涂层材料和基体表面上的薄层同时熔化并迅速凝固，形成与基体冶金结合良好的表面熔覆层，从而显著改善基材表面的耐磨、耐蚀、耐热、抗氧化及电气特性等的一种表面强化方法，从而达到表面改性或修复的目的，在满足材料表面特定性能的同时又节约了大量的材料成本。激光熔覆技术基本原理如图1-3所示，激光由激光器产生，随激光头发射，另一边合金粉末由送粉器送出，经粉末喷嘴在保护气（一般为氮气或氩气）的作用下送出，激光束和粉末流同轴输出到达基体，形成熔池及熔覆层。

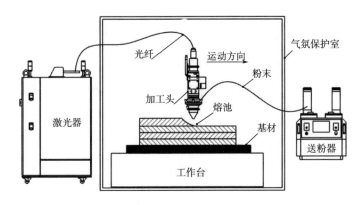

图1-3 激光熔覆技术基本原理示意图

（1）激光熔覆中的相互作用。在整个激光熔覆过程（图1-4）中，激光、粉末、基材三者之间存在相互作用，即激光与粉末、激光与基材以及粉末与基材的相互作用。

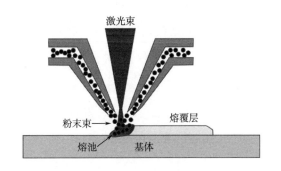

图1-4 激光熔覆过程

① 激光与粉末的相互作用。激光光束作用于粉末时，粉末会吸收一部分热源的能量，而到达基体材料时能量会损失，粉末受热源的作用，在形成金属熔池之前，其形态会依据吸收能量多少，存在熔化态、半熔化态以及未熔化态三种。

② 激光与基材的相互作用。经粉末吸收和反射后的激光作用于基材的表

面，使基材熔化形成熔池，而此时激光能量的大小决定了基材熔池的深度，进而对熔覆层的稀释率产生影响。

③ 粉末与基材的相互作用。合金粉末在经送粉喷嘴送出之后受外界因素的影响会发散，导致一部分粉末未进入金属熔池，而是被飞溅到未熔区域的基体上，影响粉末的利用率以及熔覆层的质量，造成材料的浪费。

（2）激光熔覆的能量传递。在激光熔覆过程中，激光束将能量传递给其所辐照的材料上。激光与材料之间的能量传递要遵循能量守恒定律，即：

$$E=E_{反射}+E_{吸收}+E_{透过} \tag{1-1}$$

式中：E 为激光发射的总能量；$E_{反射}$ 为被材料反射的能量；$E_{吸收}$ 为被材料吸收的能量；$E_{透过}$ 为透过材料后仍保留的能量。

式（1-1）可转化为：

$$1=\frac{E_{反射}}{E}+\frac{E_{吸收}}{E}+\frac{E_{透过}}{E}=R+\alpha+T \tag{1-2}$$

式中：R 为反射系数；α 为吸收系数；T 为透过系数。

1.2.1.2 特点

激光熔覆技术能量密度高度集中，基材材料对熔覆层的稀释率很小，熔覆层组织性能容易得到改善。激光熔覆精度高，可控性好，适合于对精密零件或局部表面进行处理，可以处理的熔覆材料品种多、范围广。

（1）激光熔覆技术的优点

① 冷却速度快（102～106K/s），产生快速凝固组织的特征，容易得到细晶组织或产生平衡态所无法得到的新相，如亚稳相、非晶相等。

② 热输入小，畸变小，熔覆层稀释率低（一般小于5%），与基材呈牢固的冶金结合或界面扩散结合，通过对激光工艺参数的调整，可以获得低稀释率的良好熔覆层，并且熔覆层成分和稀释率可控。

③ 合金粉末选择几乎没有任何限制，选择范围广。

④ 熔覆层的厚度范围大，单道送粉一次熔覆厚度在0.2～2.0mm之间；熔覆层组织细小致密，甚至产生亚稳相、超弥散相、非晶相等，微观缺陷少，界面

结合强度高，熔覆层性能优异。

⑤ 能进行选区熔覆，材料消耗少，具有优异的性价比；尤其是采用高功率密度快速激光熔覆时，表面变形可降低到零件的装配公差内。

⑥ 熔覆后局部热影响区较小，不超过100μm的范围。

⑦ 光束瞄准可以对复杂件和难以接近的区域激光熔覆，工艺工程易于实现自动化。

⑧ 激光熔覆技术因无污染且制备出的涂层与基材呈冶金结合良好等优点已成为当代材料表面改性的研究热点。可以针对零部件的不同服役条件，利用高能密度激光束具有加热温度高和加热速度快等特点，将金属材料的高塑性、高韧性与陶瓷材料优异的耐磨、耐蚀等性能有机地结合起来，大幅提高工业零部件的使用寿命。

⑨ 激光熔覆技术可有效解决电弧焊、氩弧焊、等离子弧焊等无法解决的技术问题，如热变形、热疲劳以及组织粗大等问题；同时还解决了传统电镀、喷涂技术等无法克服的技术问题，如镀层与基材结合强度较差，在使用过程中易产生剥离等问题。激光熔覆可以实现工件的优质与快速修复，还使被修复工件表面的物理化学性能得到显著改善，极大地延长了工件的使用寿命。

（2）激光熔覆技术的缺点及存在的问题。尽管激光熔覆技术在近年来得到了快速发展，并且在某些工业领域获得了一些应用，但该项技术目前尚处于发展阶段，还存在一些问题有待解决，如图1-5所示。

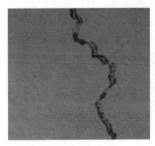 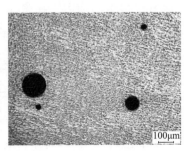 

(a) 裂纹　　　　　(b) 气孔　　　　　(c) 冶金质量

图1-5　激光熔覆缺陷图

① 激光熔覆层的冶金质量。涂层材料与基材材料两者理想结合应是在界面上形成致密的、低稀释度的、较窄的交互扩散带。而这一冶金结合除与激光加工工艺参数及熔覆层的厚度有关外，主要取决于熔覆合金与基材材料的性质。良好的润湿性和自熔性可以获得理想的冶金结合。但是，熔覆层合金与基材材料的熔点差异过大，则形成不了良好的冶金结合。熔覆层合金熔点过高，熔覆层熔化小，表面光洁度下降，且基材表层过烧严重污染覆层；反之，涂层过烧，合金元素蒸发，收缩率增加，破坏了覆层的组织与性能。同时基材难熔，界面张力增大，涂层与基材间难免产生孔洞和夹杂。在激光熔覆过程中，在满足冶金结合时，应尽可能地减少稀释率，研究表明，对于不同的基材材料与熔覆层合金化时所能得到的最低稀释率并不相同，一般认为，稀释率保持在5%以下为宜。

② 气孔。在激光熔覆层中气孔是一种一直伴随激光熔覆发展且有害的缺陷，它不仅易成为熔覆层中的裂纹源，并且对要求气密性很高的熔覆层也危害极大，另外它也将直接影响熔覆层的各种性能，如耐磨性和耐腐蚀性。气孔产生的原因主要是金属中的碳与氧反应或者金属化物被碳还原以及固体物质挥发和湿气蒸发等产生的气体，由于激光熔覆是一个快速熔化凝固的过程，产生的气体来不及逸出，就会在涂层中形成气孔。此外还有多道搭接熔覆中的搭接孔洞、熔覆层凝固收缩时带来的凝固孔洞以及熔覆过程中某些物质蒸发产生的气泡。

③ 激光熔覆过程中成分及组织不均匀。在激光熔覆过程中往往会产生成分不均匀，即所谓成分偏析以及由此带来的组织不均匀。产生成分偏析的原因很多，在激光熔覆加热时，其加热速度极快，从而会导致从基材到熔覆层方向上产生极大的温度梯度，这一梯度的存在必然导致冷却时熔覆层的定向先后凝固，根据金属学知识可知先后凝固的熔覆层中成分必然不同。加之凝固后冷却速度也极快，元素来不及均匀化热扩散，从而导致成分不均匀。同时，自然也就引起了组织的不均匀以及熔覆层性能的损伤。

④ 开裂及裂纹。激光熔覆技术自诞生以来，总体来讲未能使其得以真正推

广应用并向产业利用转化，这主要是因为激光熔覆中存在裂纹与开裂这一严重问题，并在很大程度上限制了这一技术的应用范围。激光熔覆裂纹产生的主要原因是由于激光熔覆材料和基材材料在物理性能上存在差异，加之高能密度激光束的快速加热和急冷作用，使熔覆层中产生极大的热应力。通常情况下，激光熔覆层的热应力为拉应力，当局部拉应力超过涂层材料的强度极限时，就会产生裂纹，由于激光熔覆层的枝晶界、气孔、夹杂处强度较低，且易于产生应力集中，裂纹往往在这些地方产生。在激光熔覆材料方面，可以在熔覆层中加入低熔点的合金材料。这些都可以缓解涂层中的应力集中，降低开裂倾向。在激光熔覆涂层中尝试加入适量的稀土，可以增加涂层韧性，使激光熔覆过程中熔覆层裂纹明显减少。这些措施虽然能解决一些问题，但还不能很好地解决钛合金熔覆的开裂、气孔和夹杂，因此开发研制适合钛合金熔覆的材料是很有必要的。在激光熔覆工艺方面，为了获得高质量的熔层，可进一步开发新型激光熔覆技术，如梯度涂覆采用硬质相含量渐变涂覆的方法，可获得熔覆层内硬质相含量连续变化且无裂纹的梯度熔层，此外涂层前后进行适当的热处理等，如采用预热和激光重熔的方法，也能有效防止熔覆层中裂纹和孔洞的产生。

⑤ 激光熔覆层的材料体系。制约激光熔覆技术进一步推广应用的是激光熔覆的材料体系问题，目前缺少激光熔覆专用的材料体系。另外，对激光熔覆的熔覆层的质量评价问题，现在还没有一个统一的标准。现在国内外的许多高校和科研院所都已经在激光熔覆技术专用熔覆材料方面开展了研究。当前激光熔覆的材料体系还是沿用之前的喷涂用合金粉末体系，尚不能满足激光熔覆技术在工艺方面的要求，需要开发出新型的系列化的熔覆层材料体系，实现资源的优化配置。

1.2.2　高速激光熔覆技术的原理和特点

1.2.2.1　原理

传统激光熔覆技术已经广泛应用于金属表面的修复改性，虽然传统的激光熔覆技术有柔性加工、异形修复、自定义增材等优势和特点，但传统的激光熔覆技术制备的表面涂层组织不均匀，搭接区与非搭接区的组织和硬度存在明显差异，且加工效率较低，不能满足部分生产领域的快速生产加工需求，为满足更高的涂层质量要求和快速的加工效率需求，在2016年由德国Fraunhofer ILT（弗劳恩霍夫激光技术研究所）研发的超高速激光熔覆技术应运而生，如图1-6所示。

图1-6　超高速激光熔覆技术

高速激光熔覆技术是在激光熔覆基础上发展起来的一项新技术，是增材制造领域革命性的突破，高速激光熔覆在我国刚刚起步，并受到国家的高度重视，已被列为我国《中国制造2025》的重大战略规划发展方向之一。

超高速激光熔覆技术的原理同传统激光熔覆技术原理差别甚远，传统的激光熔覆过程采用负离焦工艺，粉末材料在空中吸收的激光能量较少，激光束的能量主要作用于熔化基体材料形成熔池，粉末材料注入熔池后熔化，再凝固形成熔覆涂层，而超高速激光熔覆技术采用正离焦工艺，使其激光焦点位于熔覆层之上，从本质上改变了粉末材料熔化的位置，使粉末在工件上方就与激光交汇发生熔化，随之均匀涂覆在工件表面，形成与基体冶金结合良好的熔覆层，超高速激光熔覆与传统激光熔覆的原理对比如图1-7所示，其熔覆速率可高达20～200m/min，因热输入小，热敏感材料、薄壁与小尺寸构件均可采用该技术进行表面熔覆，而且可用于全新的材料组合，例如，铝基材料、钛基材料或铸铁材料上涂层的制备。由于涂层表面质量明显高于普通激光熔覆，只需要简单打磨或抛光即可应用，因此材料浪费、后续加工量都大大减少，在成本、效率及对零件的热影响方面，超高速激光熔覆都具有不可替代的应用优势，超高速激光熔覆过程如图1-7所示。

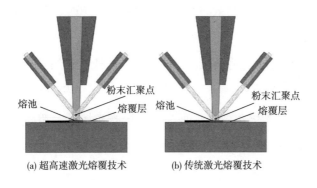

(a) 超高速激光熔覆技术　　　　(b) 传统激光熔覆技术

图1-7　超高速激光熔覆技术与传统激光熔覆技术原理对比

1.2.2.2　特点

超高速激光熔覆相较于传统激光熔覆在熔凝形式上有很大区别，其技术特点如下。

（1）超高速激光熔覆的激光能量密度要高于传统激光熔覆的能量密度，分别在于超高速激光熔覆的光斑直径要小于传统激光熔覆，超高速激光熔覆的光斑直径小于1mm，而传统激光熔覆的光斑直径为2～4mm，在同等的激光能量输入条件下，超高速激光熔覆小光斑直径的能量密度更高。

（2）超高速激光熔覆与传统激光熔覆的粉体熔凝的位置不同。传统的激光熔覆过程，激光能量主要用于照射基体材料形成熔池，粉末材料注入熔池后再熔化。而超高速激光熔覆改变了激光、粉体和熔池的汇聚位置，使粉体汇聚处位于熔池的上表面之上，汇聚的粉体受激光辐照熔化后再进入熔池。

（3）超高速激光熔覆的沉积速率相比于传统激光熔覆有较大的提高，传统的激光熔覆过程，需要较大的激光能量来保持熔池的存在时间，从而使熔池中的固态粉体充分熔化，其沉积速率仅为0.5～2m/min，沉积效能为50cm²/min。而超高速激光熔覆过程中，固态粉体材料在熔池的上方经激光辐照后熔化，在重力和载粉气流的作用下进入熔池，不需要熔池提供能量来熔化粉体，缩短了熔池存在的时间，沉积速率可以提高至20～500m/min，沉积效能提高至

$500cm^2/min$。

（4）超高速激光熔覆的激光能量利用率相较于传统激光熔覆有较大提高，传统激光熔覆对激光能量的利用率仅为60%～70%，其中熔化粉体的能量仅占总能量的20%～30%，而超高速激光熔覆在熔覆过程中约90%的激光能量用于熔化粉体，剩余能量用于熔化基体材料，形成冶金结合界面，其激光能量利用率更高。

（5）超高速激光熔覆效率远远高于传统激光熔覆，超高速激光熔覆技术由于其较高的激光能量利用率，再配合非常高的熔覆线速度和较薄的熔覆层，可实现极高的熔覆效率。

（6）超高速激光熔覆技术可以实现很低的熔覆层稀释率，超高速激光熔覆技术由于较高的熔覆线速度，熔池的存在时间非常短，因此其熔覆层的稀释率很低。

（7）超高速激光熔覆技术还具有熔覆层粗糙度好、抗裂性好以及工件变形小等特点。超高速激光熔覆技术制备的熔覆层较薄，非常适合新品零件表面的预保护涂层制备。高速激光熔覆的激光和粉末材料匹配性高，解决了常规激光再制造过程中无法匹配高硬度、高熔点材料的问题，有效消除裂纹、气孔，提升工艺稳定性，克服了常规激光再制造无法在铜基体、铝基体等有色金属上进行激光再制造的弊端。高速激光熔覆的基体热影响小，零件变形小。解决了常规激光再制造无法解决的对大长径比、薄壁、热敏感轴类零部件表面再制造的难题。

（8）超高速激光熔覆技术具有高质量适应性，熔覆硬质不锈钢其耐蚀涂层硬度达到HRC50以上，无蚀点，熔覆超硬耐磨涂层其硬度可达HRC65以上，适用各类面摩擦和冲击磨损，适用涂层厚度0.05～1mm，涂层具有较高表面质量，熔覆后表面粗糙度可达Ra 25μm，适用铁基、镍基、钴基、铜基、非晶、复合材料等多种材料体系。

超高速激光熔覆后，后续无须车削加工，可直接精磨或抛光。

（9）超高速激光熔覆技术相较于传统表面处理修复技术有着很大的改进

和突破，相较于硬铬电镀技术，有其替代之势，硬铬电镀是当前耐蚀、耐磨涂层制备最常用的技术之一，但是耗能较大。此外，铬（VI）对环境有害，这也是为什么自2017年9月起，铬（VI）只能在特殊批准下方可使用。超高速激光熔覆技术如今为人们提供了更经济环保的方法，加工过程无须应用化学原料。不同于电镀铬层，该技术制备的涂层与基体之间为冶金结合，涂层不易剥落。并且，超高速激光熔覆技术制备的表面涂层中没有硬铬层里常见的气孔和裂纹缺陷，其防护作用更持久、有效。

（10）超高速激光熔覆技术相较于热喷涂技术能够更有效地利用资源，热喷涂技术同样也有不足之处，其加工过程粉末材料与气体消耗较大，材料利用率最大只有50%左右；并且涂层和基体的结合力较弱。由于热喷涂制备的涂层气孔较多，必须采用多层沉积方式制备（每层厚25~50μm）。相比于热喷涂方法，新开发的超高速激光（laser）熔覆技术材料利用率高达90%以上，明显提高了金属粉的利用率与经济性。单层涂层中不仅没有气孔，而且与基体结合牢固。

（11）超高速激光熔覆技术相较于堆焊，其速度更快、应用更广，堆焊常用来生产高质量、坚固的涂层，传统的堆焊工艺，如钨极惰性气体保护焊或等离子弧粉末沉积技术的涂层一般都较厚（2~3mm），需要消耗大量材料。传统激光熔覆技术虽然已经可以制备较薄的涂层（0.5~1mm），但在处理大零件表面时效率还是太低，所以目前为止只应用于某些特殊领域。该方法的另一问题是需要特定的熔池尺寸方可获得无缺陷的熔覆涂层：零件被局部熔化的同时，粉末通过送粉喷嘴直接送入熔池内部。Gasser博士在阐述超高速激光熔覆新技术时强调，其工艺关键性是"粉末颗粒在熔池上方就被激光熔化"。这意味着粉末材料是以液态形式进入熔池，而不是固态颗粒状态，因此熔覆层会更加均质；而且，激光对基体材料的熔化量非常有限，只是表面的几微米深度，而不是毫米尺度。

1.2.3 激光光斑与热源

产生激光的仪器称为激光器，它包括气体激光器、液体激光器、固体激光器、半导体激光器及其他激光器等。其中，较为典型的激光器是CO_2气体激光器、半导体激光器、YAG固体激光器和光纤激光器。

激光照射在材料上，会形成不同形状的光斑，光斑内部的能量分布又与光束的空间分布有关。

常见的光斑类型按形状分类（图1-8），有圆形、矩形、六边形、线形等；按光束的空间分布分类（图1-9），常用的有高斯分布、平顶分布、线性分布、环形分布等。

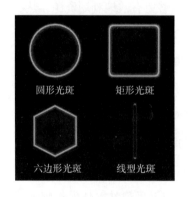

图1-8　不同形状的光斑　　　　　　　图1-9　不同空间分布的光束

1.2.3.1　激光光束整形方法分类

激光光束整形方法可以分为两大类，分别是改变激光能量在时间上分布的时间域的整形和改变激光能量在空间分布的空间域的整形。时间域整形，如通过压缩激光器的脉冲时间，从而获得高功率的输出光束。

时间域整形的典型应用有锁模技术、脉宽展宽及脉宽压缩。

空间域整形，即将光束光强在空间上重新分布，如通过柱透镜或白聚焦透镜的整形功能，改善快轴和慢轴上差别很大的光束发散角，从而提高光束传输质量。较为常见的空间域整形是将激光光束整形成平顶、环形及矩形光束等。

光束的整形技术是将激光光束的相位和光强再次分配的物理过程。其中，激光光束的外部形态由光束的强度分布决定，如高斯光束、多模光束及矩形光束等；而激光光束在时间域、空间域的传播特性则由光束的相位分布决定。通常激光的整形技术可以分为时间和空间两个层面。时间光束整形是指改变激光能量在时间上的分布从而改变激光的输出功率，即可以通过改变脉冲型激光器的脉宽，压缩脉冲时间，输出更高的激光光束功率，常见的脉宽展宽及压缩技术和锁模技术都属于激光时间整形技术。激光空间整形则是对激光能量在空间上的分布做出改变，如可以采用柱透镜改善半导体激光器出射光束在快轴和慢轴上的发散角差别很大的特点，以提高其光束质量。较为复杂的空间整形技术则是根据使用需要，将高斯分布的光强改变为平顶光束、线性光束或环形光束等。

激光光束的整形系统就功能而言，可分为光束集成器（beam integrators）和场域映射器（field mappers）两大类。其中，光束集成器的光学结构是透镜阵列式的。它可以将输入的激光光束分割成系列子光束，然后在接收面上将各个子光束进行再次的相位与光强的分配。由此，在目标接收平面上的效果便是均匀辐照的。在该系统中，输入光束不受限制，可以是高斯光束、多模光束或矩形光束的任意种类，这是该系统的优点；系统的输出光束则是叠加了各个光束的衍射图样。系统缺陷是整形效果较为普通。

另一种场域映射器的效果则是可以在没有损耗的条件下，将输入光束整形，转换成需要的指定的输出光束。这是通过对光束的射线跟踪的方程式求解得到的。该系统的优点是，适合对单模光束整形；缺陷则是它对多模光束的整形效果不好。因此，两种整形的方法各有优缺点。

其中，半导体激光器的光斑通常是椭圆形。这是因为通常用的半导体激光器是边发射激光器，其发光区的示意图如图1-10中端面上的椭圆部分，通常是一个宽50～200μm，高为1～3μm的长方形区域。因此在水平方向和垂直方向上，由于波导的限制情

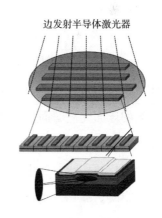

边发射半导体激光器

图1-10　边发射半导体激光器光斑

况不一样，其发散角也会不一样，在垂直方向上的发散角通常要比水平方向的发散角要大得多，所以光出射之后，光斑在长轴（即通常所说的快轴方向）的垂直方向上会呈现椭圆形。

光纤激光器通常使用的是LP模，固体激光器通常使用的是TEM模。半导体激光器通常与光纤激光器耦合使用。

激光光束的空间形状是由激光器的谐振腔决定的。在给定边界条件下，通过解波动方程来决定谐振腔内的电磁场分布，在圆形对称腔中具有简单的横向电磁场的空间形状。

腔内横向电磁场分布称为腔内横模，用TEM_{mn}表示。TEM_{mn}表示基模，TEM_{01}、TEM_{02}和TEM_{10}、TEM_{11}、TEM_{20}表示低阶模，TEM_{03}、TEM_{04}和TEM_{21}、TEM_{30}、TEM_{33}等表示高阶模。大多数激光器的输出均为高阶模，为了得到基模或是低阶模输出，需要采用选模技术。

目前常用的选模技术均基于增加腔内衍射的损耗，如采用多折腔增加腔长，以增加腔内的衍射损耗；另一种是减少激光器的放电管直径或是在腔内加一小孔光阑，其目的也是增加腔内的衍射损耗。基模光束的衍射损耗很大，能够达到衍射极限，故基模光束的发散角小。从增加激光泵浦效率的方面考虑，腔内模体积应该尽可能充满整个激活介质，即在长管激光器中，TEM_{00}模输出占主导地位，而在高阶模激光振荡中，基模只占激光功率的较小部分，故高阶模输出功率大。

（1）高斯光束。无论是方形镜腔还是圆形镜腔，基模在横截面上的光强分布为一圆斑，中心处光强最强，向边缘方向光强逐渐减弱，呈高斯型分布。因此，将基模激光束称为高斯光束。高斯光束，既不是均匀的平面光波，也不是均匀的球面光波，而是一种比较特殊的高斯球面波。高斯光束在可能存在的激光束形式中，是最重要且最具典型意义的。

如图1-11所示，其中，ω_0为高斯光束的腰斑直径，即通常所说的基模高斯光束的束腰。$\omega(z)$为高斯光束在z处的光斑半径。$R(z)$为高斯光束在z处的波面曲率半径。

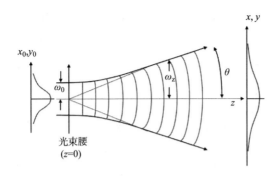

图1-11 高斯光束的基本性质

高斯光束是非均匀球面波，其等相位面为球面；曲率中心和曲率半径随传播过程而改变；其振幅和强度在横截面内为高斯分布。

（2）平顶光束。通常激光器发出激光束的空间强度分布为高斯型，且传播特性好。然而由于能量非均匀分布导致局部温度升高而破坏材料特性，降低了加工效率，因此在很多激光应用领域需要将整形后均匀分布的激光光强作为工作光束来保证最佳效果。如图1-12所示，最早出现的获取平顶光束的办法是用光栅对高斯光两边光强下降较快的区域进行拦截，从而得到中间光强分布较为均匀的部分光束，但实际运用中光能利用率低下。目前出现了很多将高斯光束转变为平顶光束方法，常见的有利用液晶空间光调制器、长焦深原件、衍射光学元件、双折射透镜组、微透镜阵列、非球面透镜等对光束进行整形。

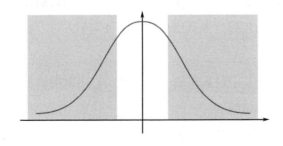

图1-12 高斯光束光栅拦截

① 液晶空间光调制器。一般来说，空间光调制器含有许多独立单元，它们在空间上排列成一维或二维阵列，每个单元都可以独立地接收光学信号或电学

信号的控制，并按此信号改变自身的光学性质，从而对照明在其上的光波进行调制。这类器件可在随时间变化的电驱动信号或其他信号的控制下，改变空间上光分布的振幅或强度、相位、偏振态以及波长等。液晶空间光调器是利用液晶分子的双折射性和旋光偏振性，通过外在电压控制，改变液晶分子的指向，从而改变液晶分子的折射率，继而调控光场参数。如图1-13所示，通常把入射光信号称作读出光，将经调制后输出的光波称为输出光，而写入光则是调整控制像素的光电信号。液晶空间光调器按照读出光的读出方式不同，可以分为反射式和透射式。

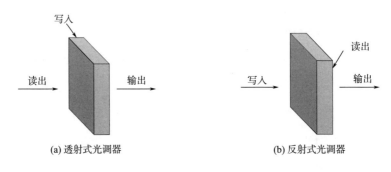

(a) 透射式光调器　　　　　　　　　　(b) 反射式光调器

图1-13　空间光调制器示意图

② 长焦深元件整形。传统改变光路的方法是通过改变光学系统的数值孔径拉长焦深，但根据瑞利判据与分辨率的关系，在焦深增大的同时势必导致分辨率降低。因此，该方法无法适应光学系统的分辨率有较高要求的情况。长焦深光学元件具有较大的焦深范围且保证一定的分辨率，可以实现长距离的准直和长焦深的获取。

线性圆锥镜就是其中最简单的一种，经由它出射的轴上光强线性变化，横向光斑均匀，如图1-14所示。

③ 衍射光学元件整形。衍射光学元件（diffractive optical elements，DOE），又称二元光学器件，是以光波的衍射理论为基础，将衍射光学元件的结构特征二值化，属于新兴光学的一个分支。它具有设计自由度广、色散性独特、材料选择范围多样、衍射效率高等优点，主要用于激光束整形，比如均匀

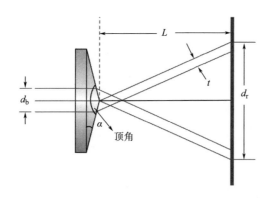

图1-14　圆锥镜光束变换器

化、准直、聚焦、形成特定图案等。衍射光学元件以高能效的方式对激光束进行整形和分束，可用于在定制照明的工作区中形成光的图案。受限于精微细加工和光刻技术工艺较为复杂且良品率低，目前高精度的高阶衍射元件造价十分昂贵。

④ 双折射透镜组整形。双折射透镜系统由两对石英材料的透镜组成，是美国劳伦兹利弗莫尔国家实验室最早提出。如图1-15所示，双折射透镜组空间整形系统由两对双折射透镜和起偏器、检偏器组成。其中L_1、L_2、L_3、L_4分别构成两组平凸—平凹透镜对，晶体的主轴方向（竖直向）以及起偏、检偏器的透振方向均垂直于系统的光轴方向。L_1、L_4是两个完全相同的平凸透镜，对于偏振光而言，中心相当于$\lambda/2$波片，有效通光孔径边缘处相当于$\lambda/4$波片，两镜对称排列；L_2、L_3是两个完全相同的平凹透镜，中心相当于$\lambda/4$波片，有效通光孔径边缘处相当于$\lambda/2$波片，两镜对称放置；固定透镜L_1、L_4的主轴与x轴同向，

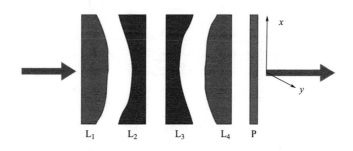

图1-15　双折射透镜组空间整形系统

透镜L_2、L_3的主轴平行并可作为一个整体绕系统光轴旋转至任意角度。

从激光器输出的光束经扩束、准直和起偏后，通过该系统时，调节透镜L_2、L_3的主轴与竖直方向的夹角，入射到检偏器上的光束在不同的位置有不同偏振态，经检偏后的出射光则被整形为中心部分平顶（均匀）的线偏振光。

双折射透镜组整形系统在实现高斯光束整形时操作方便、灵活度高，特别适用于线偏振高斯光束的整形，当面对其他偏振态光束时，可以通过前置起偏器来获得线偏振光束，进而可以应用上述方法，但是会造成光能的损失。

⑤微透镜阵列整形。微透镜阵列是由通光孔径及浮雕深度为微米级的透镜组成的阵列，它不仅具有传统透镜的聚焦、成像等基本功能，而且具有单元尺寸小、集成度高的特点，使它能够完成传统光学元件无法完成的功能，并能构成许多新型的光学系统。

微透镜阵列可分为折射型微透镜阵列与衍射型微透镜阵列两类。衍射微透镜阵列利用其表面波长量级的三维浮雕结构对光波进行调制、变换，具有轻而薄、设计灵活等特点。作为功能元件，在波前传感、光聚能、光整形等多种系统可得到广泛应用。

微透镜阵列光学系统由两部分组成，包括阵列结构与聚焦镜，如图1-16所示。L_1为阵列结构，它是由许多个完全相同的微小透镜紧密排列而构成，L_2是起汇聚作用的球面镜。尺寸焦距相同的微透镜阵列对入射激光束进行分割，形成的小光束再由汇聚透镜汇聚到目标平面。入射光束的不均匀性通过微

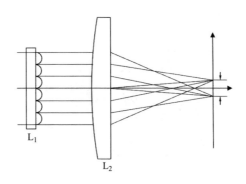

图1-16　微透镜阵列整形

透镜阵列的分割和聚焦球面镜的叠加得以改善，从而实现对入射光束的空间整形。

由于微透镜阵列是通过将初始光束分割，再对其子光束进行叠加实现整形的，这一工作原理使得其对入射光束的强度分布并不敏感，如果激光波前为理想的平面波前，那么在微透镜阵列焦平面上就可以得到一组均匀而且规则的焦点分布；然而实际的激光波前并不是理想的平面波前，它们或多或少带有一些畸变，用微透镜阵列聚焦后，焦点不再是均匀分布，而是与理想的焦点发生了位移。所以在光束相干性差和光场强度分布不规则的多模激光光束和准分子激光的整形中经常采用这种整形方法。

⑥非球面透镜整形。非球面透镜是用以替换球面透镜的透镜，其最显著的优势在于可以修正球面透镜在准直和聚焦系统中所带来的球差。通过调整曲面常数和非球面系数，非球面透镜可以最大限度地消除球差。非球面透镜（光线汇聚到同一点，提供光学品质），基本上消除了球面透镜所产生的球差。采用三片球面透镜，增大有效焦距，用于消除球差。但是，一片非球面透镜（高数值孔径，短焦距）就可以实现，并且简化系统设计和提高光的透过率。

非球面透镜简化了光学工程师为了提高光学品质所涉及的元素，同时提高了系统的稳定性。例如在变焦系统中，通常情况下10片或者更多的透镜被采用（注：高的机械容差，额外装配程序，提高抗反射镀膜），然而1片或者2片非球面透镜就可以实现类似或更佳的光学品质，从而减小系统尺寸，提高成本率，降低系统的综合成本。

非球面透镜组整形系统通常由两个非球面透镜组成，如图1-17所示，根据第一个非球面L_1的形状可以分为两种类型：开普勒型和伽利略型。其中，当第一个非球面透镜为凸面时为开普勒型，当第一个非球面透镜为凹面时，为伽利略型。

非球面整形系统最早是由Frieden和Kreuzer提出，其中的第一块透镜起到将入射光强均匀分布的作用，而第二块透镜则是调节光束的相位分布使得出射光束准直输出。以伽利略型光束整形装置为例，系统由一个关于光轴旋转对称的

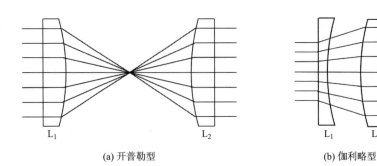

(a) 开普勒型   (b) 伽利略型

图1–17　非球面透镜组整形系统

平凹非球面镜L_1和一个关于光轴旋转对称的平凸非球面镜L_2组成，经过准直的激光光束经过L_1调制以后在非球面镜L_2上得到强度均匀分布的光束，L_2的主要作用是调整光束的相位分布以保证光束可以平行出射。系统设计的依据主要有三点：入射光束和出射光束能量守恒、斯涅尔折射定律和两个非球面透镜之间任意光束的光程相等。

　　两种类型的设计原理是一样的，但由图1–17可以发现，开普勒型非球面镜组由于第一块是平凸透镜，因此光束会在两片镜子之间产生一个小的汇聚光斑，当输入光功率很大时，空气会被击穿，产生等离子体。相反，伽利略型整形结构产生的汇聚点是一虚拟的焦点，就可以避免空气击穿效应，并且其轴向尺寸相较开普勒型更小一些，由一块平凹透镜和一块平凸透镜构成。因此，应用开普勒型系统进行光束整形时要求激光功率不能太高，而伽利略型非球面镜组则可适用于更大一些的功率。

1.3　激光熔覆制造技术中常用的激光器

1.3.1　激光器的硬件系统

　　用于激光熔覆制造技术的激光器类型主要有二氧化碳激光器、YAG固体激光器、光纤激光器、半导体激光器和碟片激光器等。

1.3.1.1 二氧化碳激光器

二氧化碳（CO_2）激光是一种分子激光，主要采用CO_2气体分子，波长一般为10.6μm，属红外波段热激光。它的工作方式有连续式和脉冲式两种，肉眼不能察觉，常见的CO_2激光器分为玻璃管CO_2激光器和金属射频管CO_2激光器两种。

CO_2激光器的工作原理与其他分子激光器相同，CO_2激光器工作原理其受激起射进程也较凌乱。分子有三种不相同的运动，即分子内电子运动，其运动取决于分子的电子能态；二是分子内原子振动，即分子内原子盘绕其平衡位置不停地做周期性振动——并抉择于分子的振动能态；三是分子翻滚，即分子为一全体在空间接连地旋转，分子的这种运动取决于分子的翻滚能态。分子运动极端凌乱，因此能级也很凌乱。

CO_2激光器的基本结构如图1-18所示，其通常包含以下几个部分：

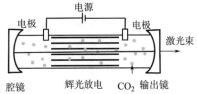

图1-18　CO_2激光器的基本结构

（1）激光管

激光管通常由三部分构成：放电空间（放电管）、水冷管及储气管。放电管通常由硬质玻璃制成，通常选用层套筒式构造。它可以影响激光的输出以及激光输出的功率，放电管长度与输出功率成正比。

在一定的长度范围内，每米放电管长度输出的功率随总长度而增加。通常而言，放电管的粗细对输出功率没有影响。

水冷管和放电管相同，都是由硬质玻璃制成。它的效果是冷却作业气体，使得输出功率平稳。

储气管与放电管的两端相连接，即储气管的一端有一小孔与放电管相通，另一端通过螺旋形回气管与放电管相通。气体在放电管中循环活动。

（2）光学谐振腔

光学谐振腔由全反射镜和部分反射镜构成，是CO_2激光器的主要组成部分。光学谐振腔通常有三个效果：操控光束的传达方向，进步单色性；选定形式及增加激活介质的作业长度。

典型激光器的光学谐振腔是由相向放置的两平面镜（或球面镜）构成。CO_2激光器的谐振腔常用平凹腔，反射镜选用由K9光学玻璃或光学石英加工成大曲率半径的凹面镜，在镜面上镀有高反射率的金属膜——镀金膜，使得波长为10.6μm的光反射率达98.8%，且化学性质安稳。

（3）泵浦源

泵浦源可以供给能量使作业物质中上下能级间的粒子数翻转。关闭式CO_2激光器的放电电流较小，选用冷电极，阴极用钼片或镍片做成圆筒状。作业电流30~40mA，阴极圆筒面积500cm²，不致镜片污染，在阴极与镜片之间加一光栅。

CO_2激光器是一种以CO_2来产生激光辐射的气体激光器，是目前使用最广泛的激光器之一，它具有非常突出的高功率、高质量等优点。CO_2激光器是目前连续输出功率较高的一种激光器，它发展较早，商业产品较为成熟，被广泛应用于材料加工、医疗卫生、军事武器、环境测量等各个领域。

1.3.1.2　固体激光器

YAG激光器是以钇铝石榴石晶体为基质的一种固体激光器。钇铝石榴石的化学式是$Y_3Al_5O_{15}$，简称为YAG。

和其他固体激光器一样，YAG激光器基本组成部分是激光工作物质、泵浦源和谐振腔。不过由于晶体中所掺杂的激活离子种类不同，泵浦源及泵浦方式不同，所采用的谐振腔的结构不同以及采用的其他功能性结构器件不同，YAG激光器又可分为多种，例如按输出波形可分为连续波YAG激光器、重频YAG激光器和脉冲激光器等；按工作波长分为1.06μm YAG激光器、倍频YAG激光器、拉曼频移YAG激光器（$\lambda=1.54$μm）和可调谐YAG激光器（如色心激光器）等；按掺杂不同可分为Nd：YAG激光器，掺Ho、Tm、Er等的YAG激光器；按晶体的形状不同可分为棒形和板条形YAG激光器；根据输出功率（能量）不同，可分为高功率和中小功率YAG激光器等。

YAG激光器包括YAG激光棒、闪光灯、谐振腔、调Q开关、起偏器、全反镜、半反镜等，结构如图1-19所示。

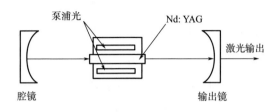

图1-19 YAG激光器结构框图

在激光加工行业一般使用1.06μm的YAG激光器，按照泵浦方式的区别又分为灯泵YAG和半导体侧泵YAG。在应用中，激光加工系统将波长为1.06μm的脉冲激光束经过扩束、反射、聚焦后，直接辐射在待加工材料表面，由数控系统精确控制激光脉冲的宽度、能量、峰值功率和重复频率等参数，烧蚀材料表面或者使材料熔融，从而通过数控系统实现预定轨迹的切割、焊接、打孔。

YAG激光器相对于光纤激光器的优点如下：

（1）YAG晶体损伤阈值高，可以实现较大的单脉冲能量和较高的峰值功率，应用范围更宽。

（2）价格便宜，YAG激光器是一种发展了几十年的激光器，技术成熟，价格也相对便宜，但随着光纤激光器的普及，这个优势也越来越弱。

（3）器件维护更换相对简单。

1.3.1.3 光纤激光器

光纤通常是以SiO_2为基质材料拉成的玻璃实体纤维，主要广泛应用于光纤通信，其导光原理就是光的全内反射机理。普通裸光纤一般由中心高折射率玻璃芯（芯径一般为9~62.5μm）、中间为低折射率硅玻璃包层（芯径一般为125μm）和最外部的加强树脂涂层组成。

光纤可分为单模光纤和多模光纤。单模光纤是中心玻璃芯较细（直径9μm±0.5μm），只能传导一种模式的光，其模间色散很小，具有自选模和限模的功能。多模光纤是中心玻璃芯较粗（50μm±1μm），可传导多种模式的光，但其模间色散较大，传输的光不纯。

光纤激光器是指用掺稀土元素玻璃光纤作为增益介质的激光器，光纤激光器可在光纤放大器的基础上开发出来：在泵浦光的作用下光纤内极易形成高功率密度，造成激光工作物质的激光能级"粒子数反转"，当适当加入正反馈回路（构成谐振腔）便可形成激光振荡输出。光纤激光器的大部分器件都可以通过光纤来实现，是一种实现了95%以上光路光纤化的产品。根据掺杂的稀土元素的不同（Nd^{3+}、Er^{3+}、Yb^{3+}、Tm^{3+}等），光纤激光器可以实现不同的波长，在激光加工行业一般使用的是掺镱的1064nm光纤激光器。

光纤激光器相对于YAG激光器的优点：

（1）光纤的可绕性所带来的小型化、集约化优势。

（2）细长的光纤具有降低体积面积比、散热快、损耗低的特点。

（3）由于光纤激光器的谐振腔内无光学镜片，具有免调节、免维护、高稳定性的优点，这是传统YAG激光器无法比拟的。

（4）光纤导出，使激光器能轻易胜任各种多维任意空间加工应用，使机械系统的设计变得非常简单。

（5）可胜任恶劣的工作环境，对灰尘、振荡、冲击、湿度、温度具有很高的容忍度。

（6）综合电光效率高达20%以上，大幅度节约工作时的耗电，节约运行成本。

光纤激光器的应用：光纤激光器只消耗相当于1%的灯泵激光器所需电能，同时其效率是半导体侧固体激光器（Nd激光系统）的两倍以上。更高的效率、更长的使用寿命、更少的维护结合起来使光纤激光器富有极强的吸引力。光纤激光器在那些要求近红外高光束质量的激光器应用中大有用武之地。

光纤激光器应用范围非常广泛，包括激光光纤通信、激光空间远距通信、工业造船、汽车制造、激光雕刻、激光打标、激光切割、印刷制辊、金属非金属钻孔、切割、焊接、光纤激光器可作为军用激光信标光源；在海军装备中，光纤激光器可用作对潜通信、探测鱼雷、测量海深、水下传感及海基光控武器、军事国防安全、医疗器械仪器设备、大型基础建设等。

光纤激光器的基本原理：光纤激光器和其他激光器一样，由能产生光子的增益介质（掺杂光纤），使光子得到反馈并在增益介质中进行谐振放大的光学谐振腔和激励光子跃迁的泵浦源三部分组成，如图1-20所示。

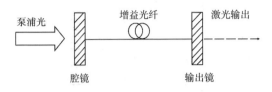

图1-20　光纤激光器的基本原理

由泵浦源发出的泵浦光通过一面反射镜耦合进入增益介质中，由于增益介质为掺稀土元素光纤，因此泵浦光被吸收，吸收了光子能量的稀土离子发生能级跃迁并实现粒子数反转，反转后的粒子经过谐振腔，由激发态跃迁回基态，释放能量，并形成稳定的激光输出。其特点如下：

（1）光纤具有很高的"表面积/体积"比，散热效果好，能在不加强制冷却的情况下连续工作。

（2）光纤作为导波介质，纤芯直径小，纤内易形成高功率密度，因此光纤激光器具有较高的转换效率、较低的阈值、较高的增益、较窄的线宽，与光纤耦合损耗小。

（3）由于光纤具有很好的柔韧性，因此光纤激光器具有小巧灵活，结构紧凑，性价比较高，且易于系统集成的特点。

（4）光纤还具有相当多的可调谐参数和选择性，能获得相当宽的调谐范围、好的色散性和稳定性。

1.3.1.4　半导体激光器

半导体激光器又称激光二极管，是用半导体材料作为工作物质的激光器。它具有体积小、寿命长的特点，并可采用简单的注入电流的方式来泵浦其工作电压和电流与集成电路兼容，因而可与之单片集成。

（1）半导体激光器特性。半导体激光器是以半导体材料为工作物质的一类激光器件。它诞生于1962年，除了具有激光器的共同特点外，还具有以下优点：

① 体积小，重量轻；

② 驱动功率和电流较低；

③ 效率高、工作寿命长；

④ 可直接电调制；

⑤ 与各种光电子器件实现光电子集成；

⑥ 半导体制造技术兼容，可大批量生产。

由于这些特点，半导体激光器自问世以来得到了世界各国的广泛关注与研究。成为世界上发展最快、应用最广泛、最早走出实验室实现商用化且产值最大的一类激光器。

（2）半导体激光器的工作原理。半导体激光器工作原理是激励方式，利用半导体物质（即利用电子）在能带间跃迁发光，用半导体晶体的解理面形成两个平行反射镜面作为反射镜，组成谐振腔，使光振荡、反馈，产生光的辐射放大，输出激光。

半导体激光器是依靠注入载流子工作的，发射激光必须具备三个基本条件：

① 要产生足够的粒子数反转分布，即高能态粒子数足够大于处于低能态的粒子数。

② 有一个合适的谐振腔能够起到反馈作用，使受激辐射光子增生，从而产生激光振荡。

③ 要满足一定的阈值条件，以使光子增益大于或等于光子的损耗。

1.3.1.5 碟片激光器

碟片激光器（disk laser），又称圆盘激光器，它与传统的固体激光器的本质区别在于激光工作物质的形状。将传统的固体激光器的棒状晶体改为碟片晶体，这一创新理念将固体激光器推向了一个新时代。碟片激光器以其极佳的光束质量和转换效率在工业制造业中得到了日益广泛的应用。

激光器设计过程的一个重要问题是激光工作物质的冷却，冷却效果直接关系到激光器的质量。由于传统的棒状激光晶体只能侧面冷却，即冷却须通过晶体棒的径向热传导来实现，因此棒内温度呈抛物线形型分布，导致在棒内形成所谓的热透镜。这种热透镜效应会严重影响激光束的质量，并随抽运功率的变化而变化。抽运功率越大，热透镜效应越大，

热透镜的焦距越短，激光甚至可能由稳态变为非稳态，从而严重限制了固体激光器向高功率方向发展。

碟片激光晶体的厚度只有200μm左右，抽运光从正面射入，而冷却在晶体的背面实现。因为晶体很薄，径厚比很大，因此可以得到及时有效的冷却，这种一维的热传导使得晶体内的温度分布非常均匀，因此碟片激光晶体从根本上解决了上述热透镜问题，大幅改善了激光束质量、转换效率及功率稳定性。

1.3.2 激光器的运动装置

激光熔覆制造技术的空间控制性和时间控制性都很好，对加工对象的材质、形状、尺寸和加工环境的自由度都很大，并且加工精度高，适合自动化加工。激光加工系统与计算机数控技术相结合可以构成高效自动化加工设备，为优质、高效和低成本的加工生产开辟了广阔的前景。

激光熔覆系统由激光器、控制器及其冷却系统，送粉器、送粉机构及送气装置等构成的送粉系统，以及加工中心或工业机器人和变位机所组成的自动控制系统三部分组成。其中，激光熔覆的运动装置是指控制激光头与工件之间相对位置的运动设备总称，运动装置的精度对工件的加工质量有很大的影响。在激光熔覆系统中，通常包括控制工件与激光器相对位置的加工中心或工业机器人和变位机。

1.3.2.1 加工中心

在现代化制造中，对于精度要求高以及表面粗糙度小的零件，常使用机床进行最后一道工序的加工，因此，机床在我国制造业以及经济发展中起着关键的作用。机床扩展性很好，除传统的车铣刨磨钻等加工场景外，还可与多种设

备结合实现新的功能，如与线切割结合，可以实现自动化加工；与3D打印设备结合，实现自动化3D打印；与滚齿刀结合，实现齿轮的批量化生产等。激光器也可以与高精度的自动化数控机床结合，进行激光熔覆、激光切割、激光雕刻等，能够制造出高精度、高质量的零件。数控机床是数字控制机床（computer numerical control machine tools）的简称，是一种装有程序控制系统的自动化机床。该控制系统能够逻辑地处理具有控制编码或其他符号指令规定的程序，并将其译码，用代码化的数字表示，通过信息载体输入数控装置。经运算处理由数控装置发出各种控制信号，控制机床的动作，按图纸要求的形状和尺寸自动地将零件加工出来。

人们通常将CNC（computer numerical control）理解为数字控制及数控技术，其包含一个或多个用于执行控制功能的微处理器。CNC的数控操作系统也称为数控软件，它包括所有必要的功能，如插补计算、位置控制、速度控制、显示、编辑、数据存储和数据处理。另外，机床制造商构建了相应的程序来控制机床，并将其集成到PLC，以实现各种开关量的控制。CNC机床其主要工作是执行加工程序，即将原来手工活动转变为计算机编程，从而提高加工生产的精度和效率。

如图1-21所示，加工中心一般指的是数控铣床，是最早引入数控技术的设备，是机械加工机床的一种，能够在一次装夹后完成多个自动加工任务，加工精度高，加工质量稳定可靠，自动化程度高在激光熔覆设备中较为常见。加工中心至少含有三个数控进给轴，可用于加工平面及回转体零件的激光熔覆

图1-21　加工中心

生产。

按主轴位置加工中心可分为卧式加工中心和立式加工中心。按进给轴数量加工中心可分为三轴加工中心、四轴加工中心以及五轴加工中心。

1.3.2.2　工业机器人

如图1-22所示，除加工中心外，常用的控制激光器运动的设备还有工业机器人。工业机器人并不是简单意义上代替人工劳动，而是综合了人和机器特长的一种拟人的电子机械装置，能够对环境状态进行快速反应和分析判断，同时还可以进行长时间的持续工作，精度高，具有通用性和抗恶劣环境的能力。工业机器人的使用延伸和扩大了人的手足和大脑的功能，可以代替人从事危险、有害、低温、高热等环境的工作，代替人完成繁重、单调的重复劳动，提高生产效率和产品质量，实现自动化生产。

图1-22　工业机器人

激光器与工业机器人的结合，在汽车行业中的使用已经较为成熟，工业机器人在流水线上自动工作，主要加工二维的车身部件，适合于焊接和切割任务。工业机器人被认为是3D激光加工设备的实惠替代品，应用领域也越来越多。工业机器人同样可以应用于激光熔覆领域，与变位机结合，可对平板和轴类等零件进行激光熔覆，在熔覆复杂曲面时有较大的优势。

工业机器人通常由三大部分和六个子系统组成，其中三大部分是：机械本体、传感器部分和控制部分；六个子系统是：驱动系统、机械结构系统、感知系统、机器人—环境交互系统、人机交互系统以及控制系统。

机械本体部分根据机构类型的不同可分为直角坐标型、圆柱坐标型、极坐标型、垂直关节型、水平关节型等多种形式。熔覆作业时通常会有灵活性、高效性等要求，因此，用于激光熔覆领域的工业机器人多为关节型机器人。

工业机器人通常采用的传感器主要包括非接触式视觉传感器与接触式触觉传感器和力传感器。控制部分由中央处理控制单元、机器人运动路径记忆单元、伺服控制单元等组成，控制系统由中央处理器接受运动路径的指令和传感器信息，通过各关节坐标系之间的坐标变换关系将指令值传送到各轴，各轴对应的伺服机构对各轴运动进行控制，使末端执行器根据控制目标进行运动。

1.3.2.3　变位机

变位机是工业机器人生产时的重要辅助设备，适用于回转工件的变位。与工业机器人配套使用，可以得到理想的加工位置和速度，在加工具有复杂的空间曲线的工件时具有较大的优势。变位机一般由工作台回转机构和翻转机构组成，通过工作台的升降，翻转和回转使固定在工作台上的工件达到所需的激光熔覆角度，工作台回转通常为变频无级调速，与工业机器人配合可得到稳定且最佳的熔覆扫描速度，对制造出高质量的熔覆层具有重要意义。在熔覆作业前和熔覆过程中，变位机通过夹具来装卡和定位工件，对工件的不同要求决定了变位机的负载能力及其运动方式。对于多轴的变位机，其运动部分通常由回转驱动和倾斜驱动两部分组成。其中，回转驱动部分为主要旋转部分，应实现无级调速，并且可以逆转。倾斜驱动部分通常为辅助旋转，将工件旋转到指定位置后，倾斜驱动固定，回转驱动旋转，对工件进行激光熔覆。因此，倾斜驱动部分应当应平稳，在最大负荷下不抖动，整机不得倾覆；应设有限位装置，控制倾斜角度，并有角度指示标志；倾斜机构要具有自锁功能，在最大负荷下不滑动，安全可靠。

变位机一股按照驱动电动机个数可分为：单轴变位机、双轴变位机、三轴变位机和复合型变位机等。

（1）单轴变位机。如图1-23所示，单轴变位机按照结构形式一般分为：水平单轴变位机和头尾式单轴变位机。水平单轴变位机其机构比较简单，主要由主动头和机械框架两部分组成，只能进行简单的水平旋转。头尾式变位机包括主动头、尾架和机械框架。主动头一般由机器人外部轴驱动，可以实现与机器人的协调运动，尾架无动力，为随动系统。头尾式变位机和水平单轴变位机主要用于旋转型工件的熔覆。

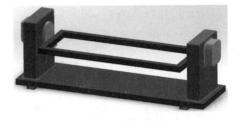

(a) 水平式单轴变位机　　　　　　　　(b) 头尾式单轴变位机

图1-23 单轴变位机

（2）双轴变位机。如图1-24所示，双轴变位机包括U型、L型、C型、双立柱单回转式以及座式通用型变位机。U型、L型和C型主要由旋转轴、翻转轴和机械框架构成，一般均为机器人外部轴驱动，以实现协调运动。

U型变位机与头尾式变位机类似，但在头尾处均有电动机驱动，且增加了一个两立柱绕轴支座旋转的自由度，移除一个轴支座滑移的自由度。相对头尾式变位机，所能适应的工件尺寸缩短，但增加了工件的移动和旋转空间，可以

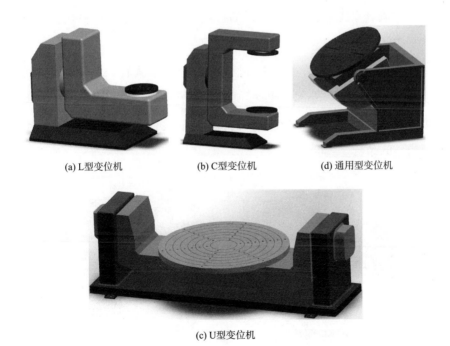

(a) L型变位机　　　　　(b) C型变位机　　　　　(d) 通用型变位机

(c) U型变位机

图1-24 双轴式变位机

使工件的加工更为灵活。L型变位机的工作装置呈L型，有两个方向的回转自由度，且两自由度均可实现360°旋转。相较于U型，L型变位机开敞性好，易于操作，便于激光器的布置。C型变位机为L型变位机和U型变位机的结合，具有与L型变位机相同的两个方向的回转自由度，且两自由度均可以实现360°旋转，但C型变位机在装夹时比L型变位机更加牢固，能够将工件整体翻转至理想的工位进行加工。

座式通用型变位机是最为常见的一种变位机，具有两个自由度，一个为360°旋转的自由度，另一个为工作台下方工作台整体翻转的自由度。其结构简单、变位方便，操作方便，适用于小型且具有复杂结构工件的变位。

（3）三轴变位机。如图1-25所示，三轴变位机按照主旋转轴的形式一般分为：K型和R型。

① K型变位机。包括垂直主旋转轴和另外2个旋转头（相当于L型变位机），一般均由机器人外部轴驱动，可以实现与机器人的协调运动。K型变位机主要用于旋转型工件。K型变位机的特点为：变位运动主要占用垂直空间，节约水平空间位置。

② R型变位机。包括水平主旋转轴和另外2个旋转头（相当于L型变位机），一般均由机器人外部轴驱动，可以实现与机器人的协调运动。R型变位机主要用于旋转型工件。R型变位机的特点为：变位运动主要占用水平空间，节约垂直空间位置。

(a) K型变位机　　　　　　　　　　　(b) R型变位机

图1-25　三轴变位机

（4）复合型变位机。复合型变位机是由前面各类变位机组合而成，适用于大规模批量化的生产。

1.3.3 激光器的软件系统

本节将介绍人工智能、机器学习、深度学习、计算机视觉的概念，对其功能做一个简单的介绍，带领读者了解人工智能在激光熔覆上的应用。

1.3.3.1 人工智能

人工智能（artificial intelligence，AI）是计算机科学的一个分支，其研究目的是了解智能的实质，并生产出一种新的能以人类智能相似的方式做出反应的智能机器。人工智能的研究是高度技术性的，如图1-26所示，其专业性极强，各分支领域都是深入且各不互通的，因而涉猎范围极广。该领域的研究包括智能机器人、语言识别、机器视觉、自动推理和搜索方法、自然语言处理和专家系统等。人工智能可以对人的意识、思维的信息过程进行模拟。人工智能不是人的智能，但能像人那样思考，也可能超过人的智能。

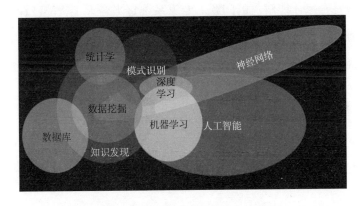

图1-26　人工智能相关领域关系图

"人工智能"一词最初是在1956年达特茅斯（Dartmouth）学会上提出的。从那以后，研究者发展了众多理论和原理，人工智能的概念也随之扩展。人工智能是一门极富挑战性的科学，从事这项工作的人必须懂得计算机知识，心理学和哲学。总体说来，人工智能研究的一个主要目标是使机器能够胜任一些通常需要人类智能才能完成的复杂工作。但不同的时代、不同的人对这种"复杂工作"的理解是不同的。例如繁重的科学和工程计算本来是要人脑来承担的，现在计算机不但能完成这种计算，而且能够比人脑做得更快、更准确，因此当代人已不再把这种计算看作是"需要人类智能才能完成的复杂任务"。可见复杂工作的定义是随着时代的发展和技术的进步而变化的，人工智能这门科学的具体目标也自然随着时代的变化而发展。它一方面不断获得新的进展，另一方面又转向更有意义、更加困难的目标。目前能够用来研究人工智能的主要物质手段以及能够实现人工智能技术的机器就是计算机，人工智能的发展历史是和计算机科学与技术的发展史联系在一起的。除了计算机科学以外，人工智能还涉及信息论、控制论、自动化、仿生学、生物学、心理学、数理逻辑、语言学、医学和哲学等多门学科。

1.3.3.2 专家系统

专家系统是一种在特定领域内具有专家水平解决问题能力的程序系统。它能有效地运用专家多年积累的有效经验和专业知识，通过模拟专家的思维过程，解决需要专家才能解决的问题。专家系统是当今人工智能，深度学习和机器学习的前身。自1968年费根鲍姆等研制成功第一个专家系统DENDEL以来，专家系统获得了飞速的发展，并且运用于医疗、军事、地质勘探、教学、化工等领域，产生了巨大的经济效益和社会效益。

1.4 激光熔覆制造技术的发展现状与趋势

激光熔覆制造技术以高功率激光束为热源，运用非接触光加工的方式，对特种材料进行异形加工（激光制造），并为零件修复与再制造提供新的解决方案（再制造），是绿色再制造的重要支撑技术。该技术可快速恢复产品或零部件尺寸，并在性能上达到甚至超越新品，具有修复精度高、工件损伤小、修复区结合强度高、材料利用率高等优点，在现代工业、重大装备以及国防等领域中具有十分重要的地位。目前，为了扶持激光制造与再制造技术在工业生产中的应用，实现资源的再利用，促进可持续发展，政府出台了一系列相关政策。

1.4.1　激光熔覆制造技术的发展现状

1.4.1.1　国外激光增材制造产业的发展状况

目前全球激光增材制造的产业格局基本形成，全球增材制造产业已基本形成美国、欧洲等发达国家和地区主导，亚洲国家和地区后起追赶的发展态势。

2018年，全球增材制造产业产值达到97.95亿美元，较2017年增加24.59亿美元，同比增长33.5%；全球工业级增材制造装备的销量近20000台，同比增长17.8%，其中金属增材制造装备销量近2300台，同比增长29.9%，销售额达9.49亿美元，均价41.3万美元。

目前全球激光增材制造产业美国、德国、中国、日本四国的增材制造设备保有量占有率之和为66.7%，中国（数据不含台湾地区）增材制造设备保有量居第三位，保有量占有率由2014年的9.2%升至2015年的9.5%，增长0.3个百分点。

技术应用格局方面，如图1-27所示，目前全球激光增材制造技术的应用主要分布在工业机械、航空航天、汽车领域、消费品/电子、医疗/牙科领域的应用量位居前五，占应用的75.6%。

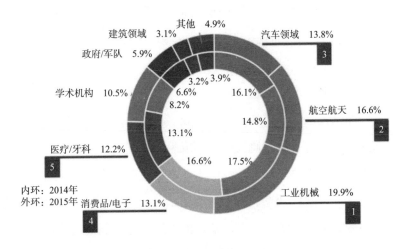

图1-27　全球激光增材制造产业分布示意图

以美国GE公司为代表的航空应用企业开始采用增材制造技术批量化生产飞机发动机配件，尝试整机制造，并计划2021年启用一万台金属打印机，显示了增材制造技术的颠覆性意义。相应的，欧洲及日本等发达地区和国家也逐渐把增材制造技术纳入未来制造技术的发展规划中，如欧盟规模最大的研发创新计划"地平线2020"，计划7年内（2014～2020年）投资800亿欧元，其中选择10个增材制造项目，总投资2300万欧元；2019年，德国经济和能源部发布《国家工业战略2030》草案中，将增材制造列为十个工业领域"关键工业部门"之一；2014年日本发布的《日本制造业白皮书》中，将机器人、下一代清洁能源汽车、再生医疗以及3D打印技术作为重点发展领域；2016年，日本将3D打印器官模型的费用纳入保险支付范围。

综上，目前激光增材制造在国际上形成了一条较为成熟、可持续发展的生态产业链。未来激光增材制造会向着多元化、模块化发展，成为国民生产中不可或缺的一环。

1.4.1.2 国内激光增材制造产业发展状况

我国增材制造技术和产业发展速度快，规模稳步增长，技术体系和产业链条不断完善，产业格局初步形成，支撑体系逐渐健全，已逐步建立起较为完善的增材制造产业生态体系。根据中国增材制造产业联盟的统计，在2015～2017年，我国增材制造产业规模年均增速超过30%，增速高于世界平均水平；我国本土企业实现快速成长，涌现出先临三维、铂力特、华曙高科等一批龙头企业，产业发展速度加快。

目前我国增材制造产业已初步形成以环渤海地区、长三角地区、珠三角地区为核心，中西部地区为纽带的产业空间发展格局。其中，环渤海地区是我国增材制造人才培养中心、技术研发中心和成果转化基地。长江三角洲地区具备良好经济发展优势、区位条件和较强的工业基础，已初步形成包括增材制造材料制备、装备生产、软件开发、应用服务及相关配套服务完整的增材制造产业链。珠三角地区，随着粤港澳大湾区建设的推进，增材制造产业将得到进一步集聚。中西部地区，陕西、广东、湖北、山东、湖南等省份是我国增材制造技术中心和产业化发展的重点区域，集聚了一批龙头企业和重点园区。

增材制造的发展将遵循"应用发展为先导，技术创新为驱动，产业发展为目标"的原则。同时，产业可持续发展方面，力求建立健全的增材制造产业标准体系，结合云制造、大数据、物联网等新兴技术及其他基于工业4.0的智能集成系统，促进增材制造设备和技术的全面革新，培育一批具有国际竞争力的尖端科技和制造企业，最终实现增材制造产业的快速可持续发展。

1.4.1.3　国内外市场分析

随着增材制造技术的进步与成本降低，增材制造的市场规模呈现出快速增长的态势。根据Wohlers数据，如图1-28所示，2018年全球增材制造市场规模为99.75亿美元，增长35.9%，预计2024年全球增材制造市场增长到356亿美元，2019～2024年复合增长率为23.6%，其中2019～2020年复合增长25.9%。

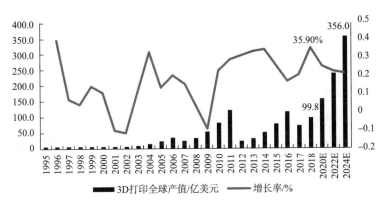

图1-28　全球增材制造产业增长态势

而中国为全球最具潜力的市场之一，根据中国增材制造产业联盟统计，2015～2017年，我国增材制造业增速超过30%，2017年我国增材制造业产业规模达16.7亿美元，预计至2023年，中国增材制造产业规模达到110.5亿美元，行业增速保持在30%以上。

从图1-29中可以看出，我国增材制造产业仍处于快速发展阶段，产业规模逐步增长。2018年，中国增材制造产业产值约为130亿元，相较于2017年

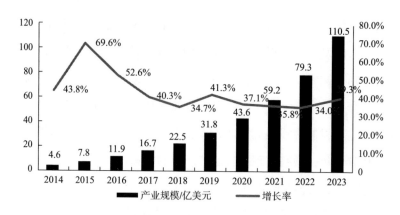

图1-29 2012～2023年中国增材制造产业国模（预测）

的100亿元，同比增长30%。根据中国增材制造产业联盟对40家重点联系企业的统计结果显示，2018年，这些企业的总产值达40.63亿元，比2017年的32.83亿元增加7.8亿元，同比增长23.8%。2018年，中国增材制造装备保有量占全球装备保有量的10.6%，仅次于美国（美国的保有量为35.3%），位居全球第二。

目前，我国从事激光熔覆技术的研究机构主要包括：清华大学、华中科技大学、北京航空航天大学、西北工业大学、哈尔滨工业大学、北京工业大学、中科院、北京有色金属研究总院及东北大学等。具有代表性的激光熔覆装备制造或系统集成的公司主要有深圳大族激光、北京陆合飞虹激光、武汉团结激光、南京煜宸激光和江苏中科四象等。从事激光熔覆技术应用的公司主要有沈阳大陆激光、武钢华工、山东能源、鞍山正发股份、沈阳金研激光、泰安金宸激光、江苏永年激光及大族金石凯等。我国在激光器技术方面与国外的差距较大，缺少独有的核心技术。在激光熔覆技术的应用过程中，需要解决的关键问题主要是大面积、高厚度、高性能熔覆层的裂纹问题，这就对激光熔覆工艺以及粉末材料提出了更高的要求。

1.4.2　激光熔覆制造技术的发展趋势

随着航空航天、精密仪器、光学和激光技术的迅速发展，精密加工的应用范围日益扩大。其中激光增材制造作为光—机—电一体化的新型先进精密制造技术得到了长足的发展。激光增材制造首先是以航空工业及中船重工为代表的军工需求为牵引的，如图1-30所示，主要可以满足高精度复杂外形关键零部件的形成及失效零部件的再制造领域的需求。国外已实现航空发动机叶片的增材制造生产，已实现舰艇装备激光增材制造设备，实现在海上对失效机械关键产品的订制化制造，甚至是在线修复，大幅缩减舰艇维护周期。目前美国GE、德国EOS、英国Rolls-Royce、日本Matsuura公司等增材制造企业经过长期的技术积累，已形成国际上增材制造装备和技术发展的制高点，控制了在军工领域的发展前沿，占据国际增材制造装备和相关软件算法的垄断地位，保证了以美国为首的西方国家的军工制高点地位。

图1-30　采用EOS公司生产的SLM装备制造的航空发动机零件

装备激光增材制造可以应用于失效产品的再制造，是装备维修保障的重要组成及关键技术支撑，是失效关键零部件高效修复，提高装备质量、效益和战斗力再生的关键支撑。激光增材再制造技术作为典型的军民两用技术，在我军武器装备维修保障中发挥了十分重要的作用。以激光增材制造技术等为代表的再制造技术及装备已不同程度地配发部队各级维修保障单位，充分发挥了再制造在装备保障综合技术中的作用，成功解决了装备关键零部件的维修保障难题。

在兵器领域，主要针对装甲车发动机、坦克主动轮、战斗机轴类零件等进行激光增材修复与再制造；在水中兵器中，该技术可在鱼雷壳体、发动机汽缸缸体、垂直发射系统的发射管、阀座、阀杆和轴等易受到腐蚀和磨损部位的应用。激光增材制造技术可实现快速低成本修复，不仅提高了修复质量，与镀铬修复相比，不会产生环境污染，而且还降低了修复成本。如图1-31和图1-32所示，在航空领域，国外已采用激光增材制造技术对镍基高温合金及钛合金航空叶片进行修复；美军已成功研制的"移动零件医院"（MPH系统），利用激光增材制造技术进行金属零件的快速制造和再制造，该系统已经列装美国海军和陆军，并在阿富汗战场发挥了重要作用。目前激光增材制造技术已在世界各主要工业国家获得了大量的研究和应用。部队装备的激光增材制造技术是典型的军民两用技术，是实现武器装备维修，保障军民融合式发展的重要途径。

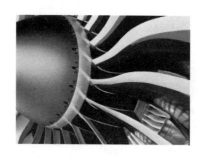

图1-31　GE公司试制风扇叶片　　　图1-32　英国Rolls-Royce成形引擎部件

在民用领域，矿山机械、盾构机、冶金、电力、石油化工设备及其零部件的制造与再制造都对激光增材制造技术具有极大的需求。矿山机械设备用量大、磨损快，由于其工作环境恶劣，零部件损坏速度比较快，激光增材制造可应用于"三机一架"（采煤机、掘进机、刮板运输机和液压支架）的制造与再制造。钢厂轧机辊轴、轧机牌坊是高线钢厂设备的关键零部件，也是轧机极易磨损的重要部件。激光增材制造可利用高能密度的激光束通过在基体材料表面添加熔覆材料，使其与基材表面一起熔凝，形成与基体材料成冶金结合的熔覆层，可修复因表面磨损导致报废的工作辊，熔覆层的高硬度使轧辊的使用寿命提高2.5倍。电力设备分布量大、不间断运转，其零部件的损坏概率高。由于高温高热特殊的工作条件，每年都需定期对损伤的机组零部件进行修复，如主轴轴径、动叶片等。采用激光增材制造可将其缺陷全部修复完好，恢复其使用性能，费用仅为新机组价格的1/10。据统计，2013年以来，我国达到设计使用寿命的盾构机开始进入高发期，每年有25%～30%的盾构机面临大修或报废，盾构机体积大、价值昂贵和技术含量高、系统复杂，同时报废周期较短，再制造潜力巨大。可以利用激光熔覆技术对主驱动密封钢环、拼装机大小齿圈、轴承位磨损处、油缸缸体等进行激光增材制造的再制造。

由于上述军工、民用领域需求及高端技术发展的牵引，特别是对高端精密复杂外形零部件形成技术、关键零部件失效后的修复与再制造技术的需求，预计对高端激光增材制造和相关产品质量分析、测试、算法等方面将提出更高要求。

我国于2016年底建立了支撑增材制造技术发展的研发机构——国家增材制造创新中心，旨在开发创新型增材制造工艺装备，专注于服务产业的共性技术研究，推进增材制造在各领域的创新应用，聚焦技术成熟度介于4～7级的产业化技术的孵化与开发，为我国增材制造领域提供创新技术、共性技术以及信息化、检测检验、标准研究等服务。同时一批省级增材制造创新中心也相继成立或宣布筹建，西北工业大学针对激光立体成形技术的研究方法进行了改进，并系统地对激光立体成形实验平台的搭建，多种材料的成形工艺（图1-33），成形零件的微观组织及性能，利用有限元模拟对成形件的温度场、应力场等方面进行计算，自主开发了先进的激光增材成形和修复再制造商用装备系统，成形金属涵盖了钛合金、高温合金、铝合金、不锈钢及功能梯度材料等。北京工业大学进行了送粉器和喷嘴等零部件设施在结构和功能上的改进，以H62、1Cr18Ni9Ti、7075等材料作为原材料进行试验，其微加工精度能够达到微米级。华中科技大学和天津工业大学主要是对设备送粉器、送粉喷嘴、实时监控系统及相关设备平台软件等进行优化研究。形成了国家级、省级增材制造创新中心协同布局的发展格局，逐渐形成以企业为主体、市场为导向、政产学研用协同的"1+N"增材制造创新体系。

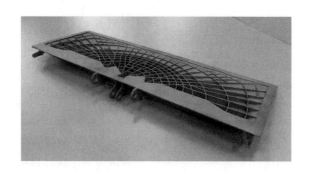

图1-33　沉积成形飞机零件

因此激光熔覆的未来发展方向主要有以下几个方面。

第一，多学科、交叉化发展。激光熔覆作为材料科学、光学工程及控制工程等多学科的交叉技术，其研究将由材料领域向制造领域扩展，需要各学科综合发展。

第二，系统化、集成化发展。激光熔覆技术与机器人、精密切削等集成研究，构建一个大的研究体系，将对激光熔覆技术及其工业化起到推动作用。

第三，大面积熔覆及质量控制。结合大功率激光器的研制和激光光学系统的设计，解决现阶段无法克服的大面积熔覆的工艺问题，并进一步提高激光熔覆层质量及制造效率。

第四，小型化、原位修复。鉴于越来越多的原位修复要求，未来激光器将向高功率、小型化、便携式方向发展，激光熔覆技术也将越来越强调原位修复技术的应用。

1.5　激光熔覆制造技术的应用

随着大功率激光器的日益商业化，带动了激光熔覆技术的迅猛发展，并加快了激光熔覆技术工业应用的步伐。现今激光熔覆在工业中的应用大致有以下几个方面。

1.5.1　在航空领域中的应用

在国内，北京航空航天大学及西北工业大学等实现了大型钛合金构件的激光熔覆成形，是目前激光熔覆技术最显著的成就之一。航空发动机叶片的再制造存在巨大的市场，叶片材质种类比较多，技术含量较高且修复之后的叶片在修复材料、探伤技术、寿命评估方面需要做大量的工作。而且在国内民航业，部分关键零部件仍然依赖于国外进口，因此飞机的后期维修需要花费巨额资金从国外采购新的零部件。为此，北京工业大学激光工程研究院采用激光熔覆技术针对民航各种零部件成功实现了修复并获得应用，如图1-34所示。

(a) 航空轴类合金零件的再制造　　　　(b) 航空钛合金构件的激光再制造

(c) 铝合金壳体的激光再制造

图1-34　航空典型零部件的激光再制造

1.5.2 在交通领域中的应用

在汽车发动机气门、气门座圈密封锥面、气门阀杆小端面以及排气阀、阀门座表面等要求耐高温、耐磨损及耐腐蚀性的工作面上用激光熔覆形成具有优良的耐磨、耐热性合金涂层。美国的汽车排气阀座用激光熔覆stellite合金。俄罗斯利哈乔夫汽车厂的排气阀座激光熔覆耐热合金。上汽通用五菱汽车股份有限公司冲压车间对使用10多年的VH车型部分模具的磨损和局部损坏进行快速修复有效保证了冲压车间的正常生产。整个项目共计节约900万元。另外，激光熔覆技术在农用汽车工业中应用广泛，如缸套、曲轴、活塞环、换向器、齿轮等零部件的表面熔覆。

1.5.3 在模具制造领域中的应用

模具激光表面熔覆技术经过近年来的发展现已逐步走向实用阶段。目前广泛地应用于模具的表面强化和修复模具。闫忠琳等对玻璃模具进行了激光熔覆处理。生产现场对比考核结果为：未经激光熔覆处理的模具总使用时160～200h后报废；经激光熔覆处理的模具连续使用100～120h后卸下清理油垢此时模具的合缝线完好，不需修理可连续使用模具，总使用时间提高了10倍。赵宏运在汽车连杆辊锻成形模具9CrSi表面熔覆一层WC陶瓷层进行了一些探索性试验并取得了良好的应用效果。

1.5.4 在海洋工程领域中的应用

海洋环境通常较为复杂，根据其不同的环境条件，如图1-35所示，可分为五大区域：海洋大气区、浪花飞溅区、海洋潮差区、海水全浸区和海底泥土区。

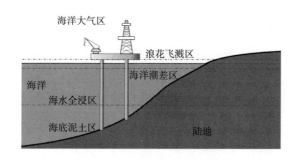

图1-35　海洋环境五大区域

在海洋环境中，对金属的腐蚀行为影响主要集中于溶氧量、温度、盐度、海水流动、海水流速、结构件的结构、海洋生物因素、pH值等方面。海水对金属的腐蚀按腐蚀形态分类，可分为全面腐蚀和局部腐蚀；如图1-36所示，其中局部腐蚀又可分为点蚀、电偶腐蚀、缝隙腐蚀、晶间腐蚀、选择性腐蚀等。

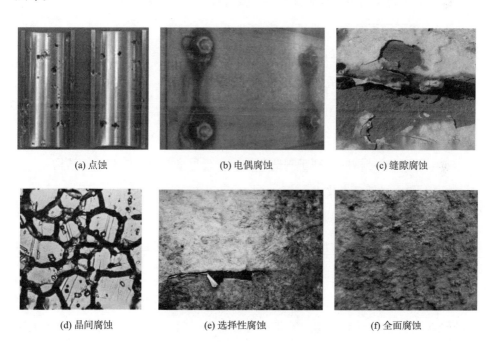

图1-36　海水对金属的腐蚀形态

1.5.4.1 局部腐蚀的特点

（1）点蚀。在很小范围内发生的腐蚀，会深入金属内部形成小孔。小孔通常直径小但深度大。点蚀的腐蚀速度快，在几种腐蚀形态中隐患性和破坏性最大。

（2）电偶腐蚀。在电解质溶液中，当不同金属接触时产生，通常是负电位金属被腐蚀得更快。

（3）缝隙腐蚀。在金属间的狭窄缝隙内，介质迁移受到阻滞而产生的局部范围内的腐蚀。

（4）晶间腐蚀。是指在金属材料的晶界及其附近发生的腐蚀，从而使晶粒间失去结合力，这种现象称为晶间腐蚀。晶间腐蚀发生时，材料表面无明显的宏观变化，但材料的性能会逐渐下降，若不及时发现，则会导致安全事故的发生，具有极强的隐患性。

（5）选择性腐蚀。通常发生在多元合金中，合金中不同组分的电化学性能不同，会导致较活泼元素先被溶解，这种现象称为选择性腐蚀。

1.5.4.2 海洋环境中金属的腐蚀防护

（1）尽可能避免有利于腐蚀环境的形成。

（2）尽可能避免形成电偶腐蚀。

（3）根据设备寿命和均匀腐蚀速率计算构件的尺寸，以评估采取防护措施与否。

（4）设计的结构应有利于制造和维护，且尽量避免形成冲蚀的结构。

（5）防止局部应力集中。

1.5.4.3 提高钢材料耐腐蚀性的途径

常规不锈钢由于耐蚀性较差不能广泛应用于海洋工程。常见的提高钢材料耐腐蚀性能的途径主要有以下几个。

（1）通过钝化形成稳定的保护膜。钢表面由于形成保护膜，从而引起腐蚀减轻或不腐蚀的现象，称为钝化，通常含Cr、Al、Si等元素的合金对形成钝化的保护膜有积极作用。

（2）利用脱成分腐蚀，使合金中某些组分优先发生腐蚀，从而保护其他成分，如黄铜脱锌等。

（3）提高固溶体电极电位或形成稳定的钝化区，降低微电池的电动势。

（4）通过加入足够的Ni、Mn，得到单相奥氏体组织。

（5）采用机械保护措施或覆盖层，如电镀、发蓝、喷漆等。

添加Mo、Ni和Cr的超级不锈钢，虽然可改善耐点蚀性，但成本昂贵和机械性能较差。激光熔覆可以在低性能的廉价钢材上获得高性能的贵重金属合金表面。利用激光熔覆技术，在廉价材料表面熔覆一层强耐腐涂层可以显著改善这种情况。

1.5.5 在石油勘探领域中的应用

在石油化工行业，由于设备长期处于恶劣工作环境中，更容易使零部件产生严重腐蚀、剧烈磨损现象，会导致大型昂贵零部件彻底报废，例如钻铤、无磁钻铤、扶正器及震击器等大型零件。北京工业大学激光院实现了无磁钻铤零件的激光强化与再制造，并开发了耐磨、抗腐蚀、无磁（熔覆层相对磁导率1.005～1.010，满足美国API标准）的粉末材料，并实现了规模化应用（图1-37）。此外，北京工业大学与中航湖南通用航空发动机有限公司等合作单位为美国哈里伯顿（HALLIBURTON）公司批量完成井下工具的生产项目（图1-38），并针对国内市场需求，采用激光熔覆制造了石油勘探领域TC轴承，以替代传统的硬质合金烧结、钎焊等工艺（图1-39）。

图1-37 无磁钻铤的激光熔覆强化制造

图1-38　激光熔覆制造石油井下工具

图1-39　激光熔覆制造TC轴承

1.5.6　在煤炭开采领域中的应用

在煤矿行业中，由于工作环境苛刻，对煤矿开采机械零部件的性能要求较高。液压立柱的主要失效形式是镀层的划伤和镀层剥落，镀层采用高污染的电镀工艺，而电镀是我国逐渐要取缔的传统工艺之一。因此，采用激光熔覆技术进行液压立柱的强化有很大市场，也是国家支持的环境友好、循环利用的高新技术，可替代传统的电镀工艺，泰安金宸激光科技有限公司修复的液压立柱如图1-40所示。另外，截齿为采煤机、掘进机等工业装备的牙齿，其使用寿命决定设备的工作效率以及开采成本。采用激光增材制造技术强化截齿，使得硬质合金头与激光熔覆强化区域在工作时获得同步磨耗，激光强化区域对硬质合金头起到充分的保护作用，泰安金宸激光科技有限公司开发的新型截齿如图1-41所示。

图1-40　激光熔覆工艺制造的硬面层　　　图1-41　新型截齿的激光熔覆制造

1.5.7　在电力工程领域中的应用

电厂汽轮机转子在高速运转条件下，转子轴颈存在磨损问题，另外汽轮机末级、次末级叶片在长时间的高温环境工作条件下常发生汽蚀。汽轮机为大型装备而不便于运输，因此需要有较高可靠性的激光原位修复技术，如图1-42所示。随着我国核电事业的快速发展，对作为核反应堆结构材料的要求越来越高。核电工业中的结构件由于其所处的工作环境和介质原因，会受到高温、腐蚀、氧化等诸多不利影响，因此部分核心部件一直依赖国外进口。现阶段我国核电工业发展驶入快车道，对核心部件国产化的要求越来越强烈。如图1-43所示，北京工业大学激光工程研究院采用激光熔覆技术对核电蒸汽发生器（SG）690合金传热管进行强化，并采用激光熔覆技术进行锆合金事故容错燃料包壳（ATFC）的制备。

图1-42　电厂汽轮机转子轴颈及叶片

图1-43　核电结构件的激光熔覆

参考文献

[1] 周丰，贵永亮，胡宾生，等．激光熔覆技术现状及发展［C］．第十二届中国钢铁年会论文集，表面与涂镀，2019：4.

[2] 李嘉宁，刘科高，张元彬．激光熔覆技术及应用［M］．北京：化学工业出版社，2015.

[3] 胡爱永，胡芳友．激光改性再制造技术［M］．北京：化学工业出版社，2017.

[4] 谢冀江，郭劲，刘喜明．激光加工技术及其应用［M］．北京：科学出版社，2012.

[5] 谢玉萍，师文庆，黄江，等．激光熔覆技术研究现状及应用［J］．装备制造

技术，2017（6）：50-53.

［6］李嘉宁，巩水利. 复合材料激光增材制造技术及应用［M］. 北京：化学工业出版社，2019.

［7］卢秉恒，李涤尘. 增材制造（3D打印）技术发展［J］. 机械制造与自动化，2013，42（4）：1-4.

［8］张津超，石世宏，龚燕琪，等. 激光熔覆技术研究进展［J］. 表面技术，2020，49（10）：1-11.

［9］张瑞珠，李林杰，唐明奇，等. 激光熔覆技术的研究进展［J］. 热处理技术与装备，2017，38（3）：7-11.

［10］沈宇，关义青，白松，等. 激光熔覆技术发展现状及展望［J］. 制造技术与机床，2011，61（10）：21-24.

［11］张昌春，石岩. 激光熔覆高厚度涂层技术研究现状及发展趋势［J］. 激光技术，2011，35（4）：448-452.

［12］于海航. 高速激光熔覆及后处理表面完整性研究［D］.北京：中国矿业大学，2020.

［13］Schopphoven T, Gasser A, Wissenbach K, et al. Investigations on ultra-high-speed laser material deposition as alternative for hard chrome plating and thermal spraying［J］. Journal of Laser Applications，2016，28（2）：022501.

［14］吴影，刘艳，陈文静，等. 超高速激光熔覆技术研究现状及其发展方向［J］. 电焊机，2020，050（3）：1-10.

［15］Schopphoven T, Gasser A, Backes G. EHLA：Extreme High - Speed Laser Material Deposition［J］. Laser Technik Journal，2017，14（3）：26-29.

［16］Hinduja S, Lin L. Proceedings of the 37th International MATADOR Conference［M］. London：Springer，2013.

［17］Raykis O. Alternative with a Future：High-speed laser metal deposition replaces hard chrome plating［J］. Laser Technik Journal，2017，14（1）：28-30.

［18］邱琦. 钛合金超高速磨削技术［J］. 装备机械，2014，12（1）：57-63.

［19］高瑀含. 高斯光束整形技术研究［D］.长春：长春理工大学，2012.

［20］王狮凌. 大功率激光器光束整形系统设计与研究［D］.天津：天津大学，2017.

［21］刘晨曦. 大功率空间椭圆光束整形和传输研究［D］. 杭州：杭州电子科技

大学，2015.

［22］Fred M Dickey. Laser Beam Shaping：Theory and Techniques，Second Edition ［M］. CRC Press：2018-09-03.

［23］空间光调制器［DB/OL］. https：//baike. baidu. com/item/%E7%A9%BA%E 9%97%B4%E5%85%89%E8%B0%83%E5%88%B6%E5%99%A8/11032845?fr= aladdin，2021-02-01.

［24］毛文炜，傅振海，邬敏贤，等.实现灵活光束转换的二元光学器件及其应用 ［J］.中国激光，1997，24（8）：22-27.

［25］杨向通，范薇. 利用双折射透镜组实现激光束空间整形［J］. 光学学报，2006，26（11）：1698-1704.

［26］微透镜阵列［DB/OL］. https：//baike. baidu. com/item/%E5%BE%AE%E9 %80%8F%E9%95%9C%E9%98%B5%E5%88%97，2020-06-15.

［27］非球面透镜［DB/OL］. https：//baike. baidu. com/item/%E9%9D%9E%E7 %90%83%E9%9D%A2%E9%80%8F%E9%95%9C，2020-12-08.

［28］Kreuzer J L. Coherent light optical system yielding an output beam of desired intensity distribution at a desired equiphase surface：US3 476 463［P］. 1969-11-04.

［29］范增明，李卓，钱丽勋. 非球面透镜组激光光束整形系统［J］. 红外与激光工程，2012，41（2）：353-357.

［30］王狮凌. 大功率激光器光束整形系统设计与研究［D］. 天津：天津大学，2017.

［31］李嘉宁. 激光熔覆技术及应用［M］. 北京：化学工业出版社，2016.

［32］石季英. 数控机床（自动化机床）［DB/OL］. https：//baike.baidu.com/ite m/%E6%95%B0%E6%8E%A7%E6%9C%BA%E5%BA%8A/6197?fr=aladdin，2021-05-18.

［33］Hans Bernbard Kief. 数控技术及应用指南2015/2016［M］. 林松，译. 北京：机械工业出版社，2017.

［34］吴林.焊接机器人实用手册［M］. 北京：机械工业出版社，2014.

［35］变位机［DB/OL］. https：//baike.baidu.com/item/%E5%8F%98%E4%BD%8D %E6%9C%BA/762108?fr=aladdin，2021-01-28.

［36］姜家高. 应用于焊接机器人的变位机控制研究［D］. 沈阳：沈阳大学，

2015.

［37］吴林. 焊接机器人实用手册［M］. 北京：机械工业出版社，2014.

［38］人工智能［DB/OL］. https：//wiki.mbalib.com/wiki/%E4%BA%BA%E5%B7%
A5%E6%99%BA%E8%83%BD.

［39］Peter Harrington. 机器学习实战［M］. 李锐，译. 北京：人民邮电出版
社，2013.

［40］魏溪含，涂铭，张修鹏. 深度学习与图像识别：原理与实践［M］. 北京：
机械工业出版社，2019.

［41］陈旭，吕小俊. 浅谈计算机视觉的发展及应用［J］. 科技信息. 2013，29
（16）：6.

［42］专家系统［DB/OL］. https：//baike.baidu.com/item/%E4%B8%93%E5%
AE%B6%E7%B3% BB%E7%BB%9F/267819?fr=aladdin，2021-04-16.

［43］闫忠琳，叶宏. 激光熔覆技术及其在模具中的应用［J］. 激光杂志，
2006，31（2）：73-74.

［44］赵洪运，刘喜明，连建设，等. 辊锻模具表面送粉激光熔覆WC陶瓷层的高
温组织与性能［J］. 焊接学报，2002，22（5）：12-14，4.

第2章　激光熔覆材料与参数分析

2.1　激光熔覆常用材料的特点及分类

2.1.1　材料的特点

激光熔覆层的表面质量、晶体类型、晶体大小、抗磨损性能、硬度、耐腐蚀性以及抗拉伸强度等会受到很多因素的影响，其中最根本的因素是激光实验所使用的材料，激光熔覆所用的材料成分及质量直接影响了熔覆层各种性能，阻止了激光产业在市场上的全面应用和推广。激光熔覆所用的材料通常被加工为三种形状，一种是粉末形状，一种是细丝线状，还有一种是薄片，以便配合激光实验设备实现自动上料，其中，粉末状的实验材料是主要的使用形式。

2.1.1.1　自溶性粉末的特点

自熔性合金粉末是指含Si、B等具有强烈脱氧和造渣能力的合金粉末，在激光熔覆中优先与涂层材料中的氧和基体表面的氧化物反应生成低熔点的硼硅酸盐等漂浮在熔池表面，从而减少熔覆层的含氧量和夹渣，提高基体与涂层的润湿性和工艺成型性能。自开展激光熔覆技术研究以来，人们最先选用的熔覆材料就是铁（Fe）基、镍（Ni）基和钴（Co）基自熔性合金粉末。表2-1是常用自熔性合金粉末的特点。

（1）铁基粉末。Fe基自熔性合金粉末适用于要求局部耐磨且容易变形的零件，基体多为铸铁和低碳钢，其最大优点是成本低且耐磨性能好。但是，与Ni基、Co基自熔性合金粉末相比，Fe基自熔性合金粉末存在自熔性较差、熔

表2-1　自熔性合金粉末的特点

自熔性合金粉末	自熔性	优点	缺点
镍基	好	良好的韧性、耐冲击性、耐热性、抗氧化性，较高的耐蚀性	高温性能较差、切削加工性能差
钴基	较好	较好的耐腐蚀性、耐磨性和高热硬性	价格较高
铁基	差	成本低、耐磨性强	抗氧化性差

覆层易开裂、易氧化、易产生气孔等缺点。在Fe基自熔性合金粉末的成分设计上，通常采用B、Si及Cr等元素来提高熔覆层的硬度与耐磨性，用Ni元素来提高熔覆层的抗开裂能力。陈惠芬等在16Mn钢表面熔覆Fe—Cr—Ni自熔性合金粉末，结果表明熔覆层组织是树枝晶和胞状晶，熔覆层以非平衡的（Fe、Cr）相和（Fe、Ni）相存在。张锦英等在12Cr2Ni4A钢表面激光熔覆FeCSiB+V（+Ti）合金粉末，研究了加V及复合加V和Ti时激光熔覆涂层的组织和性能。结果表明：熔覆层显微硬度分布均匀，平均硬度在900～1050HV；熔覆层中原位自生增强颗粒的尺寸和含量随冷却速度的加快而减少。李胜等在中碳不锈钢基体上熔覆Fe基粉末，研究发现：碳含量的微小变化能显著改变熔覆层的显微组织和性能；在其他参数不变的情况下，碳含量在0.3%～0.4%范围变化时，碳含量减小有利于提高熔覆层的硬度和韧性，同时有利于抑制裂纹产生。综合分析可以看出，Ni基或Co基自熔性合金粉末体系具有良好的自熔性和耐蚀、耐磨、抗氧化性能，但价格较高；Fe基自熔性合金粉末虽然便宜，但自熔性差，易开裂和氧化。因此，在实际应用中，应根据使用要求合理选择自熔性合金粉末体系。常见铁基合金粉末的化学成分见表2-2，主要物理参数和使用特点见表2-3。

表2-2　常见铁基合金粉末的化学成分（质量分数）

粉末牌号	C/%	Ni/%	Cr/%	B/%	Si/%	Fe/%
Fe30	1.0～2.5	30～34	8～12	2.0～4.0	3.0～5.0	余
Fe45	1.0～1.6	10～18	12～20	4.0～6.0	4.0～6.0	余
Fe55	1.0～2.5	8～6	10～20	4.5～6.5	4.0～5.5	余
Fe60	1.2～2.4	3～16	12～20	4.2～5.6	4.0～6.0	余
Fe65	2.0～4.0	—	20～2.5	1.5～2.5	3.0～6.0	余

表2-3　铁基合金粉末的物理参数和使用特点

粉末牌号	粒度/目	硬度（HRC）	熔点/℃	松装密度/（g/cm³）	流动性/（g/50s）	使用特点
Fe30	−150～+400	25～30	1050～1100	3.5	20	耐磨损，切削性能好
Fe45	−150～+400	42～48	1050～1100	3.5	20	耐磨损
Fe55	−150～+400	54～58	1050～1100	3.7	20	耐磨
Fe60	−150～+400	55～60	1050～1100	4.0	20	抗磨粒磨损性能良好
Fe65	−60～+200	60～65	1150～1200	4.0	25	抗高应力磨粒磨损性能良好

（2）钴基粉末。Co基自熔性合金粉末具有良好的高温性能和耐蚀耐磨性能，常被应用于石化、电力、冶金等工业领域的耐磨耐蚀耐高温等场合。Co基自熔性合金润湿性好，其熔点较碳化物低，受热后Co元素最先处于熔化状态，而合金凝固时它最先与其他元素形成新的物相，对熔覆层的强化极为有利。目前，Co基合金所用的合金元素主要是Ni、C、Cr和Fe等。其中Ni元素可以降低Co基合金熔覆层的热膨胀系数，减小合金的熔化温度区间，有效防止熔覆层产生裂纹，提高熔覆合金对基体的润湿性。张松等采用CO_2激光器在$2Cr_{13}$不锈钢表面熔覆Co基粉末，获得了具有优异抗高温腐蚀性能的熔覆层。李明喜等在镍基铸造高温合金表面熔覆高碳钴基合金粉末，发现熔覆层结合界面为垂直生长的柱状晶；随激光输入功率的增大，熔覆层组织粗化，熔覆层的显微硬度略有降低。C.Chabrol等用5kW CO_2激光器将Stellite-F粉末熔覆在马氏体钢基体上。研究发现：涂层表面纵向和横向都是拉应力；在涂层/基体界面附近的基体一侧为压应力，随离界面距离的增加，基体中出现高拉应力峰。常见的钴基合金粉末的化学成分见表2-4，主要物理参数和使用特点见表2-5。

表2-4　钴基合金粉末的化学成分（质量分数）

粉末牌号	C/%	Ni/%	Cr/%	B/%	Si/%	Fe/%	其他/%
Co42A	1.0～1.2	14～16	18～24	1.2～1.6	2.5～3.2	≤6	W：6.0～8.0
Co42B	1.0～1.2	14～16	18～24	1.2～1.6	2.5～3.2	≤6	Mo：4.0～6.0
Co50	0.3～0.7	26～30	18～20	2.0～3.5	3.5～4.0	≤12	Mo：4.0～6.0

表2-5　钴基合金粉末的物理参数和使用特点

粉末牌号	粒度/目	硬度（HRC）	熔点/℃	松装密度/（g/cm³）	流动性/（g/50s）	使用特点
Co42A	-60～+200	40～45	1130～1200	3.5	32	高温耐磨、耐燃气腐蚀，用于高温排气阀顶保护、高温高压阀门等
Co42B	-60～+200	40～45	1130～1200	3.4	31	
Co50	-150～+400	40～55	1100	3.6	25	用于高温高压阀门、内燃机排气阀、密封面、高温模具、汽轮机叶片等

（3）镍基粉末。Ni基自熔性合金粉末以其良好的润湿性、耐蚀性、高温自润滑作用和适中的价格在激光熔覆材料中研究最多、应用最广。它主要适用于局部要求耐磨、耐热腐蚀及抗热疲劳的构件，所需的激光功率密度比熔覆铁基合金的略高。Ni基自熔性合金的合金化原理是运用Fe、Cr、Co、Mo、W等元素进行奥氏体固溶强化，运用Al、Ti等元素进行金属间化合物沉淀强化，运用B、Zr、Co等元素实现晶界强化。Ni基自熔性合金粉末中各元素的选择正是基于以上原理，而合金元素添加量则依据合金成形性能和激光熔覆工艺进行确定。唐英等在中碳钢基体上激光熔覆Ni自熔性合金粉末材料，选择的合金元素为C、Si、B、Cr等。研究表明：C元素的加入可获得高硬度的碳化物，形成弥散强化相，进一步提高熔覆层的耐磨性；Si和B元素一方面作为脱氧剂和自熔剂，增加润湿性，另一方面通过固熔强化和弥散强化提高涂层的硬度和耐磨性；Cr元素固溶在Ni的面心立方晶体中，对晶体既起固溶作用，又对熔覆层起氧化钝化作用，从而提高了耐蚀性能和抗高温氧化性能，富余的Cr与C、B形成碳化铬和硼化铬硬质相，提高了合金的硬度和耐磨性。陈大明等在Y4模具钢上熔覆镍基合金时的主要元素为Cr、Fe、Mo、W、B、Si和C，从镍基合金元素的选择不难看出其强化方式主要是固溶强化。B、Si的加入可以改善合金熔覆层成形工艺性能；碳的加入可以获得碳化物弥散强化相，进一步提高耐磨性。王华明等在钛合金表面激光熔覆60%Ni+30%Ti+10%Si（质量分数）的混合粉末制备了以金属硅化物Ti5Si3为增强相、以金属间化合物NiTi2为基体的复合涂层。

研究表明，在干滑动摩擦磨损条件下，该熔覆层具有优良的耐磨性能。常见镍基合金粉末的化学成分见表2-6，主要物理参数和使用特点见表2-7。

表2-6 常见镍基合金粉末的化学成分（质量分数）

粉末牌号	C/%	Ni/%	Cr/%	B/%	Si/%	Fe/%	Co/%
Ni20	≤1.0	余	4～6	0.4～1.6	1.5～2.5	≤5	—
Ni25	≤1.6	余	8～13	0.6～2.6	≤1.6	≤6	—
Ni35	≤3	余	8～14	1.0～4.0	3.5～5.5	≤8	—
Ni45	≤3	余	10～14	3.5～5.5	4.5～6.5	≤10	8～12
Ni60	1.0～2.0	余	14～18	2.5～4.5	3.5～4.5	≤17	

表2-7 镍基合金粉末的物理参数和使用特点

粉末牌号	粒度/目	硬度（HRC）	熔点/℃	松装密度/（g/cm³）	流动性/（g/50s）	使用特点
Ni20	−150～+400	18～23	1040	≥3.5	≤20	熔点低，耐急冷急热，切削性、耐热蚀性好，易加工。用于模具，铸铁、镍合金钢、不锈钢零件，以及曲轴、轧辊、轴套、轴承座、偏心轮等零件
Ni25	−150～+400	20～30	1050	3.6	20	熔点低，耐急冷急热，切削性、耐热蚀性好，易加工。用于模具、轴类零部件
Ni35	−150～+400	30～40	1050	3.8	20	耐磨、耐蚀、耐热、耐冲击、易加工。用于模具冲头、显像管模具、齿轮、汽轮机叶片、各类轴承等
Ni45	−150～+400	40～50	1080	3.9	19	耐磨、耐高温、耐热、硬度中等、自熔性好。适用于修复排气阀密封面、活塞环、汽轮机叶片、气门等
Ni60	−150～+400	55～62	980	4.1	18	耐磨、耐蚀、耐热、金属间摩擦系数极小，用于金属加工模具链轮、凸轮、拉丝滚筒、排气门、机械磨损件等

2.1.1.2　陶瓷粉末的特点

陶瓷涂层不但可以很好地将合金材料的高强度、高韧性和陶瓷颗粒相优异的耐磨、耐蚀和耐高温等性能结合在一起，而且还能开发出新的功能，从而引起人们普遍关注。涂覆的陶瓷主要有三种：氧化物陶瓷（氧化铝、氧化锆、二氧化钛等），碳化物陶瓷（碳化钨、碳化钛和碳化铬等）和氮化物陶瓷（氮化硅和氮化硼等）。激光熔覆金属陶瓷材料可以将金属材料较高的硬度、韧性、良好的工艺性能和陶瓷相优异的耐磨、耐蚀、耐高温及化学稳定性有机结合起来，受到人们的重视，但在应用中存在陶瓷材料与基体金属的热膨胀系数、弹性模量及导热系数等性能差别较大的问题。

2.1.1.3　复合材料粉末的特点

碳化物复合粉末由碳化物硬质相与金属或合金黏结相组成。组成复合粉末的成分，可以是金属与金属、金属（合金）与陶瓷、陶瓷与陶瓷、金属（合金）与石墨、金属（合金）与塑料等，范围十分广泛，几乎包括所有固态工程材料。通过不同的组分或比例，可以衍生出各种功能不同的复合粉末，获得单一材料无法比拟的优良综合性能，是热喷涂和激光熔覆行业内品种最多、功能最广、发展最快、使用范围最大的材料之一。碳化物复合粉末作为硬质耐磨材料，具有很高的硬度和良好的耐磨性，其中（Co、Ni）/WC系适用于低温（<560℃）的工作条件，而（NiCr、NiCrAl）/Cr_3C_2系适用于高温工作环境。此外，（Co、Ni）/WC复合粉还可与自熔性合金粉末一起使用。

2.1.1.4　稀土在激光熔覆中的特点

Ce、La、Y等稀土元素极易与其他元素反应，生成稳定的化合物，在熔覆层凝固过程中可以作为结晶核心、增加形核率，并吸附于晶界阻止晶粒长大，细化枝晶组织。同时，稀土元素与硫、氧的亲和力极强，又是较强的内吸附元素，易存在于晶界，既强化晶界又净化晶界，在内氧化层前沿阻碍氧化过程继续进行，可明显提高高温抗氧化性能和耐腐蚀性能。另外，稀土还可有效改善熔覆层的显微组织，使硬质相颗粒形状得到改善，并在熔覆层中均匀分布。

晶界边缘存在纵横交织的数量众多的缺陷，稀土元素与这些缺陷彼此作用，消除了缺陷，从而有效减少了裂纹，强化了基体。比如Y原子，其原子半径大，表面活性高，熔覆时易与O、S、Si等元素反应生成稳定的化合物，这些化合物继而成为晶核，从而起到细化晶粒的作用。此外，一些小密度的化合物，在冷凝前从熔池中上浮，有效净化了覆层内部组织，继而减小了覆层的开裂倾向。Freeney等研究了搅拌摩擦加工（FSP）对EV31A镁稀土合金微观结构和力学性能的影响，并发现FSP结合时效处理可使铸件晶粒从78.5μm细化到3.4μm，屈服强度达到275MPa。Wang等研究了La_2O_5、Y_3O_2和CeO_2对覆层组织、硬度、摩擦磨损性能的影响，结果表明：普通覆层的枝晶结构粗大，局部存在大量的晶粒偏析，并伴随有大量的气孔和裂纹；而添加稀土的覆层组织为致密的枝晶，晶粒明显细化，覆层更加光滑。一般说来，稀土的质量分数在0.4%～1.0%时比较合适，过多的稀土会在晶间产生大量夹杂，这不仅使稀土完全丧失作为形核核心的功能，而且会使固溶强化效果受到削弱。

尚丽娟等在稀土对激光熔覆钴基自熔合金的改性方面做了深入研究，成功地采用稀土变质及激光熔覆工艺在20#钢基体上获得了钴基自熔合金梯度组织涂层。结果表明，加入0.6%的稀土后，获得的梯度涂层组织由亚共晶向共晶连续过渡，硬度比原合金高12.3%，耐磨性比未加稀土的涂层提高近2倍。王昆林等综合分析了CeO_2和La_2O_3对铁基和镍基合金激光熔覆层的改性作用，结果表明，Ce和La能有效细化组织，净化晶界，减小夹杂，提高耐磨性能和耐腐蚀性能。潘应君等在A3钢基体表面激光熔覆制备了含稀土氧化物La_2O_3的镍基TiC金属陶瓷复合层。研究表明，加入适量的稀土氧化物La_2O_3，可有效改善激光熔覆复合层的显微组织，减少复合层中的裂纹、孔洞和夹杂，改善熔覆层中TiC颗粒的形状，同时，熔覆层的耐磨性和耐蚀性明显提高。

2.1.2　材料的分类

现在激光熔覆用的材料基本上是沿用热喷涂用的自熔合金粉末，或在自熔合金粉末中加入一定量的WC和TiC等陶瓷颗粒增强相，获得不同功能的激光熔覆层。热喷涂与激光熔覆技术具备许多相似的物理和化学特性，它们对所用合金粉末的性能要求也有很多相似之处。例如，合金粉末具有脱氧还原、造渣、除气、湿润金属表面、良好的固态流动性、适中的粒度、含氧量低等性能。激光熔覆材料可以从材料形状、成分和使用性能等不同角度进行分类。

2.1.2.1 按材料形状分类

激光熔覆材料根据形状的不同，可分为丝材、棒材和粉末三种，其中粉末材料的研究和应用较为广泛。不同形状的激光熔覆材料分类见表2-8。

表2-8 按不同形状分类

类别	熔覆材料
纯金属粉	Fe、Ni、Cr、Co、Ti、Al、W、Cu、Zn、Mo、Pb、Sn等
合金粉	低碳钢、高碳钢、不锈钢、镍基、钴基、钛、铝、巴氏合金等
自熔性合金粉	铁基（FeNiCrBSi）、镍基（NiCrBSi）、钴基（CoCrWB、CoCrWBNi）、铜基及其他有色金属系
陶瓷、金属陶瓷粉	金属氧化物（Al、Cr、Ti系）、金属碳化物及硼氮、硅化物等
包覆粉	镍包铝、铝包镍、镍包氧化铝、镍包WC、钴包WC等
复合粉	金属+合金、金属+自熔性合金、WC或WC—Co+金属及合金 WC—Co+自熔性合金、氧化物+金属及合金、氧化物+包覆粉、氧化物+氧化物、碳化物+自熔性合金、WC+Co等
纯金属丝材	Al、Cu、Ni、Mo、Zn等
合金丝材	Zn—Al—Pb—Sn、Cu合金、巴氏合金、Ni合金、碳钢、合金钢、耐热钢等
复合丝材	金属包金属（铝包镍、镍包合金）、金属包陶瓷（金属包碳化物、氧化物等）
粉芯丝材	7Cr13、低碳马氏体等
纯金属棒材	Fe、Al、Cu、Ni等
陶瓷棒材	Al_2O_3、TiO_2、Cr_2O_3、Al_2O_3—MgO、Al_2O_3—SiO_2

2.1.2.2 按材料成分分类

激光熔覆材料根据成分可分为金属、合金和陶瓷三大类，见表2-9，其中自熔性合金是在合金中加入了硼、硅等元素，自身具有熔剂的作用。

表2-9　按不同成分分类

类别	熔覆材料
铁基合金	低碳钢、高碳钢、不锈钢、高碳钼复合粉等
镍基合金	纯Ni、镍包铝、铝包镍、NiCr/Al复合粉、NiAlMoFe、NiCrAlY、NiCoCrAlY等
钴基合金	纯Co、CoCrFe、CoCrNiW等
有色金属	Cu、铝青铜、黄铜、Cr—Ni合金、Cu—Ni—In合金、巴氏合金、Al合金、Mg合金、Ti合金等
难熔金属及合金	Mo、W、Ta等
自熔性合金	Fe—Cr—B—Si、Ni—Cr—B—Si、N—Cr—F—B—Si、Co—C—Ni—B—Si—W等
氧化物陶瓷	$Al_2O_3Al_2O—TiO_2$、Cr_2O_3、$TiO_2—CrO_3$、$SiO_2—Cr_2O_3—ZrO_2$、$TiO_2—Al_2O_3—SiO_2$等
碳化物	WC、WC—Ni、WC—Co、TiC、VC、Cr_3C_2等
氮化物	TiN、BN、ZrN、Si_3N_4等
硅化物	$MoSi_2$、$TaSi_2$、$Cr_3Si—TiSi_2$、WSi_2等
硼化物	CrB_2、TiB_2、ZrB_2、WB等

2.1.2.3　按材料功能分类

根据材料的性质以及获得的熔覆性能不同，可以分为耐磨材料、耐蚀材料、隔热材料、抗高温氧化材料、自润滑减磨材料、导电材料、绝缘材料、打底层材料和功能材料等。

（1）耐磨材料。耐磨材料主要用于具有相对运动且表面容易出现磨损的零部件，如轴颈、导轨、阀门、柱塞等。激光熔覆耐磨材料是非常重要的一类应用。利用激光熔覆在高磨损条件下服役的工件表面制备耐磨涂层，可以显著提高设备的使用寿命。耐磨材料的类型及特性见表2-10。

表2-10　耐磨材料的类型及特性

材料类型	特性
碳化铬	耐磨、熔点1800℃
自熔性合金、Fe—Cr—B—Si、Ni—Cr—B—Si	耐磨、硬度30~55HRC
WC—Co（12%~20%）	硬度>60HRC，红硬性好，使用温度低于600℃
镍铝、镍铬、镍及钴包WC	硬度高，耐磨性好，可用于500~850℃下的磨粒磨损
Al_2O_3、TiO_2	抗磨粒磨损，耐纤维和丝线磨损
高碳钢（7Cr13）、马氏体不锈钢、铜合金	抗滑动磨损

（2）耐蚀材料。激光熔覆耐蚀材料常用于船舶、沿海钢结构、石油化工机械、铁路车辆等行业。利用耐蚀材料在工件或者设备表面制备耐蚀层可以提高设备的使用寿命，降低维护成本，且克服了传统电镀、化学镀工艺对环境污染大、涂层结合性能差、厚度薄等缺点。耐蚀材料的类型及特性见表2-11。

表2-11　耐蚀材料的类型及特性

材料	熔点/℃	特性
Zn	419	暗白色，涂层厚度0.05～0.5mm，黏结性好，常温下耐淡水腐蚀性好，广泛应用于防大气腐蚀，碱性介质耐蚀性优于Al
Al	660	黏结性好，银白色，广泛应用于大气腐蚀，在酸性介质中耐蚀性优于Zn，使用温度超过65℃也可用
富锌的铝合金	<660	综合Al及Zn的特性，形成一种高效耐蚀层
Ni	1066	密封后可作耐腐蚀层
Sn	230	与铝粉混合形成铝化物，可用于耐腐蚀保护

（3）隔热材料。隔热材料主要指氧化物陶瓷、碳化物以及难熔金属等。激光熔覆隔热材料可以根据工件的工作条件，制备单层或多层熔覆层；双层一般是底层为金属，表面层为陶瓷；喷涂三层时，底层为金属，中间为金属陶瓷过渡层，表面层为陶瓷。零件表面有隔热材料的防护，工作温度可降低10～65℃。隔热材料常用于发动机燃烧室、火箭喷口、核装置的隔热屏等高温工作部位。

（4）抗高温氧化材料。抗高温氧化材料可以在氧化介质温度120～870℃下对零件表面进行防护。有些材料不仅可以抗高温氧化，还具有耐蚀等其他多种特性。表2-12列出了部分抗高温氧化材料的类型及特性。

表2-12　抗高温氧化材料的类型及特性

材料	熔点/℃	特性
自熔性镍铬硼合金	1010～1070	耐蚀性好，也耐磨
高铬不锈钢	1480～1530	封孔后耐蚀
Al_2O_3	2040	封孔后耐高温氧化腐蚀等

续表

材料	熔点/℃	特性
TiO$_2$	1920	层孔腺少，结合好，耐蚀
Cr	1890	封孔后耐蚀
Ni—Cr（20%～80%）	1038	抗氧化，耐热腐蚀
特种Ni—Cr合金	1038	抗高温氧化及耐蚀
Ni—Cr—Al+Y$_2$O$_3$	—	高温抗氧化
镍包铝	1510	自黏结，抗氧化
镍包氧化铝、镍包碳化铬	—	工作温度800～900，抗热冲击

（5）自润滑减摩材料。自润滑减摩材料常用于具有低摩擦因数的可动密封零部件。涂层的自润滑性好，并具有较好的结合性和间隙控制能力。自润滑减摩材料的类型及特性见表2-13。

表2-13　自润滑减摩材料的类型及特性

材料	特性
镍包石墨	用于550℃，飞机发动机可动密封部件、耐磨密封圈及低于550℃时的端面密封。润滑性好、结合力较高
铜包石墨	润滑性好，力学性能及焊接性能好，导电性较高，可作电触头材料及低摩擦因数材料
镍包二硫化钼	润滑性良好，用于550℃以上可动密封处
镍包硅藻土	可用作550℃以上高温减摩材料，耐磨，封严，可动密封
自润滑自黏结镍基合金	属减摩材料，润滑性好

（6）导电、绝缘熔覆材料。导电、绝缘熔覆材料中常用的导电材料是Al、Cu和Ag。Al涂层制备在陶瓷或玻璃上可作电介电容；Cu导电性较好，在陶瓷或碳质表面作电阻器及电刷；Ag导电性好，可作电器触点或印刷电路；绝缘层材料常采用Al$_2$O$_3$。

（7）黏结底层材料。黏结底层材料能与光滑的或经过粗化处理的零件基材表面形成良好的结合。常用于底层以增加表面的黏结力，尤其是表面层为陶瓷脆性材料，基材为金属材料时，黏结底层材料的效果更明显。常用的黏结底层材料有Mo、镍铬复合材料及镍铝复合材料等，其中最常用的镍包铝（或铝包镍），它不仅能增加面层的结合，同时还能在喷涂时产生化学反应，生成金属间化合物（Ni_3Al等）的自黏结成分，形成的底层无孔隙，属于冶金结合，可以保护金属基材，防止气体渗透进行侵蚀。

（8）功能性材料。功能性材料是指具有特殊功能的材料，如FeCrAl、FeCrNiAl等，含某些稀土元素和铅的功能性材料，具有较好的防X射线辐射的能力。

2.2 激光熔覆材料的基本要求及选用原则

2.2.1 基本要求

激光熔覆材料在激光的高温作用下全部或部分熔化，形成激光熔池，凝固后形成激光熔覆层，在此过程中，熔覆粉末不仅要满足使用性能的要求，还应满足激光熔覆材料的基本要求，具体有以下几个方面：

（1）具有良好的使用性能，所选用的材料必须满足零部件表面工况要求，如具有耐磨、耐腐蚀、抗氧化、导电、绝缘等使用性能。

（2）具有良好的化学稳定性和热稳定性，材料在激光熔覆过程中承受高温，应具有化学稳定性和热稳定性，即在高温下不挥发、不升华、不发生有害的化学反应和晶型转变，以保持原材料的优良性能。

（3）熔覆材料和基体应有相近的热膨胀系数。熔覆材料与基体的热膨胀系数相差过大时，激光熔覆过程中的快速加热和冷却导致收缩不均匀，形成很大的热应力，使涂层从基体上剥离或开裂。

（4）熔覆材料在熔融或半熔融状态下和基体有较好的润湿性，以保证涂层与基体有良好的结合性能。

（5）涂层材料是粉末时，其形状、粒度分布、表面状态应符合要求，且要有较好的流动性，这样才能获得均匀的涂层；当涂层材料是棒材或丝材时，应有较好的成型性能，且具有一定的强度，粒径也应均匀准确，表面清洁无污染。

2.2.2 选用原则

激光熔覆材料一般要根据使用性能要求与熔覆基体的匹配状况来选配。在一定工作环境下，针对某一基体而言存在一种最佳的涂层合金。目前，涂层材料是否具有良好的匹配关系，成为激光熔覆技术的一个重点。激光熔覆材料的设计和选用主要考虑以下几个方面。

2.2.2.1 线胀系数相近

激光熔覆层中产生裂纹的重要原因之一，是熔覆材料与基体金属两者的线胀系数存在差异。因此选择熔覆层材料首先要考虑熔覆层与基材线胀系数的匹配。熔覆层与基材的线胀系数匹配性好，对结合强度、抗热振性能、抑制裂纹萌生和扩展能力有重要的提高作用。若两者线胀系数差异太大，则激光熔覆过程中熔覆层容易产生裂纹、开裂甚至剥落。

2.2.2.2 熔点匹配

激光熔覆时应采用相对于基体有适应熔点的涂层材料，即熔覆材料基体金属的熔点不能相差太大，否则难以形成与基体良好的冶金结合且稀释度的熔覆层，熔覆质量大大降低，不能形成良好的冶金结合。一般情况下，若熔覆材料熔点过高，加热时熔覆材料熔化少，则会使涂层表面粗糙度高，或者基体表面过度熔化导致熔覆层稀释度增大，熔覆层被严重污染；若熔覆材料熔点过低，则会因熔覆材料过度熔化导致熔覆层产生空洞和夹杂，或者基体金属表面不能很好地熔化，熔覆层和基体难以形成良好的冶金结合。因而在激光熔覆中，一般选择熔点与基体金属相近的熔覆材料。

2.2.2.3 熔覆材料对基体的润湿性

除了考虑熔覆材料的热物理性能外，还应考虑其在激光快速加热下的流动性、化学稳定性，硬化相质点与黏结相金属的润湿性以及高温快冷时的相变特性等。熔覆过程中，润湿性也是一个重要的因素。特别是要获得满意的金属陶瓷涂层，必须保证金属相和陶瓷具有良好的润湿性，熔覆材料和基体金属、熔覆材料中高熔点陶瓷相颗粒及黏结金属之间都应具有良好的润湿性。润湿性与材料表面的张力密切相关，表面张力越小，液体流动性越好，越容易使熔覆液相均匀铺在金属基体的表面，即具有良好润湿性的材料在激光熔覆过程中可以获得表面成形良好的熔覆层，在提高润湿性方面，主要应该从基于降低熔覆层熔体的表面张力、降低基体材料的表面张力、降低固液界面能等原理入手。

2.2.3　性能指标

金属粉末材料性能对熔覆质量的影响较大，因此对粉末材料的堆积特性、粒径分布、颗粒形状、流动性、含氧量及对激光的吸收率等均有较严格的要求。

（1）一般情况下，直径较大的粉末颗粒流动性较好。易于传送，但是颗粒太大的粉末在熔覆成形过程中较难熔化，特别是在微成形时易使送粉嘴堵塞，使成形实验难以连续进行下去：若粉末颗粒太小，只需较小的激光功率就可将其熔化。但细粉末极易相互黏结，流动性差，均匀传送此类粉末有一定的难度。另外，颗粒小的粉末也易受到保护气的干扰，易飞溅到光学镜片上，直接导致镜片的损坏。

粉末粒度会直接影响分层厚度，粉层厚度必须至少大于粉末颗粒直径的两倍才能有致密的熔覆层。研究表明，粉末粒度对增材制造过程有着非常明显的影响，尺寸较大的粉末颗粒比表面较小，在激光熔覆过程中较难熔化，具有较好的浸溶性。尺寸较小的粉末颗粒比表面较大，在激光熔覆过程中易于熔化。在确定粉末颗粒尺寸时，需要考虑粉末颗粒对激光增材制造过程的影响，粉末粒度细，较小的功率就可以使其熔化。过于细小的粉末在室温下容易发生固结现象，且在重力作用下，极细的粉末的流动性差，对成形过程不利。较大的粉末粒度，需要较大的功率才能熔化，且粒度过大的粉末对制件的微观组织有不利影响。因此，实际使用的金属粉末并不要求粉末颗粒尺寸一致，而是希望粉

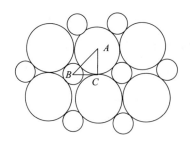

图2-1 粉末尺寸匹配示意图

末粒度大小不一，能够按一定规则进行匹配。假设粉末为球形颗粒，大小颗粒的尺寸匹配如图2-1所示。

在 $\triangle ABC$ 中，$L^2 + L^2 = (L+l)^2$；$l/L = 0.41$

式中：L 为粗粉颗粒圆球直径；l 为细粉颗粒圆球直径。

从上式可知，小颗粒与大颗粒尺寸之间的比值为一常数，但各自的尺寸是可以变化的。粉末经由同轴送粉喷嘴出来之后，若能保持如图2-1所示的匹配关系，则在成形过程中，对颗粒间形成致密的层厚及材料的熔合是有利的。当具有一定粒度范围的粉末混合在一起时，由于尺寸较大的颗粒比表面较小，激光照射到大颗粒表面时，单位体积上大颗粒吸收的能量小于小颗粒粉末，导致小颗粒粉末比大颗粒粉末容易熔化，液态的小颗粒粉末在表面张力的作用下填充于未熔化的大颗粒间的空隙中。由此可知，在混合相的粉末系统中，小颗粒起粘接剂的作用，大颗粒起着结构材料的作用。实际上，试验中使用的粉末体系并不是上面分析的理想状态。粉末制备过程中存在着尺寸误差，如果粉末间的粒度差别过大，会导致成形体有较大的孔隙率，并且会使成形体的表面凹凸不平，严重时会使已成形层严重变形，导致成形过程不能进行下去。所以，在进行激光熔覆试验之前，确定合理的粉末粒度范围是保证良好的成形过程和成形制件品质的基本条件。

（2）激光熔覆中，应保证粉末固态流动性良好，粉末的形状、粒度分布、表面状态及粉末的湿度等因素均对粉末的流动性有影响。粒度范围为50~200pm的普通粒度粉末或粗粉末在金属激光直接制造时一般均可使用，以圆球颗粒为最佳，圆球形颗粒的流动性较好。熔覆粉末的颗粒度过大，成形过程中会导致粉末颗粒不能完全被加热熔化，易造成微观组织、性能的不均匀。成形粉末的颗粒度过小。送粉时送粉嘴又容易被堵塞，成形过程受到影响，不能稳定进行，会导致熔覆层表面质量极差。

2.3　激光熔覆过程常用的送粉方式

粉末材料的输送是激光熔覆过程中的主要环节之一。激光熔覆过程常用的送粉方式有三种：同轴送粉、侧向送粉及预铺式送粉。在激光熔覆工艺的送粉过程中，主要可分为同步送粉和预置铺粉两种方式。其中，同步送粉是利用气体承载熔覆合金粉末进行输送，使高能量激光束与熔覆粉末在基体表面同步进行辐照和供料，从而进行激光熔覆的过程。对于预置铺粉激光熔覆来说，需要先对基体表面进行清洗处理，清除表面杂质，再将熔覆粉末均匀地铺设在基体表面，然后对预置粉末进行高能量激光束的辐照，使预置粉末与基体表面迅速凝熔而形成熔覆层。

同步送粉法与预置法两者在激光熔覆和凝固结晶等物理过程有非常大的差别。同步送粉法在激光熔覆时，合金粉末和基体表面同时受到激光辐照加热熔化。预置法则是涂层表面先受到激光辐照加热，随后在热传导的作用下将热量传递到基体表面。

根据粉末运动驱动力的不同可把同步送粉分为重力送粉法和气动送粉法。气动送粉采用气体动力运输粉末，运输流畅，可长距离输送，且能实现混合送粉，粉末容易分散均匀。激光直接制造同步送粉法又分为侧向送粉和同轴送粉。

送粉系统主要包括送粉器、送粉管道和出粉喷嘴。如果采用载粉气流来输送粉末，还应包括供气装置。激光熔覆表面熔覆层的形貌质量、精度以及表面性能主要由熔覆粉末的均匀性、汇聚性决定，送粉系统的性能直接影响激光熔覆质量。目前送粉系统多采用载气式送粉器，其类型可根据粉末颗粒大小和粉末输送效率进行选择。对于光、粉结合处的喷嘴而言，常用同轴送粉和旁轴送粉，侧向送粉方式可以灵活调整粉末流和激光光束，不易堵塞，但熔覆方向性单一，熔覆质量易受到影响；同轴送粉方式喷嘴结构复杂，若可保证同轴粉末流的稳定性和均匀性，则会极大提高光粉配合效率，还会提高试样质量，节约成本。

熔覆层的质量不仅与送粉工艺参数有关，还与喷嘴结构、粉末材料、实验环境等有着重要的关系。载气流量和送粉量作为最主要的送粉参数，对粉末流的输送及粉末空间汇聚特性有着关键的影响，粉末流的浓度能够直接影响熔覆层的厚度，影响熔覆层表面形貌的重要因素之一是粉末流的汇聚特性，进而影响激光熔覆成形件的质量。

对于送粉喷嘴来说，送粉喷嘴的孔径直接影响着熔覆粉末的利用率。实践表明，送粉喷嘴的孔径应小于激光光斑的直径，这样既保证了粉末高效的进入激光束中又使得粉末流不分散从而产生浪费的现象。粉末束在喷嘴喷出后受到外界气压的变化产生发散现象，导致达到基体表面的部分粉末飞落到熔池之外。只有进入熔池的合金粉末才能有助于熔覆层成形，喷射到熔池之外的粉末颗粒在动能的作用下从基体上反弹出去，产生飞溅损失。通过数值模拟加上实验验证优化送粉喷嘴的结构参数，可以有效地提高粉末的材料利用率。

2.3.1 同轴送粉

同步送粉式激光熔覆是通过喷射、挤出等方式将熔覆材料送入激光束中，保证基体与熔覆材料在同一时间受到激光束照射并熔化。熔覆材料可以粉末、板材或丝材的方式送入熔池中，通常最主要用的熔覆材料是合金粉末。同步送粉式激光熔覆技术的核心工艺流程为基体熔覆表面预处理、送料和激光熔化、后热处理。同步送粉式激光熔覆又可分为同轴送粉式激光熔覆和侧向送粉式激光熔覆。

同轴送粉的基本原理图如图2-2所示，激光辐照基体表面的同时，粉末送入激光束和辐照区域，粉末熔化的同时基体表层熔化，粉末和基体冶金结合在一起，其中激光束与粉末流同轴耦合输出。同轴送粉克服了侧向送粉只适合线形轨迹运动而不适合复杂轨迹运动的缺点，能够将粉末均匀分散成环形，汇聚后送入聚焦的激光束中，在加工过程中可以形成不受方向限制的均匀熔覆层。同轴送粉的缺点是当喷嘴粉末出口距激光束出口较近时，熔化的粉末容易堵塞喷嘴出口，中断激光加工过程，因此需要在结构上采取措施，防止堵塞。

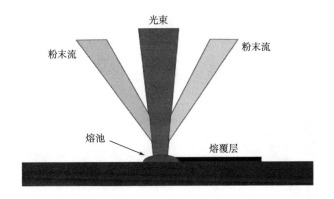

图2-2 同轴送粉基本原理图

送粉喷嘴是激光熔覆同步送粉系统的重要组成部分之一，当前的激光熔覆送粉喷嘴主要分为两种，旁轴喷嘴和同轴喷嘴，如图2-3所示，灰色部分是从喷嘴内出来后的粉末流。其中一种送粉喷嘴是同轴送粉喷嘴，这种喷嘴与旁轴的最大区别是粉末流一般是以激光束为中心，沿着四处不同通道喷出汇聚于基板表面上，在经过高能量的激光熔融形成熔覆层。此外，同轴环形喷嘴和同轴多通道喷嘴都属于同轴喷嘴，其形状如图2-3（b）和图2-3（c）所示，其中同轴环形喷嘴的粉末流在空间上的形状类似一个圆锥，粉末流在喷嘴出口处衔接；而同轴多通道喷嘴的粉末流是沿着分布在激光束周围的几个送粉管道喷出后汇聚于一点，然后在基材表面上与激光束交汇。同轴送粉喷嘴的优势在于它克服了旁轴送粉的缺点，在加工过程中可以形成不受方向限制的均匀熔覆层。因此，对激光熔覆同轴送粉喷嘴的研究更具有现实意义。

(a) 旁轴送粉喷嘴   (b) 同轴环形喷嘴   (c) 同轴多通道喷嘴

图2-3 喷嘴类型

对于同轴送粉熔覆喷头，粉束和激光束同轴耦合输出，粉末流各向同性，克服了旁轴送粉方向性的限制，可保证任意路径下熔覆层的一致性。

同轴送粉喷嘴工作原理如图2-4所示，金属粉末在气力输送和自身重力的

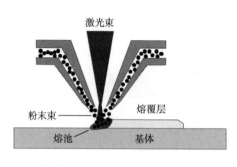

图2-4　同轴送粉喷嘴工作原理图

作用下由送粉器送至送粉管，粉末流在送粉管内经过反弹碰撞运动再由分粉器将粉末流分为多条管路，最后送到基材上方一定空间与激光器产生的高能量激光束汇聚在基材上形成熔池，基材在加工台面上保持不动，数控加工系统根据设定好的程序进行移动，进而完成整个熔覆过程。

针对同轴送粉喷嘴的研究中，在仿真方面，许多学者都是建立了二维模型进行分析，与实际应用中的三维模型存在较大的误差，部分学者在对三维喷嘴模型进行仿真时，得到的理论参数却没有实验数据来验证，结果难以服众。而一些学者在科研研究中，凭借多次实验得到想要的数据，增加了不少工时和材料成本。

同轴送粉方式包括两类：连续同轴送粉和不连续同轴送粉。连续同轴送粉是用具有环形通道的同轴送粉头，形成连续同轴送粉流。其中，控制粉体通道结构有助于形成所需的粉体流结构，喷嘴角度的减小倾向于使粉末聚焦；开口直径减小有助于提高粉末吸收效率，喷嘴开孔直径越小，聚焦处的粉束直径越小，粒子密度越高；压缩气体通道角度的增大使焦点粒子密度有少量增加。不连续同轴送粉是采用具有多个喷嘴（3个以上）的同轴送粉头，产生不连续同轴粉流。其中，喷嘴头的结构参数（喷嘴出口直径、喷射角、喷射半径）会影响粉末的传输行为。Wu等通过建立粉末分布模型揭示了不连续喷嘴头的结构参数对不连续同轴送粉焦斑处粉末分布特性的影响。焦斑的峰值质量浓度与喷嘴出口直径和喷射半径呈负相关，与喷射角呈正相关；焦斑直径随喷管出口直径和喷射半径的增大而增大，随喷射角的增大而减小；焦斑与喷嘴的距离与喷射半径呈正相关，与喷管出口直径和喷射角度呈负相关。

2.3.2　侧向送粉

侧向送粉激光熔覆技术又称旁轴送粉激光熔覆技术，其常用于激光宽带熔覆，一般采用半导体直输出激光器或半导体光纤输出激光器和重力送粉器，熔覆头采用矩形光斑和旁轴宽带送粉方案。熔覆头工作时，合金粉末经送粉嘴输送至工件表面进行预置，随着熔覆头与工件做相对运动，矩形的激光束扫描预置的合金粉末，并将其熔化形成熔池，冷却后形成熔覆层。而侧向送粉目前存在的两个主要问题是：粉末利用率低和送粉位置敏感。单侧的侧向送粉优点和缺点比较明显，优点是单道熔覆的涂层宽度大能提高加工效率，缺点是运动具有方向性，涂层的几何形状和宏观形貌与运动路径有关。这是由于激光熔池是对称的，当扫描速度发生变化时，熔池和粉斑的重叠面积会发生变化，从而导致进入熔池的粉末发生变化。

侧向送粉的基本原理图如图2-5所示，送粉喷嘴位于激光束的一侧，这样布局的优点是送粉喷嘴粉末出口距激光束喷嘴出口较远，不会出现因粉末过早熔化而阻塞激光束出口的现象。但是送粉方向始终是侧向送粉的缺点，激光束和粉末输入的不对称，限制了激光扫描方向，因此侧向送粉不能在任意方向形成均匀的熔覆层，只适合线形轨迹运动，不适合复杂轨迹运动。激光再制造要求熔覆层各向同性，侧向送粉不能满足激光再制造的要求。

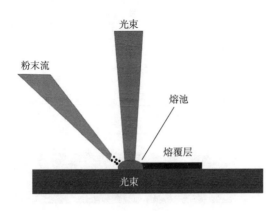

图2-5　侧向送粉基本原理图

对于旁轴送粉熔覆喷头，其送粉喷嘴相对聚焦光束倾斜喷粉，粉束和激光束轴线之间存在夹角。旁轴送粉喷嘴［图2-3（a）］的粉末流经送粉器输送至送粉管后从激光束所在竖直方向的旁侧送出，然后在基材表面与高能量密度的激光束汇聚，粉末流在高能量密度的激光作用下迅速熔化进而凝固形成熔覆层。旁轴喷嘴的结构一般较为简单，只存在一个送粉方向，激光扫描方向不能自由选取，导致旁轴送粉激光熔覆形成的熔覆层不能在任意方向上实现。

由于旁轴送粉熔覆喷头结构较为简单，送粉喷嘴调节灵活，粉末稳定好，故可实现异形零件的激光熔覆。随着高功率激光器技术发展以及使用成本的大幅下降，旁轴激光熔覆喷头由传统的"圆形光斑+单束送粉"方式发展为"矩形光斑+宽带送粉"方式。采用大光斑的激光熔覆方式极大地提升了熔覆效率，单道熔覆宽度可达30mm，适用于形状简单的零件表面的大面积激光熔覆。但变化扫描方向时，光粉耦合会出现明显的方向性，影响熔覆层的性能。

2.3.3　预铺式送粉

预铺式送粉是指将待熔覆的合金材料以某种方法预先覆盖在基材表面，然后采用激光束在合金预覆层表面扫描，预覆层表面吸收激光能量使温度升高并熔化。同时通过热传导将表面热量向内部传递，使整个合金预覆层及一部分基材熔化，激光束离开后，熔化的金属快速凝固在其材表面形成冶金结合的合金熔覆层，其原理如图2-6所示。这种方法得到的熔覆层质量较低，且不易控制，现在使用较少。

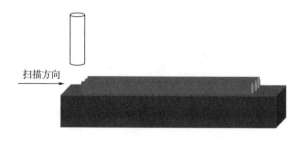

扫描方向

图2-6　预铺式送粉激光熔覆示意图

预铺法的优点是不受材料的限制，易于进行复合成分粉末的熔覆，但熔覆层易产生气孔、变形、开裂、夹渣等现象，难以获得光滑的熔覆层。

预铺送粉式激光熔覆的工艺流程是对熔覆基体表面预处理、预置熔覆材料、试扫描加工路径、激光预热并熔化、后热处理。预铺的方法有涂刷黏附法和热喷涂等。黏附方法是使用粘接剂将熔覆材料粘接在基体上，其铺放方式简便灵活，不需要任何辅助设备。但是涂层的粘接剂在熔覆过程中容易受热分解，并产生一定量的气泡，这些气泡易在熔覆层快速凝固结晶的过程中滞留材料内部形成气孔；并且粘接剂大多是有机物，这些有机物在受到激光加热后挥发，分解后的气体容易停留在污染熔覆层表面，影响熔覆层与基体的结合状态和修复质量。喷涂工艺是将粉末状涂层材料加热到熔化或半熔化的状态，并用高速气体载运并喷涂到加工部件的表面上，该工艺对基体表面和涂层的污染较小。但热喷涂工艺容易使基体表面氧化，严格控制喷涂工艺的工艺参数对表面涂层的质量至关重要。热喷涂包括火焰喷涂、电弧喷涂和等离子体喷涂，其主要优点是效率高，涂层厚度均匀且与基材结合牢固，不足之处是粉末利用率低，需要专门的设备和技术。

机械或人工涂刷法主要采用各种黏合剂在常温下将合金粉末调和在一起，然后以膏状或者糊状涂刷在待处理金属表面。常用的黏合剂有清漆、硅酸盐胶、水玻璃等。

2.4　激光熔覆过程激光的路径规划

激光熔覆成形质量受工艺参数、不同粉末配比等多种因素影响，其中轨迹规划对制得高性能涂层存在一定的影响。

2.4.1　激光扫描路径的分类

激光熔覆过程中，一个重要的问题是熔覆过程扫描路径规划的生成及实现，由于扫描路径在熔覆过程中起着关键作用，因此一直是研究的重点和难点。国内外许多研究学者开展了不少路径研究，并取得了一系列成果，包括路径规划的各个方面。

当前学术界在进行激光熔覆实验和数值模拟过程中，几乎都是使用单向逐次扫描、双向逐次扫描和循环扫描等方式进行激光扫描，其扫描路径如图2-7所示。

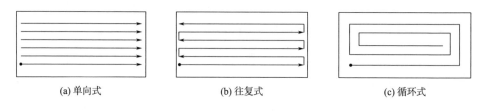

(a) 单向式 (b) 往复式 (c) 循环式

图2-7 扫描方式

研究学者一直在探索这些常用的激光熔覆扫描方式在熔覆过程中对基材形变产生的影响以及对熔覆结束后熔覆层质量的影响。入射激光在与基体材料相互作用的过程中，随着激光照射的位置不同，在基材上的熔池位置也不同，同时基体材料上的热影响区位置也随着时间变化而变化。而且熔池温度受周围温度较低的冷材拘束，必然会形成温度场分布的不均匀以及应力、应变的产生。在多道搭接实验过程中，每一道熔覆组织的成形都伴随着热量的转移，这其中包含着热量积累效应和金属熔液的冷却。不同的扫描方式必然会形成温度场在时间和空间上的差异性，这其中存在什么规律或存在什么定性的数学关系都是需要不断研究的。扫描方式的变化对熔覆件的性能会产生什么影响也是需要深入探索的，反过来说，当确定需要何种熔覆成果时，该如何确定激光的扫描方式也是研究的重点。

K.H.Choi等研究了大型固化熔覆设备，此设备使用二氧化碳激光器和三坐标扫描器，可以扫描大面积的平面。用具体的例子对双重扫描和单道扫描进行区分研究，提出了更合理的扫描路径，用实验验证双重扫描算法的适用性。

由于零件的复杂性，人工扫描路径的确定和扫描道数与扫描方向的确定是一个相对困难的事情，Son S、Kim S等提出了较为复杂的模型，表明多重扫描的新理论，开发了一种自由表面多重扫描的自动化加工系统，该系统包含了扫描方向和扫描路径规划分析。这套系统能自动生成零件激光熔覆修复路径，并能修复规则或不规则的零件表面，减少人工设计扫描路径时间和误差。

蔡道生等公布了一种新的扫描矢量说法，对光栅式扫描与分区扫描进行分析和比较，并对两种扫描方式进行优化。熔覆完一个层面后，扫描方向旋转一个角度继续下一个层面的填充扫描，这种扫描方式可以使零件内部的组织结构获得更好的优化，获得更出色的力学性能，并且考虑了两种扫描方法对熔覆时间的影响，给出了一种依据扫描时间判定扫描方式的理论。

陈鸿等在现有激光熔覆扫描方式成果之上，提出了一种单调域的扫描路径生成方法，并且成功开发了快速成型机。该方法将复杂多边形截面外轮廓区分成一系列的子扫描域，再沿着某一方向使用多条垂直于该方向的扫描线对所有熔覆子区域进行扫描填充的方法，或者交点后将其连线规划成扫描路径，这种方式不仅大幅降低激光源跳转次数，并且进一步降低工件表面翘曲变形的可能性，提高了熔覆精度。

至今所有激光熔覆实验过程的激光扫描顺序几乎都遵从单向逐次扫描、双向逐次扫描等这些最常见最常用的激光扫描熔覆顺序，如图2-7所示。

激光光源在照射每一道熔覆层组织时，基材上的整体温度就会随着激光入射的位置也就是熔池的位置变化而变化。上一道熔覆完成后其周围的温度最高，也拥有最大的温度梯度，这时下一道激光熔覆位置的不同就会产生不同的温度场分布。如果在上一道熔覆区相临近的区域熔覆，那么其产生的热累积效应就较强，而如果在远离上一道熔覆区的位置也就是在温度相对比较低的位置进行激光熔覆，那么其冷却效果就强烈，但此时的基材整体温度较前一种熔覆位置较为均匀，产生的应力也相对较小。

2.4.2　不同激光扫描路径对激光熔覆结果的影响

由于激光熔覆是一种具有的热量传递的物理、化学、冶金等变化的复杂演变过程，熔覆过程中热量的传导产生不同的组织，出现不同的相变。不同零件的材料、表面形貌会直接影响熔覆过程中热量的稳定，影响熔覆质量。为了保证熔覆层产生理想的组织与相变，获取较好的熔覆效果，需要针对不同的零部件进行路径规划。扫描路径直接影响熔池温度和成形工件的温度场分布，进而决定成型件的尺寸精度、残余应力、结合强度和组织结构。

首先，对于相同尺寸Q235薄钢板不同的熔覆方向，会产生不同的变形结果如裴明源等采用横向单向扫描与纵向单向扫描对比的激光扫描路径，如图2-8所示，熔覆316L不锈钢粉末在双边约束的Q235薄板上，采用三坐标测量仪测量整体变形，结果表明，横向扫描和纵向扫描的薄板均承受较大的拉伸残余应力，导致薄板整体弯曲变形，但两种变形有所不同，纵向扫描熔覆区弯曲变形，横向扫描边缘凸起变形。

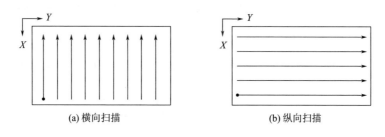

(a) 横向扫描　　　　　　　　　　　　　　　(b) 纵向扫描

图2-8　单向扫描路径

其次，对于相同尺寸Q235薄钢板不同的激光扫描路径，也会产生不同的熔覆结果。如裴明源等选用三种扫描路径分别是单向式、往复式、螺旋式，如图2-8所示，且在熔覆过程中采用位移传感器对薄钢板进行动态测量。结果表明，三种扫描路径下的薄板变形均为阶梯状，且整体变形均为累积叠加状。其中，螺旋式扫描产生的弯曲变形最大，且在熔覆层中心和薄板两端边缘呈凸起变形，单向式扫描和往复式扫描在熔覆区产生凹变形，边缘部分产生凸起变形。扫描方式按照最大弯曲变形从大到小排序，依次是螺旋式扫描、往复式扫描、单向式扫描。

张德强等采用单向式冷搭接、双向式冷搭接和热搭接、回形搭接激光扫描路径，如图2-9所示，在钛合金表面进行多道单层激光熔覆实验，熔覆粉末为Ni60A自熔性粉末。结果表明，扫描路径对TC4钛合金单层激光熔覆质量有一定的影响，热搭接扫描路径下得到的熔覆层表面质量最高，表面平均洛氏硬度值最大；回形搭接扫描路径下得到的熔覆层表面存在凹凸不平的交叉线，整体呈两端高中间低的形状；两种冷搭接扫描方式熔覆层质量差别不大，略差于热搭接得到的熔覆层。

(a) 单向式   (b) 双向式   (c) 回形式

图2-9　扫描路径

宫新勇等采用数值模拟的方法，模拟长路径、短路径、螺旋路径激光扫描路径45#钢基板表面熔覆316L不锈钢粉末的物理过程、温度场等，如图2-10所示，长（短路径）扫描是指激光光束沿加工平面长边（宽边）方向以光栅方式持续移动，而螺旋式扫描是激光束以近似螺旋线的直线路径由内向外运动至熔覆终点。结果表明，扫描路径会对熔覆零件的温度分布产生重要影响，短路径扫描容易使热量集中在局部区域累积，基板长边方向温差较大，宽边方向温度均衡；长路径扫描的温度分布特征恰好相反；在螺旋路径条件下，基板宽边方向端部和中心区域的温度波动较为分散，受激光束热影响的程度弱。

董世运等对坦克凸轮轴再制造进行了研究，在激光熔覆路径规划中采用分段调整扫描速率和边缘补偿等手段，得到了精度高、组织致密的熔覆层。李淑玉等针对阀芯端帽工作面的激光熔覆扫描路径进行了研究，使用双螺旋方式和直纹式扫描路径进行了熔覆试验，发现使用双螺旋式扫描路径得到的熔覆层耐磨性有极大提高，是直纹式扫描路径熔覆层的2~5倍，且变形量小，为直纹式的1/3。

翟伟等采取八种不同的扫描路径进行实体成型实验，研究扫描路径、宏观形貌和尺寸精度的关系。结果表明,在宏观形貌方面,长边层内往复、层间同向扫描得到无宏观裂纹、形状较为均匀、轮廓垂直度较高且表面黏粉较少;在尺寸精度方面,沿短边层内往复、层间异向的扫描方式可以得到表面平整度为0.177mm的试样,表面平整度最高;而单向层间同向扫描方式得到的试样在长度和宽度方向的误差较小,但表面平整度较低。

参考文献

［1］郭强. 激光熔覆Fe基合金工艺与性能研究［D］. 郑州:中原工学院,2019.

［2］李嘉宁,巩水利. 复合材料激光增材制造技术及应用［M］. 北京:化学工业出版社,2019.

［3］陈惠芬,胡静霞,何宜柱,等. 16Mn钢表面激光溶覆铁合金层的研究［J］. 上海应用技术学院学报(自然科学版),2003(1):16-18,29.

［4］张锦英,马明星,刘文今,等. 钒、钛对激光熔覆铁基原位生成颗粒增强复合涂层组织的影响［J］. 金属热处理,2003,28(8):1-4.

［5］Li Sheng, Hu Qianwu, Zeng Xiaoyan, et al.Effect of carbon content on the microstructure and the cracking susceptibility of Fe-based laser-clad layer［J］. Appl. Surf. Sci., 2004(8):231.

［6］张松,张春华,孙泰礼,等. 激光熔覆钴基合金组织及其抗腐蚀性能［J］. 中国激光,2001,28(9):860-864.

［7］李明喜,袁晓敏,何宜柱. Ni基合金表面激光熔覆Co基合金的组织与性能［J］. 安徽工业大学学报(自然科学版),2003(2):106-108,120.

［8］Chabrol C, Vannes A B. Residual Stresses Induced By Laser Surface Treatment［M］. Netherlands:Springer, 1986.

［9］唐英,杨杰. 激光熔覆镍基粉末涂层的研究［J］. 热加工工艺,2004(2):16-17,22.

［10］陈大明,徐有容,张恒华. 模具钢表面激光熔覆硬面合金层改性的研究［J］. 金属热处理,1998(1):28-30.

［11］刘元富，王华明．激光熔覆Ti$_5$Si$_3$增强金属间化合物耐磨复合材料涂层组织及耐磨性研究［J］．摩擦学学报，2003，23（1）：10-13.

［12］杨宁，杨帆．激光熔覆工艺及熔覆材料进展［J］．铜业工程，2010（3）：56-58，95.

［13］邱星武，李刚，邱玲．激光熔覆技术发展现状及展望［J］．稀有金属与硬质合金，2008（3）：54-57，66.

［14］张栋栋．高硬度激光熔覆层裂纹的产生机理及控制方法研究［D］．长春：长春理工大学，2014.

［15］Smurov I．Laser cladding and laser assisted direct manufacturing［J］．Surface & Coatings Technology，2008，202（18）：4496-4502.

［16］Wen W，Kuaishe W，Qiang G，et al．Effect of Friction Stir Processing on Microstructure and Mechanical Properties of Cast AZ31 Magnesium Alloy［J］．Rare Metal Materials & Engineering，2012，41（9）：1522-1526.

［17］Wang C，Gao Y，Zeng Z，et al．Effect of rare-earth on friction and wear properties of laser cladding Ni-based coatings on 6063Al［J］．Journal of Alloys and Compounds，2017，727（16）：278-285.

［18］尚丽娟，贺春林，才庆魁，等．应用稀土及激光熔覆工艺制备钴基合金梯度涂层［J］．中国有色金属学报，2002，12（4）：653-657.

［19］赵高敏，王昆林，刘家浚．La$_2$O$_3$对激光熔覆铁基合金层硬度及其分布的影响［J］．金属学报，2004，40（10）：6.

［20］王昆林，张庆波，魏兴国，等．La$_2$O$_3$对镍基合金激光熔覆层耐蚀性的影响［J］．中国腐蚀与防护学报，1998，18（3）：79-82.

［21］Zhang Q，Wang K，Zhu Y，et al．Rare earth elements modification of laser-clad nickel-based alloy coatings.

［22］潘应君，许伯藩，张细菊．La$_2$O$_3$对激光熔覆TiC/Ni基复合涂层的影响［J］．稀土，2003，24（4）：49-52.

［23］胡晓冬．激光熔覆同步送粉器的研究现状［J］．航空制造技术，2011，381（9）：46-49.

［24］常晓惠．激光表面工程技术及应用实例［J］．卫星应用，2019（12）：29-32.

［25］靳晓曙．激光三维直接制造和再制造新型同轴送粉喷嘴的研究［J］．应用

激光, 2008, 28 (4): 266- 270.

[26] 张红军. 高汇聚温度显示激光快速制造同轴送粉喷嘴的研制 [J]. 应用激光, 2004, 24 (6): 380–384.

[27] 郭翔宇. 激光熔覆宽带送粉系统设计与实验研究 [D]. 武汉: 武汉理工大学, 2018.

[28] Liu H, Hao J, Yu G, et al. A numerical study on metallic powder flow in coaxial laser cladding [J]. Journal of Applied Fluid Mechanics, 2016, 9 (7): 2247- 2256.

[29] P an H, Sparks T, Thakar Y D, et al. The investigation of gravity–driven metal powder flow in coaxial nozzle for laser–aided direct metal deposition process [J]. Journal of Manufacturing Science and Engineering–Transactions of the Asme, 2006, 128 (2): 541- 53.

[30] Wu J, Zhao P, Wei H, et al. Development of powder distribution model of discontinuous coaxial powder stream in laser direct metal deposition [J]. Powder Technology, 2018, 340: 449–58.

[31] 刘立峰. 基于逆向工程的激光再制造机器人路径规划 [J]. 中国激光, 2011, 38 (7): 142–145.

[32] 董玲. 自由曲面破损零件激光再制造修复路径生成 [J]. 中国激光, 2012, 39 (7): 96–101.

[33] 宫新勇. 基于不同搭接率的激光熔覆温度场数值模拟研究 [J]. 华北科技学院学报, 2015, 12 (6): 83- 88.

[34] 韩会. 路径设置对304不锈钢激光熔覆温度场及应力应变场的影响 [J]. 热加工工艺, 2017, 46 (12): 148- 152.

[35] 方金祥. 激光熔覆成形马氏体不锈钢应力演化及调控机制 [D]. 哈尔滨: 哈尔滨工业大学, 2016.

[36] Choi K H, Choi J W, Kim H C, et al. Study on Path Generation and Control based on Dual Laser in Solid Freefrom Fabrication System [J]. SICE–ICASE International Joint Conference 2006: 3682–3687.

[37] Son S, Kim S, Lee K. Path planning of multi–patched freeform surfaces for laser scanning [J]. International Journal of Advanced Manufacturing Technology, 2003, 22 (5–6): 424- 435.

［38］蔡道生. SLS快速成形系统扫描路径优化方法的研究［J］. 锻压机械, 2002
　　　（2）：18-20, 1.

［39］陈鸿. SLS快速成型工艺激光扫描路径策略研究［J］. 应用基础与工程科学
　　　学报, 2001（Z1）：202-207.

［40］裴明源. Q235薄板单向扫描激光熔覆变形研究［J］. 电加工与模具, 2020
　　　（3）：55- 58.

［41］裴明源. 激光熔覆扫描路径对薄板变形的影响研究［J］. 激光与光电子学
　　　进展, 2020, 57（17）：198-203.

［42］张德强. 扫描路径对单层激光熔覆层质量影响的研究［J］. 热加工工艺,
　　　2016, 45（20）：149-152.

［43］宫新勇. 基于不同扫描路径的激光熔覆温度场数值模拟研究［J］. 华北科
　　　技学院学报, 2016, 13（5）：48-54.

［44］董世运. 45钢凸轮轴磨损凸轮的激光熔覆再制造［J］. 装甲兵工程学院学
　　　报, 2011, 25（2）：85-87, 102.

［45］李淑玉. 阀芯端帽激光合金化扫描路径及耐磨性研究［J］. 中国激光,
　　　2013, 40（2）：98-102.

［46］翟伟. 激光快速成型中扫描路径对成型质量的影响［J］. 热加工工艺,
　　　2017, 46（4）：151-154.

第3章 激光熔覆制造工艺探究

3.1 工艺参数对表面熔覆质量的影响

激光熔覆是一个迅速加热、迅速冷却的复杂冶金结合过程，涉及物理、化学、材料、冶金等领域。激光熔覆中的熔覆层质量分为宏观熔覆层质量和微观熔覆层质量两个方面。宏观熔覆层质量包括熔覆层的几何尺寸熔高和熔宽（高度H、宽度W）、表面平整度以及熔覆层表面是否有裂纹和气孔等缺陷。微观质量即熔覆层的内部质量情况，包括熔覆层的内部组织与结构、化学成分、合金元素成分分布、稀释率界面结合状况、组织结构、应力分布状况等。

尽管影响激光熔覆层质量的因素很多，但对于工程应用来说，实际上可调节的激光熔覆工艺参数并不是很多。主要原因是激光器一旦被选定，激光系统的特性也就确定下来了，所以在具体操作时激光器本身可以调节的工艺参数是很有限的。因此，从以下几个方面介绍激光熔覆工艺参数对熔覆层质量的影响。

3.1.1 激光功率

激光功率是影响熔覆层质量最主要的因素，与材料熔化量成正比例关系变化，激光功率增大，基材表面合金粉末材料熔化就越多，因此气孔产生的概率随之增大，熔覆深度也随之增大，周围的金属液体不断从气孔流入，气孔减少或消除，裂纹减小。激光功率过高时，最直接的影响是基材稀释率高、激光熔覆粉末合金元素烧损严重、削弱激光熔覆合金材料的耐腐蚀性能，熔覆层表面氧化严重、增加激光熔覆层出现变形和裂纹的概率、激光熔覆层不平整，另外激光功率过高，基体受热量增加，基材受热而发生内部组织结构变化，改变基材性能，甚至会使工件变形严重而报废；激光功率较小，基材表面合金粉末未完全熔化，表面呈断续泪滴状，基材表层未熔化，熔覆层结合力差，熔覆层质量差。

由于激光功率对熔覆层质量的影响很大，要想获得良好的熔覆层质量，就要选择合适的激光功率值。熔覆层单位面积所需能量称为能量密度 E。

国内外研究表明，激光能量密度过低，导致稀释率太小，熔覆层和基体结合不牢，容易剥落，熔覆层表面出现局部起球、空洞等外观。激光能量密度 E 过高，导致稀释率太大，严重降低熔覆层的耐磨、耐蚀性能，熔覆材料过烧、蒸发，表面呈散裂状，熔覆不平度增加。激光能量密度 E 适中，稀释率控制在比较合适的范围，此时因工艺参数之间匹配良好，熔覆层质量优良，与基体结合牢固。随着激光功率的增加，由于激光束中心的功率密度最高，热量集中，所以使热影响区向下扩散形成深孔，熔覆深度增加。当熔覆达到极限深度后，随着功率的提高，将引起等离子体增大，基体表面温度升高，导致变形和开裂现象加剧。因此，为避免该问题，需对激光熔覆功率加以合理控制。

3.1.2 扫描速度

扫描速度是另一个影响熔覆层质量的工艺参数，虽然扫描速度对熔覆层质量的影响不如激光功率大，但扫描速度仍然会对熔覆层的表面平整度、宏观形貌以及稀释率产生影响。扫描速度的变化意味着试件热输入量的不同，激光与涂层相互作用的时间不同，单位面积的热输入量不同，从而使得熔覆后熔覆质量也相差很大。极限扫描速度是指激光束只能使合金粉熔化，而基体材料几乎未熔时的扫描速度。要使熔覆层成形完好，要求激光扫描速度必须小于极限扫描速度。熔覆材料和基材不同，其极限速度也不同。研究表明，在保持其他参数不变的条件下，在激光扫描过程中，如果扫描速度较小，预熔覆材料表面易烧损,材料汽化,从而导致材料的表面平整度变差。如果扫描速度较快,就会出现激光能量供应不足的现象,短时间内熔覆材料熔不透,出现未熔的现象,无法形成良好的冶金结合面。所以,在其他工艺参数确定的情况下,对扫描速度的控制是一个很关键的因素。

3.1.3 送粉速率

送粉速率是激光熔覆中的另一个工艺参数。在激光参数和扫描速度一定的条件下,单位质量熔覆材料的比能随送粉速率的增加而减小,而且随着扫描速度的增加,减小的程度更加明显;当超过一定的扫描速度,单位质量熔覆材料的比能反而上升。

单位质量熔覆材料的比能是指单位时间激光输出功率和有效送粉速率之比:

$$E_r = \frac{P}{\varepsilon v_f} \tag{3-1}$$

式中:P为激光输出功率;v_f为理论送粉速率;ε为单位时间内粉末有效利用系数。

从熔覆材料的粉末有效利用系数的变化规律看,单位质量熔覆材料的比能大,送粉速率较低,粉末密度较小,熔覆粉末颗粒的平均温度高,烧损大,基体熔化程度高,稀释率大;反之,熔覆材料颗粒的平均温度低,稀释率小。当单位质量熔覆材料的比能减小到一定程度,则激光能量全部用于加热熔覆材料,基体几乎不熔化,熔覆材料和基体不能形成冶金结合,表现在熔覆层易于剥落,此时对应的送粉速率称为临界送粉速率;当送粉速率超过临界送粉速率时,熔覆过程不能进行。而随着送粉速率的增加,表面平整程度会明显降低,所以在满足送粉量要求的前提下,适当减少送粉量有利于提高熔覆层表面平整程度并且降低稀释率。

3.1.4 搭接率

激光熔覆层的平整度也是激光熔覆层质量的评价指标。而搭接率的多少会对熔覆表面的平整度产生直接的影响，因此，搭接率的选择是激光熔覆工艺和熔覆层表面平整度的一个关键工艺参数。激光熔覆层搭接横截面示意图如图3-1所示。搭接率低，会使熔覆层的高低落差增大，激光熔覆层凹陷明显，表面不平整度增加，增加后期工件机加工量，造成粉末材料的浪费，生产成本增加；搭接率过高，激光熔覆层表面会相对平整，但是对于相同熔覆层厚度来说，过多的搭接量相当于激光熔覆两层的粉末，熔化量增加，在其他参数不变的情况下，激光熔覆层出现气孔和裂纹的概率增加。因此，选择合适的激光熔覆搭接率是获得平整激光熔覆层、高品质激光熔覆层质量的关键。搭接率为30%左右的激光熔覆层表面平整、无气孔、裂纹等缺陷。

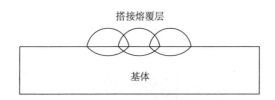

图3-1　激光熔覆层搭接横截面示意图

3.1.5　稀释率

稀释率是衡量由于基体材料元素混入熔覆层而引起的熔覆层元素的稀释程度，用基体材料合金在熔覆层中所占的百分率表示，是衡量熔覆层的微观质量的主要指标。通常用几何稀释率和熔覆层的成分实测值表示。激光熔覆过程的稀释率主要取决于激光参数、材料特性、加工工艺和环境条件等。高的稀释率会提高熔覆层和基体的结合强度，但是同时也会降低熔覆层的机械性能。低的稀释率，熔覆层凝固后呈球形，与基体结合较差，一般认为稀释率保持在10%以下，最好在5%左右为宜。

3.1.6　能量密度

激光熔覆是一个较复杂的工艺过程，影响熔覆层质量的主要因素是材料参数和工艺参数。工艺参数主要有激光功率、激光扫描速度、激光光斑直径等，由于这几个工艺参数对激光熔覆层质量的影响是相互关联的，为分析多因素对熔覆层的影响，引入单位面积上的激光能量密度作为综合考察指标，其表达式为：

$$E=\frac{P}{Dv} \tag{3-2}$$

式中：E为激光能量密度（J/mm²）；P为激光功率（W）；D为激光光斑直径（mm）；v为激光扫描速度（mm/s）。

以钴基合金为例，如图3-2所示为不同能量密度下熔覆层的表面及横截面形貌图，探究能量密度对熔覆层质量的影响规律：对比试样1与试样2可知，单位面积上激光能量密度过低，将导致合金粉末部分未熔，熔覆层易形成凹坑与

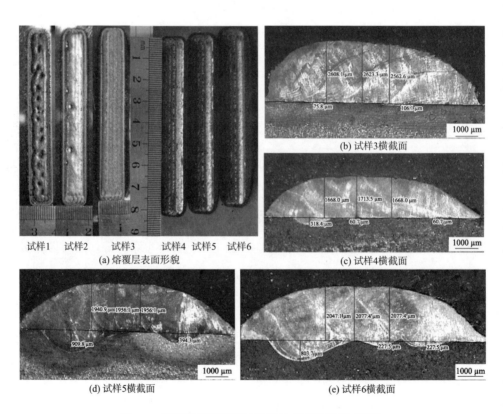

图3-2 不同能量密度下熔覆层的表面及横截面形貌

裂纹。提高激光能量密度后可有效改善熔覆层表面质量，因此试样3、4、5、6四组采用预工艺参数，在激光能量密度较高的工艺参数下，激光熔覆层表面形貌良好，无宏观裂纹、凹坑。对比试样3、4与试样5、6可知，激光能量密度不变时，提高送粉速度，熔覆时合金粉末熔化增多，基材表面熔化减少，因此熔高增加，稀释率降低。对比试样3、6与试样4、5可知，送粉速度不变，提高激光能量密度，基材熔化增多，熔深增加，导致稀释率升高。

3.1.7　功率密度

激光功率密度是指单位光斑面积内的激光束能量大小，是激光熔覆过程中粉末涂层对热量吸收的关键性影响参数，其数学表达式如下：

$$P_w = P/S \qquad (3\text{-}3)$$

式中：P_w 为激光功率密度（W/mm²）；P 为激光功率（W）；S 为光斑面积（mm²）。

由于圆形光斑为普遍使用的光斑形状，故

$$S = \frac{\pi D^2}{4}$$

式中：D 为光斑直径（mm）。

整理可得：

$$P_w = \frac{4P}{\pi D^2} \qquad (3\text{-}4)$$

以镍基合金为例，见表3-1，用稀释率来探究功率密度对熔覆层质量的影响规律：随着激光功率密度的增加，涂层的截面合金化区域的面积逐渐增大。当功率密度逐渐增加时，首先由预置的合金粉末涂层受热熔化逐渐与底部基材面积接触，此时大部分热量由基材热传导出去，只有表层的极少基材熔化进入熔池中，在宏观上基本看不到基材的变化，如2号、3号样品的截面形貌；当功率密度增加到一定程度时，由于激光热源是高斯光，中间能量较高，两边能量较低，当整个基材的温度上升较高时，中间部分首先开始大量熔化，逐渐向四

表3-1 不同功率密度下齿面单道激光熔覆形貌质量

样品编号	功率密度/（W/mm²）	涂层表面形貌（表面和侧面）	涂层截面形貌
1	0		
2	21.2		
3	22.7		
4	24.2		
5	26.5		
6	28.9		
7	31.8		
8	35.3		
9	39.7		

周扩散开来，形成明显的合金化区域，此时平行于光束方向上的基材熔化量更多，在宏观上表现为基材的合金化区域的熔深深度明显变大，如4～9号样品的截面形貌。

3.2 激光熔覆工艺参数探究的方法

3.2.1 单一变量法

单一变量法，是指根据市场营销调研结果，选择影响消费者或用户需求最主要的因素作为细分变量，从而达到市场细分的目的。

这种细分法以公司的经营实践、行业经验和对组织客户的了解为基础，在宏观变量或微观变量间，找到一种能有效区分客户并使公司的营销组合产生有效对应的变量而进行的细分。

实验中可以发生变化的因素称为变量，通常分为自变量和因变量。自变量是指人为改变的因素或条件，因此又称实验变量；随着自变量的变化而引起的变化或结果称为因变量，又称反应变量。进行单一变量实验设计的目的就在于证明和解释这种因果关系。实验中除了自变量以外，可能还会存在一些可变因素，从而对实验结果造成影响，这些变量称为无关变量。在设计实验时应该让实验组和对照组只能有一个变量，只有这样，当实验组与对照组出现不同现象或结果时，才能确定造成这种不同的原因是这一种变量引起的，从而证明想要探究的实验因素的作用。

在激光熔覆实验中，要控制的自变量一般包括：激光功率、扫描速度、送粉率、搭接率等；实验中的因变量一般包括：熔高、熔宽、熔深、稀释率、浸润角等。由于激光熔覆实验是一种多因素共同作用，并且各因素对实验结果具有交叉作用的一种实验，单一变量实验往往无法得到最优的工艺参数，所以激光熔覆实验基本不采用单一变量法进行设计，常采用正交实验法与响应曲面法来进行激光熔覆实验设计。

3.2.2　正交试验法

正交试验法是一种考虑多因素、能用较少的有代表性的若干组样本获得比较全面信息的一种方法，它利用正交表来设计试验方案，在众多试验方案中选出代表性强的试验条件，并通过试验数据进行极差分析，找到最优的或较优的方案。它具有实验次数少，由结果可知主次因素、指标值与因素变化的关系、最优的因素组合的特点。对于激光熔覆工艺这种多因素、多水平的试验，为了寻找最优解，利用正交表安排较少的试验，通过少数实验就可以找到全面实验的最优结果。

实验中影响熔覆层性能的因素有很多，参考相关文献得知，影响比较大的因素为涂层成分、激光功率、送粉速率、扫描速度和涂层厚度等。以在Ti-6Al-4V合金表面熔覆WC-12Co/NiCrAlY为例，为使问题的处理比较方便，根据有关文献和实验的研究结果，采用L_9（3^4）的正交分析，四因素分别为WC-12Co/NiCrAlY合金成分配比、激光功率、扫描速度和涂层厚度，每个因素各取三个水平，试验设计规范见表3-2。

表3-2　正交试验方案L_9（3^4）

因素	成分配比/（%，质量分数）（WC-12Co/NiCrAlY）	激光功率/kW	扫描速度/（mm/s）	涂层厚度/mm
1	25：75	1.5	420	0.4
2	25：75	1.7	540	0.6
3	25：75	1.9	660	0.8
4	50：50	1.5	540	0.8
5	50：50	1.7	660	0.4
6	50：50	1.9	420	0.6
7	75：25	1.5	660	0.6
8	75：25	1.7	420	0.8
9	75：25	1.9	540	0.4

3.2.3　响应曲面法

响应曲面法是一种20世纪60年代提出的试验设计优化方法。其在预定的因素水平和范围内设计试验方案，并由此得出相应的响应结果，将输入输出之间的相关性拟合成二次回归方程，得出3D响应曲面模型，分析各变量及相互之间对输出响应之间的影响情况，经方差分析验证模型后对其设定优化边界，采用满意度函数求得较优工艺参数组合，实现多目标优化。响应曲面法常用的有中心复合设计方法和Box-Behnken设计两种方法，这两种方法试验组数少，能够兼顾最多的试验变量和整体误差性，是两种优秀的多目标优化试验设计方法。

中心复合设计是部分因子设计，但其具有的中心点和一系列轴向点可以代表整体模型。中心复合设计可以预估一阶和二阶项，对具有弯曲的输出响应进行建模，适用于顺序试验，可以通过增加中心点和轴向点在以前试验的基础上继续构建模型。中心复合设计试验点构成如图3-3所示，中心复合设计部分摘要见表3-3。

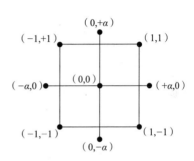

图3-3　两因素中心复合试验设计试验点示意图

表3-3　中心复合设计部分摘要

因子数	立方点	轴向点	α值	中心点	总游程
2	4	4	1.41	5	13
3	8	6	1.68	6	20
4	16	8	2.00	6	30
5	32	10	2.83	10	52

Box-Behnken设计的设计点一般比较少，试验方案组数低于同因素同水平的中心复合设计，但是Box-Behnken设计始终保持三个水平，不包含部分因子设计，如图3-4所示，Box-Behnken设计部分摘要见表3-4。

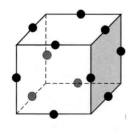

图3-4 三因子Box-Behnken
设计试验点图

表3-4 Box-Behnken设计部分摘要

因子数	可选区组数	默认中心点数	游程数
3	1	3	15
4	3	3	27
5	2	3	46
6	2	6	54

依据试验设计方法设计并进行实验后，需要对试验数据的因子和响应之间计算出一个适合的逼近函数。对于变量与响应呈线性关系的，可用一阶函数模型来拟合试验数据，如式（3-5）所示：

$$y=\beta_0+\beta_1 x_1+\beta_2 x_2+\cdots+\beta_k x_k+\varepsilon \tag{3-5}$$

若模型有弯曲情况存在，一般采用二次回归模型进行试验数据的拟合，如式（3-6）所示：

$$y=\beta_0+\sum_{j=1}^{k}\beta_j x_j+\sum_{j=1}^{k}\beta_{jj}x_j^2+\sum_{i<j}^{k}\beta_{ij}x_i x_j+\varepsilon \tag{3-6}$$

式中：y 为预测响应值；β_0 为截距系数；β_j 为线性系数；β_{jj} 为二次系数；β_{ij} 为一次耦合关系系数；x_j 为熔覆工艺参数；k 为因子的数量；ε 为相关误差。

3.2.4 灰色关联度法

灰色关联度法（grey relational analysis）是灰色系统分析方法的一种。它是根据因素之间发展趋势的相似或相异程度，即灰色关联度，作为衡量因素间关联程度的一种方法。对于两个系统之间的因素，其随时间或不同对象而变化的关联性大小的量度，称为关联度。在系统发展过程中，若两个因素变化的趋势具有一致性，即同步变化程度较高，即两者关联程度较高；反之，则较低。简单来说，灰色关联度分析是以各因素的样本数据为依据用灰色关联度来描述因素间关系的强弱、大小和次序，若样本数据反映出的两因素变化的态势（方向、大小和速度等）基本一致，则它们之间的关联度较大；反之，关联度较小。

　　灰色关联分析法研究的基本对象是数据列，分为母序列和子序列。我们通常称母序列是参考数据列，即在分析中的最优样本，它是灰色关联分析法中的标准数据列，子序列是比较数据列，即样本数据列。在分析中，人们通常用各个子序列与母序列相比较，即样本序列与最优样本序列相比较，分析样本序列与最优样本序列之间的关联度，关联度越高，说明该样本序列越接近最优样本序列，该样本的综合评价系数也就越高；反之，该样本的综合评价系数就越低。因此，使用灰色关联度分析的方法可以进行综合评价，并得到和其他分析方法相同的结论。

　　在激光熔覆实验中，自变量（激光功率、扫描速度、送粉率、搭接率等）和因变量（熔高、熔宽、熔深、稀释率、浸润角等）都有多种，它们之间的相互关系很复杂，这就使人们在认识、分析这些客观事物和因素时，并不能获得全部清晰的信息，也就不能形成明确的概念。这其中一个很主要的原因是这些因素是灰色因素，即不明朗、不清晰的因素，在这些灰色因素中，会存在灰色关联性，即灰色关联性使人们认识和分析这些客观事物和因素时不能获得全部信息，因此也很有可能造成不合理的决策。所以研究者在进行激光熔覆实验分析时可以利用灰色关联度分析法来找到这些自变量和因变量之间的关联性以及关联度的大小，以此反馈出最优的工艺参数。

3.3　激光熔覆技术在重要机械结构中的应用

3.3.1　煤矿用液压支架

3.3.1.1　煤矿用液压支架的应用背景

　　煤炭工业的快速发展和进步有利于促进国家的经济发展和社会进步。"十三五"时期，国家促进煤炭行业的发展模式由数量速度粗放型转变为质量效益集约型。一方面，鼓励大型及巨大型煤矿的建立，扩大采煤规模和提高采煤效率；另一方面，加大对难开采煤层（薄、极薄煤层，含包裹体煤层，小断层煤层）的开采量，使开采范围不断扩大。

液压支架是用来控制采煤工作面矿山压力的结构件。采面矿压以外载的形式作用在液压支架上。在液压支架和采面围岩相互作用的力学系统中，若液压支架的各支承件合力与顶板作用在液压支架上的外载合力正好处于同一直线时，则该液压支架对此采面围岩十分适应。液压支架由液压缸（立柱、千斤顶）、承载结构件（顶梁、掩护梁和底座等）、推移装置、控制系统和其他辅助装置组成，如图3-5所示。

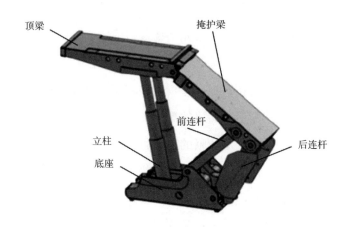

图3-5　液压支架结构

在采煤工作面的煤炭生产过程中，为了防止顶板冒落，维持一定的工作空间，保证工人安全和各项工作正常进行，必须对顶板进行支护，而液压支架是以高压液体作为动力由液压元件与金属构件组成的支护和控制顶板的设备，它能实现支撑、切顶、移架和推移输送机等一整套工序。实践表明，液压支架具有支护性能好、强度高、移架速度快、安全可靠等优点。液压支架可与弯曲输送机和采煤机组合机械化采煤设备，它的应用对增加采煤工作面产量、提高劳动生产率、降低成本、减轻工人劳动和保证安全生产是不可缺少的有效措施，因此液压支架技术上先进、经济合理、安全可靠，是实现采煤综合机械化和自动化不可缺少的主要设备。

3.3.1.2　失效原因及修复方法

众所周知，地下采煤矿井环境恶劣，液压立柱是综合机械化采煤的重要设备。支架在工作中会被上方脱落的煤块划伤，潮湿的环境使其表面易腐蚀，长期工作易出现磨损、腐蚀等失效的现象，图3-6为矿井下液压支架立柱的工作环境。

图3-6　矿井下液压立柱的工作环境

（1）失效原因。根据上述煤矿工作环境特点，得出液压立柱在使用过程中包括以下几种失效形式。

① 胀缸。液压立柱在使用过程中，由于顶部压力过大或超出了缸体所能承受的强度极限，最终会导致液压立柱缸体出现严重损坏。

② 立柱表面损伤。安装过程中的磕碰及矿井中煤块脱落会造成液压立柱工作表面损伤，矿洞中粉尘相对较多，会导致单体立柱与空气中的水分和腐蚀物质发生化学反应，导致表面存在表面划伤现象，使立柱失效。

③ 立柱表面腐蚀。由于矿井中的环境中存在大量SO_2、H_2S等有酸性气体介质，且湿度较大，会导致液压立柱基材被腐蚀并出现脱落及锈蚀等腐蚀现象。液压立柱失效现象如图3-7所示。

图3-7　失效液压立柱图片

（2）修复方法。为了提高液压支架立柱表面性能，国内外研究学者对立柱表面的修复再制造进行了大量研究，目前用于液压支架立柱表面修复处理的工艺较多，有堆焊、电镀、微弧氧化、不锈钢嵌套、等离子修复与激光熔覆等方式。

① 堆焊。使用堆焊技术对液压支架立柱表面进行修复，是指在液压支架立柱的外表面，利用熔化焊接原理堆覆一定厚度且具有特殊性能的原料即可达到对立柱修复的目的。堆焊的好坏直接取决于堆焊层原料性能和所使用的焊接工艺。在堆焊的过程中，由于基体受热不均匀，温度场分布的梯度较大，有时候会使液压支架立柱发生变形，此外，还会出现残余应力，残余应力较大时会出现裂纹，这些因素都会影响修复的效果。

② 电镀。电镀是一种比较成熟的表面加工方法，电镀就是以被镀基体材料为阴极，通过电解作用将预镀金属的阳离子沉积在被镀材料的表面。电镀工艺属于增材制造的一种方式。复合型硬铬电镀是一种常见的电镀工艺，复合型硬铬电镀也存在一些缺陷，例如当镀层出现一些小的孔洞时，则易发生电化学腐蚀，产生一些腐蚀的产物，被镀零部件使用的时间越久，所产生腐蚀产物的量越大，造成硬铬镀层出现鼓泡，甚至是剥落现象，最后导致被修复的液压支架无法正常使用，乃至报废。

③ 微弧氧化。微弧氧化是一种在传统阳极氧化基础上发展起来的，在有色金属表面制备陶瓷膜的表面处理新技术，它主要是利用微区的瞬时高温直接把基体金属烧结成氧化物陶瓷膜，这种陶瓷膜结构致密，与基体连接稳固、防腐蚀性能优越、耐磨性及综合性能较优，是一种新型表面处理方法。其性能主要与溶液的化学组成、电源参数和工艺过程等有关。

④不锈钢嵌套。不锈钢嵌套是指用具有耐腐蚀性的不锈钢包裹液压支架立柱外表面后，经过一系列工艺技术方法，使其各项性能符合国家标准要求，并在平顶山矿区投入使用。结果表明，应用了不锈钢镶套技术的立柱密封性良好，外形无明显损伤，但是在实践中发现不锈钢在外载荷作用下比较容易出现凹坑，不锈钢上的凹坑会导致空气进入不锈钢与立柱缸体表面之间，造成不锈

钢板脱落的概率增大。

⑤等离子修复。等离子修复是指使用高能量离子束或激光束同时将基材表面金属和熔覆材料熔化，且发生了一系列复杂的物理化学变化，最终在基体表面形成熔覆合金层的过程。利用此技术对立柱外表面进行修复时的不足之处在于大量的热输入易使立柱变形，导致液压支架立柱与缸体不能适当装配，乃至出现无法装配的现象。

⑥激光熔覆。激光熔覆技术是通过将所需熔覆原料以某种方式置于基体材料表面，通过高能激光束照射于预置材料和基体材料表面使其同时熔化，经过快速冷却凝固后形成与基体材料呈冶金结合的熔覆层，从而增强基体表面的耐磨、耐蚀、抗冲击等性能。激光熔覆与其他表面修复工艺相比，激光熔覆具有较为显著的优势，如结合强度高、不易变形、组织致密、适合小区域表面改性的需求、材料消耗少、适用范围广等。激光熔覆技术作为随大功率激光器发展而兴起的材料表面改性的新方法之一，已成为材料科学界中具有活力、发展迅速的前瞻性研究课题，并且我国已使用激光熔覆技术在廉价的基体材料表面制备出高性能熔覆层，在工业生产中得到了广泛应用，大幅提高工业制造的生产效率及经济效益。

3.3.1.3　激光熔覆技术的优势

激光熔覆技术的应用始于20世纪70年代，当时Gnanamuthu在金属基体利用激光熔覆技术制备了一层金属涂层，并申请了专利。从此以后，激光熔覆技术广泛应用于基体表面改性的方面，一直到现在依然被广大专家学者应用和研究。激光熔覆技术与工业中常用的堆焊、热喷涂和等离子焊等相比，具有以下优点：

（1）激光熔覆热影响小，不破坏基材的力学性能。

（2）弓箭变形小，一般可以忽略不计。

（3）晶粒细小，结构致密，所以其硬度一般相对较高，耐磨损、耐腐蚀性能也较好。

（4）由于激光作用时间短，激光熔覆稀释率较低，基材熔化量较小，因此可在熔覆层较薄的条件下，获得要求的性能，从而节约昂贵的熔覆材料。

（5）激光熔覆过程中易实现自动化生产，且熔覆质量稳定。

（6）可处理零件的特定部位及其他方法难以处理的部位，对表面轮廓复杂的零件可进行灵活的局部强化。

（7）可通过混合不同的熔覆材料进行涂层成分设计，得到不同性能的涂层。

3.3.2　煤矿截齿

3.3.2.1　煤矿用截齿的应用背景

煤矿截齿是矿山采掘设备中消耗量最大的配件之一，截齿对于开采效率的提升具有非常重要的作用。

截齿是开采掘进机器上的机械零件，截齿用于煤矿开采、巷道的掘进、隧道的掘进及地面开沟的工程。截齿主要配用于采煤机、掘进机、铁刨机等设备。采煤机截齿多用于矿山开采，掘进机截齿多用于矿山开采或者工程掘进，铁刨机截齿主要用于路面工程。

3.3.2.2　失效原因及修复方法

截齿是掘进机和采煤机上主要的切割部件，采煤机和掘进机工作时，截齿容易切割到夹杂在煤炭中的矸石，截齿因受到较大的冲击力和摩擦而损坏。截齿的损坏不仅严重影响了开采效率，还会造成巨大的资源浪费，因此，增强截齿的耐磨性和硬度已经迫在眉睫。

截齿主要失效形式为刀头脱落、崩刀、刀头、刀体磨损，在某些工况条件下也经常因为刀体折断造成截齿失效。由于截齿刀体的机械性能好坏直接影响截齿的使用寿命，所以合理选择截齿刀体的材质和有效的热处理方式，对减少截齿刀体的磨损折断、降低采煤机截齿消耗量、提高采煤机械运转率、增加采煤生产的综合经济效益，都有积极的意义。

（1）失效原因。

① 硬质合金头质量问题。硬质合金头中含有石墨杂质，晶粒分布不均匀，

部分硬质合金中有裂纹存在，在冲击载荷的作用下，截齿刀头处于高应力状态。当遇到坚硬的煤岩，高压应力超过硬质合金的强度极限时便发生脆裂，这是造成硬质合金头崩裂的主要原因，如果硬质合金中钴元素含量不足，导致韧性不足，在冲击载荷的作用下，硬质合金刀头也容易脆裂，合金上下密度差大、孔隙多、硬度低，也容易造成崩裂。

② 钎焊残余应力大。截齿多采用铜锌钎料，其焊接温度达到920℃以上。硬质合金、钎料、基体金属间膨胀系数差别很大，冷却时3种材料收缩程度不同。其中铜收缩量最大，基体金属次之，硬质合金最小。这样必然在硬质合金与钎料，钎料与基体金属间存在很大的拉应力。由于合金刀头与齿体材料的热膨胀系数相差较大，且冷却时的收缩差随钎焊温度的增大而增大。导致焊缝强度下降，截割时受到强大的冲击力负荷，导致硬质合金头脆裂。

③ 磨料磨损。合金中有的元素含量达不到要求，含钴量偏高，组织不完整，密度低，硬度不高，组织不均匀，致使截齿合金刀头耐磨性能差，这是造成硬质合金头磨损的主要原因；由于齿体原材料质量性能不稳定，热处理过程控制不当会造成截齿头部有裂纹，硬度偏低，影响其耐磨性。

④ 红硬性较低导致的磨损。红硬性是指材料在高温下保持高硬度的能力，理论上硬质合金可以在800~1000℃的高温下保持高硬度，但由于硬质合金在生产过程中的某些原因使截齿的红硬性较低，在截割煤岩时，刀头表面温度可达600~800℃，其硬度下降50%左右，材质的软化加速了截齿的磨损，由于焊接和形状设计的原因，导致合金头脱落。

对于截齿的材料，任葆锐等研究了市场上硬质合金刀头的性能及使用寿命，通过全新的制粉工艺，制备碳化钨合金粉末，并应用在截齿齿体中，经过实验验证发现，矿用截齿齿头各部位的密度相同，其抗磨损能力明显增强。Ulrik Beste等研究发现，在不改变矿用截齿中的钴含量的条件下，当钨（WC）颗粒尺寸提高时，熔覆层中会出现由钴元素构成的、宽度较大的带状涂层，这种带状涂层能够避免WC颗粒受到较大的作用时，脱离熔覆层。欧小琴等制备了WC—Co的截齿齿头，并分析了钴的粉末粒度和实验环境温度对截齿齿头的枝晶和相关性能的影响机理，最终得出结论，粒度较小的钴粉会促使硬质合金的组织更均匀，抗断裂能力较强。除此之外，还总结出实验温度在1400℃条件下，矿用截齿齿头的硬度值最高。

对于截齿力学性能的研究，Evans等研究人员不仅找出了截齿在设备上的最佳安装位置，而且得到了截齿在切割煤层时，其受力的计算方法。牛东民等研究分析截齿在切割煤层时的受力分布和影响受力分布的相关因素，并参考煤层破碎的原理，建立了相关的力学模型。G.van Wyk等通过模拟实验探究楔形和圆柱形刀具切割岩石的情况，通过对比分析各向的受力，最终确定了预测切割受力的最值，并得出结论：切割岩石的深度和刀具的磨损对切割产生的影响较大。Bilgin等对镐形截齿进行了受力分析，得出结论：截割力随着岩石厚度的增大而增大。Shao等研究了多因素对截齿受力的影响，发现截割厚度对其影响最大。Bernardino Chiaia等通过实验的方法，提出了可以增加截割深度，提升其切割效率。

（2）修复方法。对于截齿的修复，传统的方式是通过堆焊修复。张项阳等用D212焊条对截齿进行堆焊修复后，截齿的硬度和耐磨性明显提高，而且堆焊层不易脱落。李辉等研制得到与进口截齿性能相同的产品，并通过梯度技术，在合金齿表面形成约1.5mm厚的梯度层，其使用寿命较国外合金提高约32%，达到了理想的效果。衡永恩等挖掘了强化截齿表面性能的新工艺，不仅提高了Cr12基体的硬度，而且明显增强了基体的抗磨损能力，已实现通过表面改性提升42CrMo表面性能的目标。

激光熔覆技术是把激光加工与数控技术相结合，通过在金属基体表面预置粉末或同步送粉的方法，利用激光的高能量把金属粉末熔化，与基体形成良好的冶金结合，从而达到改善产品性能的特种加工方法。激光熔覆件表面硬度较高，具有良好的耐磨、耐蚀性。激光熔覆技术是被广泛认可的一种获得耐磨和抗腐蚀涂层的表面技术，也是一种实现工件再制造的成型技术。随着半导体激光功率水平的不断提高，激光熔覆技术将得到更广泛的应用。

成博等在熔覆粉末中添加Ti元素，并利用等离子技术，在基体上制取一种抗磨损能力强的金属涂层，极大地延缓了截齿因磨损而缩短服役周期的现象。Liu Y F等应用相关表面强化技术，在基体表面熔覆Fe—Ti—Si—Cr粉末，在基材上制取得到Fe_2TiSi强化层，并对熔覆层进行了硬度测试、抗磨损能力测试以及组织的观察分析，得到熔覆层的硬度值提升明显，且各部位的硬度基本一致，此外，涂层还表现出良好的抗磨损能力。Tosun G等经过实验探究，发现涂层的硬度值随着电流强度的增强而升高，其微观组织种类复杂，晶界中出现铁素体。苏伦昌等以42CrMo为基体进行研究，在涂层中添加抗磨损能力强的颗粒，对截齿进行改性处理，通过观察发现，熔覆层物相由α-Fe、α-（Fe，Ni）、（Fe，Cr）7C3和TiC颗粒增强相等构成，并对试样磨损实验前后的磨损量进行称量计算发现，磨损量明显减少。杨会龙等以WC为第二相，制备激光熔覆层，通过组织观察和相关的性能检测总结出：熔覆层中的以奥氏体为主，且含有未完全熔化的WC颗粒，与基体相比，熔覆层的硬度大幅提高，抗磨损能力提高4倍多。

综上所述，国内外专家学者主要从以下几个方面，避免截齿因磨损等原因而损坏，延长其服役周期。

① 改进矿用刀具基体和其齿头成分组成，强化截齿自身性能。

② 分析截齿在使用期间的工作环境，分析其受力大小和方向，通过调整位置分布、安装角度以及改变齿体形状等，减少其受力的大小。

③ 通过使用工艺技术改善截齿表面性能，从而保护截齿，延缓截齿失效。

3.3.3　阀门

3.3.3.1　阀门的应用背景

在流体控制系统中阀门是其关键零部件，具有导流、启闭、卸压等功能，适用范围广泛且种类繁多，是国防军工、石油化工、食品工业等领域不可或缺的基础部件。20世纪60年代我国才逐步发展阀门产业，当时因工业基础薄弱导致仿制的产品极少；在80年代逐步开放后，我国阀门行业发展进入新阶段，引进消化国外先进技术；到2019年我国阀门产量超过800万吨，并且国内阀门骨干企业已可按国际标准进行设计生产，建成了完整的阀门中低端产业链，整体来看行业技术具有较大提高。但由于缺乏中高端阀门研制经验和技术，高参数阀门每年仍需依靠大量进口，与发达国家还存在较大差距。以全球视野来看，欧美泵阀产业几乎占据了高端泵阀市场的80%以上，占据高参数泵阀市场的大半壁江山。在全球供应链出现危机的今天，应当依据行业"十四五"规划前行，补齐产业链短板，对于重要产品和技术需加大攻关力度，提高经济质量效益和核心竞争力，必须加快高端阀门国产替代化进程。

对于高参数阀门而言，在工况恶劣、维修不便的情况下，需同时具有高硬度，较好的耐磨性和耐腐蚀性的特点，因此需针对其特定环境和介质来研制和生产高端阀门。如图3-8所示，为同时兼顾成本和性能，阀门密封面欲采用双层金属来满足制糖工况需求。由于阀门密封面的质量决定着阀门的整体寿命，因此如何对阀门密封面进行表面强化处理是研制高硬度，耐腐蚀、耐磨损高参数阀门的关键。

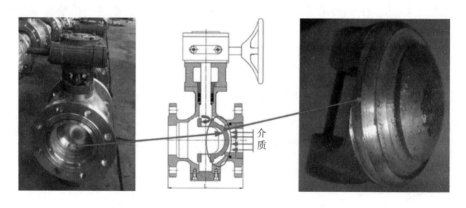

图3-8　制糖专用阀机械结构与实物图

3.3.3.2　失效原因及修复方法

阀门作为管路系统的组成部分，其工作状态在很大程度上影响着系统的正常运行。在阀门的使用过程中，存在着很多种失效事件。阀门失效是指阀门在服役过程中由于无法适应工况条件，自身结构发生破坏而不能完成既定功能的现象。

（1）失效形式。其主要失效形式包括断裂失效、腐蚀失效、泄漏失效和磨损失效。

① 断裂失效。塑性断裂失效是指阀门零部件断裂之前在断裂部位发生明显塑性变形的断裂失效形式。其主要失效位置为阀杆、阀芯、阀套螺栓和螺钉、密封件、弹簧、固定件、堆焊层；失效特点是出现断裂面。

② 腐蚀失效。腐蚀失效是指阀门零部件因腐蚀介质作用而失去原有功能的失效形式，可分为缝隙腐蚀失效和电偶腐蚀失效。缝隙腐蚀失效是指在阀门结构的缝隙处产生腐蚀而引起的失效形式。电偶腐蚀失效是指阀门中具有不同电化学性质的两个金属部件直接接触产生电位差，使电位高的金属腐蚀变慢，电位低的金属腐蚀加快的失效形式。其主要失效位置为阀杆、固定件、阀座、垫圈；失效特点是有析出的腐蚀产物或表面呈现微小黑色点状区域。

③ 泄漏失效。泄漏失效是密封结构被破坏后丧失阻止流体流动能力的失效形式。其主要失效位置为法兰、阀瓣、阀座、垫片、填料、密封圈；失效特点是堆焊层断裂或密封圈破坏。

④ 磨损失效。磨损失效是指阀门零部件在与流体反复接触的过程中产生磨损而改变零部件的表面状态，并最终丧失原本功能的失效形式。磨损失效可分为磨粒磨损失效和腐蚀磨损失效。磨粒磨损失效是指阀门中的流动介质含有颗粒等固体杂质，在流动过程中固体杂质对阀门零部件表面进行冲刷形成破坏而失效的形式。腐蚀磨损失效是指当阀门中的流动介质为腐蚀性介质时，流道结构被腐蚀磨损和固体颗粒杂质共同破坏的失效形式。其主要失效位置为密封结构、阀体、阀芯；失效特点是出现沟壑状凹槽。

为实现阀门密封面表面修复与强化的目标，国内外学者采用诸多技术手段，如机加工、喷涂、堆焊、沉积、激光熔覆等。对于传统机加工修复阀门密封面而言，适用范围较小，因其多采用磨削加工和车床加工手段，需提前进行测量是否具有加工余量，来保证加工修复后零件尺寸符合工程要求，因此现常作为增材制造后的辅助减材加工来配合使用。

（2）修复方法。近年来对于阀门修复手段的研究很多，其中对比各技术方案优劣性的文献也十分具有参考意义。激光熔覆技术相对于喷涂技术而言，主要优势是与基材的结合力强、不易脱落且可保证较小的稀释率；对比气相沉积技术，气相沉积在效率上明显低于激光熔覆，由于可选材料少、单层涂层厚度极薄导致其使用范围受限严重；激光熔覆层与堆焊层相比，熔覆试样变形小，热影响区域小，激光熔覆层具有更精细的微观结构，固熔基体中保留了更多强化元素，且稀释率较低，在显微硬度、高温硬度、磨损率、耐蚀各方面性能也都优于堆焊层。故针对先进性而言，选择激光熔覆技术来改善和提高阀门质量是一条可行的技术路线，有助于延长阀门使用寿命。

3.3.4 汽轮机转子轴

3.3.4.1 转子轴的应用背景

激光熔覆技术具有加工速度快、冷却凝固速度快、稀释率低（一般<5%）、冶金结合强度大、加工区域灵活、工件热变形小等多种优点，广泛用于船舶、军工、矿山开采等行业。轴类零件是非常普遍的一种零部件，它在机械设备中主要用来传递扭矩和支撑齿轮、凸轮等传动件。因此，轴类部件的性能直接影响着机械设备运行的稳定性以及其使用寿命。而轴类部件作为传动件的支撑件，通常都需要承受非常大的载荷，往往会受到摩擦、腐蚀、冲击和挤压等，从而导致零件产生磨损、腐蚀、疲劳点蚀等失效形式。如果这类零件被直接弃用，将会造成资源的浪费以及制造成本的增加，违背了可持续发展的原则。然而用激光熔覆技术对此类零件进行修复再利用具有重大的意义。

3.3.4.2 失效原因及修复方法分析

（1）影响螺杆转子轴使用寿命的因素分析。双螺杆压缩机因其具备构造简单、高效节能、工作可靠、运行平稳等一系列优点，被广泛应用于工业制冷、食品冷藏、空气动力及各种空气压缩领域。螺杆压缩机的核心部件是由一对平行、互相啮合的阴阳螺杆转子构成，如图3-9所示。

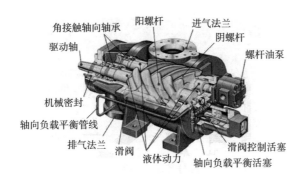

图3-9 螺杆压缩机结构示意图

压缩机转子长期工作在高温、高压、高速环境下，还要承受离心力、弯矩和扭矩等综合应力作用，其轴面易出现损伤失效。其损伤失效的主要原因如下。

①在螺杆转子加工过程中通常会采用磨削加工，磨削过程中会伴有大量的切削液和铁屑，这些铁屑如果清理不干净就会残留在转子上，在转子组装运行后就会进入润滑油系统里，进而造成转子轴颈出现刮伤和磨粒磨损。

②在气温较低的环境下，压缩机组刚启动时，由于润滑油温或油压过低而导致润滑油膜尚未完全形成，此时转子轴颈和轴瓦之间处于干摩擦状态，最终导致轴颈磨损。

③如果润滑油长期未更换发生变质，变质的润滑油就会与金属发生化学反应，使转子发生锈蚀。

④由于压缩机安装不稳定或电力系统不稳定而造成转子在工作中出现振动导致轴颈损伤。

⑤由于加工超差，或加工过程的失误造成刀具或夹具划伤转子表面导致其损伤失效。

⑥在交变应力和高温、高压环境下，轴颈表面易出现疲劳点蚀。

根据螺杆转子轴失效状态发现，如图3-10所示，其主要的失效形式为磨损失效。因此，在对螺杆转子进行修复时，除了要恢复转子的几何尺寸，更要提高其硬度和耐磨性。另外，再制造层与基体之间应具备良好的冶金结合，防止

图3-10　螺杆转子轴颈损伤表面形貌

在高温、高速、重载环境下出现脱落，引发事故。

（2）常见的螺杆转子轴表面改进方法。近年来，研究人员对于轴和转子类零件的修复进行了大量研究，几种常用修复方法的优劣比较见表3-5。

表3-5　几种常用修复方法的优劣比较

修复方法	修复原理	优点	缺点
电弧喷涂	利用电弧将金属丝材瞬间熔化，再通过高压气体将熔融的金属液雾化，并使雾化的金属颗粒高速喷向基体表面形成具有一定耐腐蚀、耐磨损的合金涂层	快速便捷、对基体无损伤	与基体结合性较差，易脱落，硬度和耐磨性较差
电刷镀	利用电化学沉积原理，将带有电解液的阳极在工件表面快速擦拭，使电解液中的金属离子在工件表面发生放电结晶，进而形成具有一定厚度的镀层	设备简单、操作方便	镀层的硬度和耐磨性较差，沉积过程费时，镀层与基体呈机械结合
电火花沉积	利用高电流将旋转的电极材料与基体材料产生瞬间短路，从而熔化电极材料并堆积到基体表面	沉积层与基体呈冶金结合	沉积层致密度不高，存在气孔及疏松现象
激光熔覆	利用高能激光束将粉末材料与基体表层瞬间熔化，形成稀释率极低，且熔覆层与基体呈现良好冶金结合的方法	柔性高、自动化程度高、熔覆层与基体呈良好的冶金结合、热影响区窄、组织致密	设备相对复杂、工艺参数较多、熔覆工艺复杂

通过对比发现，激光熔覆再制造合金层与基体之间呈良好的冶金结合状态，而且激光熔覆涂层组织致密，裂纹和气孔较少，可提高涂层的硬度、耐磨性和疲劳寿命。

参考文献

［1］刘梅生. 影响激光熔覆层质量因素的研究［J］. 煤矿机械，2019，40（7）：52-54.

［2］杨宁. 激光熔覆工艺参数对熔覆层质量的影响［J］. 热处理技术与装备，2010，31（4）：17-19.

［3］徐庆鸿，郭伟，田锡唐. 激光扫描速度对激光熔覆宏观质量的影响规律［J］. 航天工艺，1997，14（4）：1-4.

［4］董世运，马运哲，徐滨士，等. 激光熔覆材料研究现状［J］. 材料导报，2006，20（6）：5-9.

［5］陈庆华，魏仑，龙晋明，等. 激光熔覆NiCrAl-陶瓷涂层的显微组织研究［J］. 中国工程科学，2001，3（10）：64-70.

［6］张庆茂. 送粉式激光熔覆层质量与工艺参数之间的关系［J］. 焊接学报，2001，41（4）：51-54，2.

［7］朱刚贤. 激光熔覆工艺参数对熔覆层表面平整度的影响［J］. 中国激光，2010，37（1）：296-301.

［8］崔陆军，张猛，曹衍龙，等. 面向泵阀的钴基合金激光熔覆层组织与性能特征［J］. 表面技术，2019，48（11）：333-340.

［9］刘干成. 激光功率密度对小模数齿面镍基合金涂层组织的影响规律［J］. 应用激光，2020，40（3）：409-420.

［10］刘秀华. 辽宁省智慧城市建设的统计研究［D］. 沈阳：辽宁大学，2019.

［11］王贺. 基于正交试验法的城市道路交通VISSIM仿真参数标定系统设计与实现［D］. 石家庄：石家庄铁道大学，2020.

［12］刘丹. 铁尾矿粉泡沫混凝土配合比及其性能的试验研究［D］. 鞍山：辽宁科技大学，2020.

［13］张猛. 钴基合金激光熔覆工艺参数优化及其性能研究［D］. 郑州：中原工学院，2021.

［14］任德玉. 薄煤层开采存在的问题与机械化采煤技术［J］. 价值工程，

2011, 30（9）：6.

［15］李佳. 新型薄煤层采煤机截割部可靠性研究［D］. 阜新：辽宁工程技术大学，2013.

［16］董菲菲. 液压支架立柱缸体修复方法分析［J］. 机电工程技术，2018，47（10）：153-155.

［17］张静. 关于液压支架立柱缸体表面修复研究［J］. 科技展望，2016，26（22）：74.

［18］邓德伟，陈蕊，张洪潮. 离子堆焊技术的现状及发展趋势［J］. 机械工程学报，2013，60（7）：106-112.

［19］彭雪峰. 基于复合电镀工艺修复液压支架立柱的腐蚀破损［J］. 电镀与环保，2013，33（4）：9-11.

［20］甄敬然，路银川. 微弧氧化在液压支架立柱防腐中的应用［J］. 矿山机械，2012，40（3）：118-122.

［21］尚慧岭，樊晋予，赵恒，等. 液压支架立柱缸体不锈钢镶套修复［J］. 煤矿机械，2010，31（11）：183-185.

［22］王军，刘晶歌，罗小杰. 液压支架立柱缸体表面修复研究现状［J］. 矿山机械，2015，43（10）：6-10.

［23］许兴波，黎文强，丁紫阳，等. 液压支架立柱表面修复技术的研究［J］. 中州煤炭，2015，36（7）：95-97.

［24］蔡发，刘混举. 液压支架立柱激光熔覆技术修复工艺分析［J］. 机械工程与自动化，2016，44（4）：125-127.

［25］High Temperature Coatings and Surface Protection［C］. Abstracts of IUMRS 11th International Conference in Asia（IUMRS-ICA2010），2010.

［26］Lin L. The advances and characteristics of high‐power diode laser materials processing［J］. Optics and lasers in Engineering，2000，34：231-253.

［27］Sheng Li. Effect of carbon content on the cracking susceptibility of Fe-based laser-clad layer［J］. Applied surface science，2005，240：62-72.

［28］郎娟，邢志华，朱起云. 激光表面改性技术在工业中的应用［J］. 中国设备工程，2003，18（8）：17-18.

［29］张永康. 激光加工技术［M］. 北京：化学工业出版社，2004.

［30］孙晓辉. 激光熔覆技术在零件修复上的应用［J］. 机械工人（热加工），

2003, 53（11）: 30–31.

［31］任葆锐. 高性能硬岩截齿的研究［J］. 煤矿机械, 1999, 19（6）: 18–20.

［32］Beste U, Jacobson S. A new view of the deterioration and wear of WC/Co cemented carbide rock drill buttons［J］. Wear, 2008, 264（11–12）: 1129–1141.

［33］欧小琴. 超细晶WC–Co 硬质合金的制备、显微组织及力学性能研究［D］. 长沙: 中南大学, 2013.

［34］Evans I. Line spacing of picks for effective cutting［J］. International Journal of Rock Mechanics and Mining Science, 1972（9）: 355–361.

［35］Evans I. A theory of the cutting force for point–attack picks［J］. International Journal of Rock Mechanics and Mining Science, 1984, 2（1）: 67–71.

［36］牛东民. 煤炭切削力学模型的研究［J］. 煤炭学报, 1994, 19（5）: 526–529.

［37］Van Wyk G, D N J, Akdogan G, Bradshaw S M, et al. Discrete element simulation of tribological interactions in rock cutting［J］. International Journal of Rock Mechanics and Mining Sciences, 2014（65）: 8–19.

［38］Bilgin N, Demircin M A, Copur H, et al. Dominant rock properties affecting the performance of conical picks and the comparison of some experimental and theoretical results［J］. International Journal of Rock Mechanics and Mining Sciences, 2006, 43: 139–156.

［39］ShaoW. A study of rock cutting with point attack picks［D］. Queensland: The University of Queensland, 2016.

［40］Shao W, Li X S, Sun Y, et al. Parametric study of rock cutting with SMART*CUT picks［J］. Tunn. Undergr. Space Technol., 2017, 62: 134–144.

［41］Bernardino Chiaia. Fracture mechanisms induced in a brittle material by a hard cutting indenter［J］. International Journal of Solidsand Structures, 2001, 38: 7747–7768.

［42］张项阳, 翟熙伟. 采用D212 焊条堆焊修复不同材质矿用截齿的性能对比研究［J］. 热加工工艺, 2016, 45（1）: 48–51.

［43］李辉, 孙志远, 迟丽丽. 高性能矿用硬质合金截齿的开发［J］. 硬质合金, 2017, 34（2）: 115–119.

［44］衡永恩, 王新, 朱可明, 等. 镐型截齿材料的耐磨性能研究［J］. 应用技术, 2018, 17（9）: 78–80.

［45］成博，张岩，石亦琨，等．基于等离子堆焊技术的矿用截齿的耐磨性能研究［J］．中北大学学报，2017，38（4）：446-451.

［46］Liu Y F, Liu X B, Xu X Y, et al. Microstructure and dry sliding wear behavior of Fe2Ti Si/γ–Fe/Ti5Si3, composite coating fabricated by plasma transferred arc cladding process［J］. Surface & Coatings Technology, 2010, 205（3）: 814-819.

［47］Tosun G. Coating of AISI1 0 1 0 Steel by Ni–WC Using Plasma Transferred Arc Process［J］. Arabian Journal for Science and Engineering, 2014, 39（4）: 3271-3277.

［48］苏伦昌，董春春，杜学芸，等．矿用截齿激光熔覆高耐磨颗粒增强铁基复合涂层的性能研究［J］．矿山机械，2014，42（3）：102-106.

［49］杨会龙，孙玉福，赵靖宇，等．截齿表面感应熔覆 WC 增强 Fe 基熔覆层的研究［J］．表面技术，2011，40（4）：26-29.

［50］宋斌．1Cr13阀门堆焊焊条工艺性能及其组织和耐磨性［D］．湘潭：湘潭大学，2011.

［51］姚怀宇，蒋诚航，金志江，等．阀门失效的研究进展［J］．流体机械，2021，49（10）：74-83，90.

［52］Maharajan S, Ravindran D, Rajakarunakaran S, et al. Analysis of surface properties of tungsten carbide （WC） coating over austenitic stainless steel （SS316） using plasma spray process［J］. Materials Today: Proceedings, 2020, 27: 2463-2468.

［53］李刚，夏元良，王存山，等．激光熔覆涂层与热喷涂涂层组织性能比较［J］．材料科学与工艺，2001，19（3）：325-328.

［54］万宇杰，熊顺源，童幸生．阀门密封面表面处理技术的探讨与展望［J］．江汉大学学报（自然科学版），2004，21（4）：81-85.

［55］张春良．核电站用阀门零件激光熔覆层的组织研究［J］．核动力工程，2002，22（1）：63-67.

［56］Yu T, Yang L, Zhao Y, et al. Experimental research and multi–response multi–parameter optimization of laser cladding Fe313［J］. Optics & Laser Technology, 2018, 108: 321-332.

［57］练国富，姚明浦，陈昌荣，等．激光熔覆多道搭接成形质量与效率控制方法［J］．表面技术，2018，47（9）：229-239.

第4章 激光增材制造过程中数值模拟及仿真分析

4.1 理论计算模型分析

4.1.1 热力耦合模型的理论分析

4.1.1.1 温度场数值模拟理论基础

由于高能量激光束作用于基体表面，导致在激光熔覆表面温度始终发生着变化，出现迅速升温和降温现象，随着温度的热传递作用并向四周进行扩散。温度场的分布以及扩散对于熔覆过程中的熔凝状态、组织结构的变化以及应力场的分布都产生一定的影响，同时对于熔覆后的微观结构、显微硬度、形变以及熔覆质量也有着密不可分的关系，所以研究分析激光熔覆过程中温度场分布情况具有重要意义，也为进一步研究应力场分布提供理论依据。

如图4-1所示，在激光熔覆过程中，主要以热传导、热对流及热辐射三种

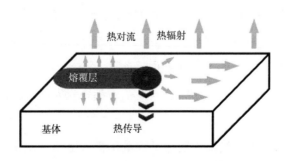

图4-1 激光熔覆过程热传递示意图

方式进行热量的扩散和转移。基于热力学第一定律，在激光熔覆过程中整个熔覆过程的能量转换视为一个能量系统，当不考虑系统质量变换时，激光熔覆过程的能量系统可用式（4-1）表示为：

$$Q-W=\Delta U+\Delta KE+\Delta PE \qquad (4-1)$$

式中：Q为向外界传递的热量；W为系统内部向外界所做的功；ΔU为内能的变化量；ΔKE为动能的变化量；ΔPE为势能的变化量。

（1）热传导定律。在物体或者系统中若存在热传导现象，其前提条件是存在温度差异。实际上由于物质中的分子进行热运动而产生热量，热量由于温度差而产生转移的过程，原理如图4-2所示。

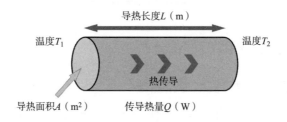

图4-2　热传导定律基本原理

其基本表达式可用下式描述。

$$Q_x^n=-k\frac{\mathrm{d}T}{\mathrm{d}x} \qquad (4-2)$$

式中：Q_x^n为热流密度；k为导热系数；T为温度；$\mathrm{d}T/\mathrm{d}x$为温度梯度。

（2）热对流定律。热对流又称对流传热，在激光熔覆过程中，工件暴露在空气中产生对流换热，其对流换热过程可以用牛顿冷却方程来进行描述：

$$q=h\left(T_s-T_\infty\right) \qquad (4-3)$$

式中：q为热流密度；h为对流换热系数；T_s为基体表面的温度；T_∞周围介质的温度。

（3）热辐射定律。热辐射定律又称基尔霍夫定律，主要以电磁波辐射的形式实现不同物体温度间的热量传递，这种物体间能够相互发射和吸收辐射能的传热过程称为热辐射，式（4-4）表示物体发射率与吸收比之间的关系。

$$Q = \sigma\varepsilon\left(T_i^4 - T_j^4\right) \tag{4-4}$$

式中：Q为热流率；σ为斯提芬—玻尔兹曼常数；ε为辐射率；T_i为环境介质温度；T_j为物体表面温度。

由于激光熔覆的过程是一个较为复杂的过程，在进行激光熔覆的过程中，温度场会发生剧烈的变化，同时基材和熔覆层材料的属性也会随着温度场的变化而发生改变。这个熔覆过程可以理解为一个非线性热传导的过程，仅利用上面所列出的公式无法直观准确地探究熔覆过程中温度场的分布情况。故人们常采用有限元的方法对熔覆过程的温度变化进行仿真分析，利用连续性离散的方法对温度场的结果进行近似求解。

4.1.1.2　应力场数值模拟理论基础

激光熔覆过程中，在高能量激光束的作用下，工件表面局部温度迅速升高，使工件各部分受热不均匀而产生热胀冷缩，导致熔覆后工件内存在较大的残余应力，从而使熔覆后的试样产生形变，影响熔覆质量。因此对于激光熔覆过程中的残余应力的研究具有非常重要的意义。目前针对应力场的研究一般基于热弹塑性理论，在考虑温度与应力—应变关系的影响下，其热弹塑性关系如下：

$$\{d\sigma\} = [D]\{d\varepsilon\} - \{C\}[M][\Delta T] \tag{4-5}$$

式中：$d\sigma$为应力增量；$[D]$为弹塑性刚度矩阵；$\{d\varepsilon\}$表示应变增量；$\{C\}$表示与温度有关的向量；$[M]$为温度形函数；$[\Delta T]$为温度的变化量。

在弹性区：

$$\{D\} = \{D\}_e;\ \{C\} = \{C\}_e = [D]_e\left(\{a\} + \frac{\partial[D]_e^{-1}}{\partial T}\{\sigma\}\right) \tag{4-6}$$

式中：$\{a\}$为线膨胀系数；T为温度。

在塑性区：

$$f(\sigma) = f_0(\varepsilon_0, T) \tag{4-7}$$

式中：f为屈服函数；f_0为与温度和塑性应变有关屈服应力的函数。

根据塑性流动法则，塑性应变的增量由式（4-8）表示。

$$\{\mathrm{d}\varepsilon\}_p = \lambda\left\{\frac{\partial f}{\partial\sigma}\right\} \qquad (4\text{-}8)$$

式中：$\{\mathrm{d}\varepsilon\}_p$ 表示塑性应变的增量；$\partial\sigma$ 为应力增量。

塑性区的卸载性值来判定，$\lambda<0$ 时为卸载过程，$\lambda>0$ 为加载过程。

4.1.2 激光同轴送粉计算模型

在载气的动力作用和粉末自身重力的作用下，粉末沿送粉喷嘴中的粉末通道送出，激光则是在喷嘴中心的激光通道竖直向下射出，粉末流和激光束一起聚焦在基板表面，并且粉末在到达基板之前会与激光相互作用很短的时间。载气式同轴送粉属于多相流数值分析的范畴。在 FLUENT 中，气体是连续相。如果第二相作为离散相的体积分数小于 10%，则可以选择 Lagrange 坐标系中的离散相模型来模拟粒子运动。FLUENT 软件的求解结果是基于流体运动中的控制方程来进行求解的。控制方程的选择与运动模型有关，这些计算模型主要是依据流体力学类的方程进行计算的。在本书的气固两相流模拟研究中，使用标准湍流模型求解运动模型中的气体，而粉末颗粒的运动学方程求解是通过离散相模型并建立粒子轨道模型来进行求解。

4.1.2.1 气固两相流概念

在同轴送粉激光熔覆过程中，影响成形质量的主要两个工艺参数是送粉量和载气流量，所以研究粉末流外流场的汇聚特性需要建立气固两相流的流动模型。气固两相流是一种利用载气的动力作用，粉末颗粒在管道内输送的方法，实际工程上又将其称为气力输送（或气动输送）。气力输送因具有适用类型多、操作方便，且输送量大等特点而在很多领域中较为常见，目前已越来越广泛地应用于工程物料输送中。

（1）介质含量。在气力输送过程中，各种成分的比例和作用不同，设气固混合物的总体积为 V，总质量为 M，其中气体体积为 V_g，质量为 M_g；固体颗粒体积为 V_p，质量为 M_p，颗粒数为 N，则有：

① 质量含气率。气体质量占混合物总质量的比例为质量含气率，即：

$$\zeta=\frac{M_g}{M}=\frac{M_g}{M_p+M_g} \tag{4-9}$$

故质量含固率为：

$$1-\zeta=\frac{M_p}{M}=\frac{M_p}{M_p+M_g} \tag{4-10}$$

② 容积含气率。气体体积占混合物总体积的比例为容积含气率，即：

$$\eta=\frac{V_g}{V}=\frac{V_g}{V_p+V_g} \tag{4-11}$$

故容积含固率为：

$$1-\eta=\frac{V_p}{V}=\frac{V_p}{V_p+V_g} \tag{4-12}$$

研究气固两相流的重要参数就是介质的含量，一个空间范围内的颗粒群的形状和均匀分布程度对容积含气率影响较大。当颗粒群形状、大小、规则不一致和分布不均匀时，小的颗粒在运动过程中会自动填充到大颗粒之间的空隙中，如此导致容积的含气率较低。

③ 浓度、密度、混合比。

浓度。气体质量与混合物体积的比值称为气相浓度，即：

$$\rho'_g=\frac{M_g}{V}=\eta\rho_g \tag{4-13}$$

固体颗粒的质量与混合"物体积的比值称为固相浓度，即：

$$\rho'_p=\frac{M_p}{V}=(1-\eta)\rho_p \tag{4-14}$$

式中，ρ_g 和 ρ_p 分别为气体、固体颗粒的密度。

数密度、混合物密度：固体颗粒的数目与混合物体积的比值称为固相数密度，即：

$$n=\frac{N}{V} \tag{4-15}$$

两相混合物的密度：

$$\rho=\frac{M}{V}=\rho_g'+\rho_p'=\eta\rho_g+(1-\eta)\rho_p \qquad (4\text{-}16)$$

这是按体积比例计算的。如果按质量比例计算，则有：

$$\frac{1}{\rho}=\frac{\zeta}{\rho_g}+\frac{1-\zeta}{\rho_p} \qquad (4\text{-}17)$$

（2）混合比、真实混合比。固体颗粒质量流量q_{mp}与载气流的质量流量q_{mg}在通过某条管道内的比值称为混合比或输送比。如管道的截面积为A，则混合比为：

$$\xi=\frac{q_{mp}}{q_{mg}}=\frac{\rho_p'V_pA}{\rho_g'V_gA}=\frac{1-\eta}{\eta}\frac{\rho_pV_p}{\rho_gV_g}=\frac{1-\zeta}{\zeta}\frac{V_p}{V_g} \qquad (4\text{-}18)$$

定常流动状态下，混合比ξ是常数，如果保证质量含气率也是常数时，则固体与气体的比值也是常数，否则质量含气率是一个变化的量。研究气固两相流的另一重要参数是混合比。混合比的大小决定了物料的输送方式，而且，混合比的大小会影响气力输送物料时的压降，成正比例关系。

真实混合比ξ'是指管道内固体颗粒的质量与输送气体质量的比值，即：

$$\xi'=\frac{q_{mp}/v_p}{q_{mg}/v_g}=\frac{\rho_p'}{\rho_g'}=\frac{1-\eta}{\eta}\frac{\rho_p}{\rho_g}=\frac{1-\zeta}{\zeta}=\frac{V_g}{V_p}\xi \qquad (4\text{-}19)$$

通过管道单位时间、单位体积气体所输送的物料质量称为输送浓度$\bar{\omega}$。把气体体积流量记作q_{vg}，则输送浓度的表达式为：

$$\bar{\omega}=\frac{q_{mp}g}{q_{vg}}=\xi\rho_gg \qquad (4\text{-}20)$$

4.1.2.2　送粉管道不稳定的原因分析

在激光熔覆工艺研究的过程中，粉末的输送看似比较简单，但是非常容易出现问题。比如送粉器盖不严实会导致外界的空气进入送粉管道内，送粉盘压力不均匀会影响送粉的稳定性；在管道输送过程中，如果粉末比较潮湿，会导致粉末附着在管道壁内，从而堵塞管道。同时，也不排除送粉气流的不稳定也会导致送粉不均匀，甚至管道堵塞。

不同的送粉器工作原理和结构也各不相同，常见的送粉器有如下几种。

（1）螺旋式送粉器。螺纹送粉器是通过螺纹上面的间隙来达到送粉的目的，这种送粉方式对粉末材料的干湿度要求不高，输送过程稳定性好，但是粉末也不宜太潮湿，缺点就是这种送粉器只适用于较小粒径粉末颗粒的输送，并且材料相同，否则容易堵塞，所以这种送粉方式在激光熔覆精密制造领域中不太适用。

（2）转盘式送粉器。转盘式送粉器是一种基于气力输送原理的送粉器，对粉末的形状有特殊的要求，比较适用于球形粉末颗粒，并且不同材料的粉末可以混合一起输送，粉末不可潮湿，在试验前烘粉器需要进行烘干冷却后再使用，如果粉末潮湿会导致管道输送连续性差，容易引起堵塞，增加试验的难度。

（3）电磁振动送粉器。电磁振动送粉器是利用磁力和弹性的作用结合而工作的，在气体的压力作用下，粉末流随着气体一起流出通道，反应速度较快，但是也要求预先将粉末颗粒进行干燥处理，否则在输送过程中容易在粉管出口处汇聚在一起而导致粉管堵塞。

（4）沸腾式送粉器。沸腾式送粉器的设计原理利用了气固两相流的理论，在气流作用范围内将粉末流直接送到熔池，优点是对粉末的粒度和形状没有过多的限制，也避免一系列的弹性碰撞过程，但是在使用之前，同样要对粉末进行干燥处理。

工艺参数选择不合理，激光熔覆送粉过程中的主要工艺参数是送粉量和载气流量。气固两相流的原理就是粉末颗粒的悬浮速度小于载粉气流的速度，此时粉末的运动状态会随着气流的改变而改变，在气体的推动作用下运动。但是在粉末颗粒的实际运动过程中，粉末颗粒与送粉管道壁之间存在摩擦、碰撞的作用，部分粉末流因材料性质的原因会附着在管道壁上，再加上管道结构因素的影响，所以实际粉末输送过程中的粉末颗粒的速度相对载粉气流的速度小很多。对于激光熔覆成形制造而言，如当载气流量过大时，不仅对管道的磨损强度增大，而且粉末的汇聚性也不会太好；当载气流量过小时，粉末流因流动性较差，容易堵塞管道。在实际实验操作中，要结合实际情况将载气流量的速度限定在一个合理的范围内。

4.1.2.3 粉末材料的属性问题

（1）粉末形状、尺寸和分布。粉末颗粒的形状主要影响粒子的沉降速度，颗粒表面的受力作用是决定颗粒流的运动方向的主要因素。如果粉末颗粒形状不均匀，在一定的外力作用下，粉末的运动轨迹比较乱。颗粒大小和分布主要决定颗粒之间会不会附着在一起，如果单位时间内，管道内通过的颗粒大小分布不均匀，会导致小粒子夹杂在大粒子中间，这样反复运动会导致管道堵塞，不利于实验的进行。

（2）粉末密度。在一定空间内，相同体积的颗粒，密度越大，质量越大，由机械动力学可知粉末颗粒的流动性越好，颗粒群在管道截面的悬浮速度也增大，因此需要设置更大的载气流量，但不利于节省实验材料，且实验效果也不是最好的。

（3）含水量。含水量的大小直接决定了粒子的潮湿程度，颗粒过于潮湿，不经过干燥处理时，容易黏结在一起，导致粉末流的流动性差，甚至会堵住粉管。所以，一般在进行实验操作前，要对颗粒进行干燥处理。

4.1.2.4 数值模型的假设条件

通常，由于重力和气力的作用，粉末流在喷嘴的出口处会扩散，它们在喷嘴外侧形成汇聚点后会再次发散。达到基材上的粉末流与高能量密度的激光束相交，它们会熔化并结合在一起。在激光熔覆过程中，经过激光加热的粉末会随加工程序持续添加到熔池中。为简化起见，假设两相流为：

（1）载气和金属粉末具有相同的速度，是均匀的流场。

（2）只考虑粉末颗粒自身重力的影响。

（3）离散相模型设置中颗粒流动视为稳态。

（4）忽略离散相对连续相的影响，不存在热交换。

（5）忽略粉末颗粒之间的颗粒压力和黏度，颗粒之间没有相互作用力。

4.1.2.5 连续相方程

由于喷嘴喷出的气流速度较低，因此被认为是不可压缩的流体。数值模拟是基于雷诺平均 N—S 方程和湍流模型的 RNG k—ε 模型。颗粒与气流之间的热交换可以忽略，它由欧几里得坐标系中的连续性方程（质量守恒方程和动量守恒方程）控制。

质量守恒方程：

$$\frac{\partial}{\partial x_i}(\alpha_g \rho_g u_j)=0 \qquad (4\text{-}21)$$

动量守恒方程：

$$\frac{\partial}{\partial x_j}(\alpha_g \rho_g u_i u_j)=-\alpha_j \frac{\partial p}{\partial x_i}+\frac{\partial}{\partial x_j}(\alpha_g \tau_{ij})+F_{sj}+\alpha_g \rho_g g \qquad (4\text{-}22)$$

式中：i，j为坐标矢量方向；α_g为气相体积分数；ρ_g为气相密度；u_i，u_j分别为i方向和j方向的速度；ρ为压力；g为重力加速度；F_{sj}为离散颗粒相对气流作用力；τ_{ij}为气相压力应变张量。

4.1.2.6 离散相方程

欧拉—拉格朗日模型是求解离散粒子运动轨迹的常用模型，通过模拟计算可以直接得到每个粒子的运动状况。同欧拉—欧拉模型相比，欧拉—拉格朗日模型在使用中更合理，不仅如此，计算得到的结果也更精确，所以在解决离散相问题时，一般采用欧拉—拉格朗日模型。粒子满足牵引坐标系下的平衡方程：

$$\frac{dv_p}{dt}=F_D(v_g-v_p)+\frac{g_i(\rho_p-\rho_g)}{\rho_p}+F_i \qquad (4\text{-}23)$$

式中：ρ_p为颗粒密度；v_g为气体速度；v_p为颗粒速度；$F_D(v_g-v_p)$为粉末颗粒在单位质量（方向i）上的牵引力，表达式为：

$$F_D=\frac{18\mu}{\rho_p d_p^2}\frac{C_D R_e}{24} \qquad (4\text{-}24)$$

式中：d_p为粒子直径；C_D为牵引系数；μ为气相的动态黏度；Re为相对雷诺数。

$$Re=\frac{\rho_g d_p |v_g-v_p|}{\mu} \qquad (4\text{-}25)$$

F_i是由流体压力梯度引起的力（在方向i上），表示为：

$$F_i = \frac{\rho_g}{\rho_p} \, v_p \, \frac{\partial v_g}{\partial_x} \qquad\qquad (4\text{-}26)$$

$$C_D = a_1 + \frac{a_2}{Re} + \frac{a_3}{Re} \qquad\qquad (4\text{-}27)$$

式中：C_D为阻力系数；a_1，a_2，a_3为经验常数。

4.2　激光熔覆过程温度场模拟与分析

为探究不同工艺参数对于激光熔覆过程的影响，基于平板单道激光熔覆在不同工艺参数下进行数值模拟，并对熔覆过程中以及熔覆后的温度场分布进行温度数据的读取，得到不同工艺参数下温度—时间曲线和历程—温度场曲线，对不同工艺参数下的温度场分布进行探究分析。

4.2.1　不同工艺参数对温度场模拟

4.2.1.1　激光功率对温度场模拟影响分析

激光熔覆过程中，激光功率的选取对于激光熔覆效果有着较为直观的影响，熔覆过程中熔池的大小、热影响区域、相变硬化层以及熔覆后的熔覆质量、是否能够达到冶金结合等，都对激光功率有一定的影响，因此，激光功率的选取对激光熔覆有着较为重要的意义。为了探究不同激光功率对激光熔覆过程中温度场的影响，控制其他条件均不变，针对不同的激光功率进行平板单道激光熔覆温度场有限元模拟，其工艺参数见表4-1。

其中，激光线能量密度公式为：

$$E = \frac{P}{V} \qquad\qquad (4\text{-}28)$$

式中：E为激光线能量密度（J/mm）；P为激光功率（W）；V为激光扫描速度（mm/s）。

表4-1　不同激光功率激光熔覆工艺参数表

试样序号	激光功率/W	送粉量/（g/min）	激光线能量密度/（J/mm）
1	1200	15	240
2	1500	15	300
3	1800	15	360
4	2100	15	420

在基于不同激光功率下对激光熔覆进行有限元模拟，其初始温度设置为25℃，基体模型尺寸为100mm×50mm×20mm，熔覆层模型尺寸可看成半径为1.5mm的半圆柱，基于不同激光功率进行单道激光熔覆有限元模拟，在第8s时刻下其激光熔覆温度场仿真模型如图4-3所示。

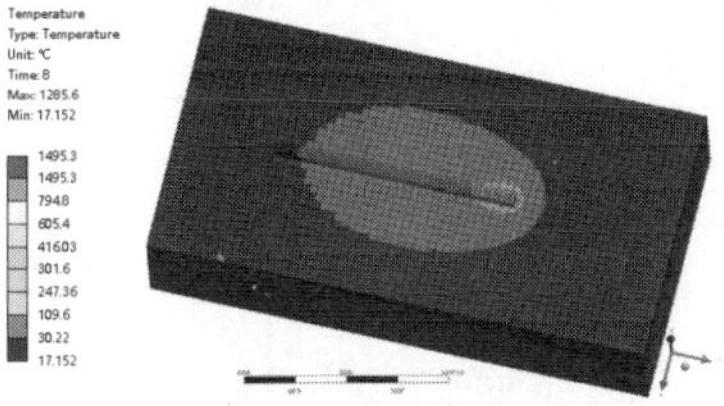

(a) 1200W

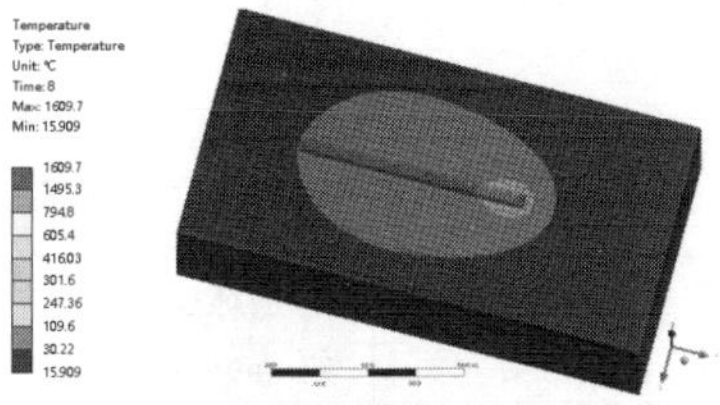

(b) 1500W

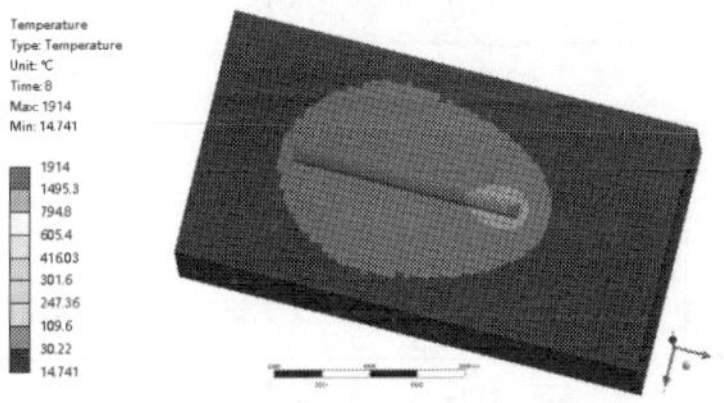

(c) 1800W

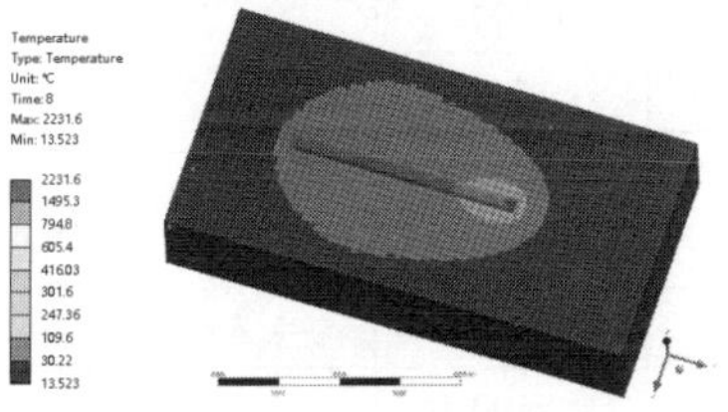

(d) 2100W

图4-3　不同功率下激光熔覆有限元模型

由图4-3可知，在同一时刻下，不同激光功率的激光熔覆有限元模型对应的温度场分布有所不同，当激光功率（LP）为1200W时，温度场模拟最高温度为1495℃；当激光功率为1500W时，其所对应的温度场熔覆层仿真模型的最高温度为1609℃；当激光功率为1800W时，仿真模型的温度场最高温度为1914℃；当激光功率为2100W时，仿真模型的温度场最高温度为2231℃。

4.2.1.2 扫描速度对温度场模拟影响分析

通过上述激光功率对温度场的分析可知，当LP=1200W时，温度场的最高温度为1495℃，基体45#钢熔点为1495℃，熔覆粉末316L不锈钢的熔点为1450℃，由于热传导和热对流导致热量的散失，影响熔池温度，无法很好地实现冶金结合，进而不能得到较好的熔覆层质量，从而选择更高的激光功率。同样，扫描速度对于熔覆质量也产生一定的影响。为进一步探究激光熔覆工艺参数以及熔覆层温度场分布情况，根据后续选择的激光功率，在其他参数不变的情况下，探究不同的扫描速度对温度场有限元模拟的影响。

同样，在基于不同激光功率以及扫描速度下建立激光熔覆单道仿真模型，探究分析不同的扫描速度下温度场的分布情况，其单道激光熔覆仿真模型熔池模拟温度见表4-2。

表4-2 不同工艺参数下熔池模拟温度

试样序号	激光功率/W	扫描速度/（mm/s）	送粉量/（g/min）	激光线能量密度/（J/mm）	熔池模拟温度/℃
1	1500	5	15	300	1697.5
2	1500	6	15	250	1609.7
3	1500	7	15	214.3	1536.4
4	1800	5	15	360	2023.7
5	1800	6	15	300	1914
6	1800	7	15	257.1	1875.6
7	2100	5	15	420	2407.3
8	2100	6	15	350	2231.6
9	2100	7	15	300	2167.3

为进一步探究仿真模型的可靠性，在单道平板激光熔覆有限元仿真模型的基础上进行试验对比，利用全因子试验类型对平板单道激光熔覆进行激光工艺参数的优化，因素A为激光功率（LP），因素B为扫描速度（SS），LP选取的数据为1500W，1800W和2100W，SS选取的数据为5mm/s、6mm/s和7mm/s，因素水平表见表4-3。

表4-3　激光熔覆工艺参数因素水平表

水平		1	2	3
因素A	激光功率/W	1500	1800	2100
因素B	扫描速度/（mm/s）	5	6	7

根据表4-3中的工艺参数进行单道激光熔覆涂层的制备，探究在不同工艺参数下的单道熔覆涂层试样，得到以下质量不同的激光熔覆涂层宏观形貌，如图4-4所示。

(a) LP=1200W，SS=7mm/s、6mm/s、5mm/s

(b) LP=1500W，SS=7mm/s、6mm/s、5mm/s

(c) LP=1800W，SS=7mm/s、6mm/s、5mm/s

(d) LP=2100W，SS=7mm/s、6mm/s、5mm/s

图4-4　单道激光熔覆表面形貌

当LP=1200W时，由于激光能量输入过低，导致在熔覆的过程中熔覆层与基体结合区域产生熔覆颗粒，同时熔覆层与基体表面无法很好地进行冶金结合，对熔覆质量产生不同程度的影响；当LP=1500W时，熔覆层与基体冶金结合效果不理想，其主要原因是因为激光能量输入过少；当LP=2100W时，熔覆层厚度明显增加，主要是因为激光能量输入过高导致在激光熔覆过程中产生粉末堆积的现象，从而导致熔覆层的厚度和宽度明显增大，从而影响熔覆精度和熔覆质量；所以，选用激光功率为1800W进行后续的激光熔覆数值模拟以及试验探究。

通过上述分析单道激光熔覆选取的为激光功率为1800W，针对不同扫描速度对熔覆质量的影响，可利用光学显微镜对单道激光熔覆试验截面进行观测，进一步对比获取最佳工艺参数，并将熔覆截面模型与仿真模型进行参照对比，验证仿真模型的可靠性。

如图4-5所示，为激光功率1800W，扫描速度6mm/s下的激光熔覆温度场数值模拟云图，在第8s时刻下对温度场分布进行研究，其最高温度为1914℃，为进一步探究数值模拟模型的可靠性，保证数值模拟符合实际熔覆过程，对激光熔覆过程中的熔池截面进行模型和试验对比，在同一位置处进行熔覆层熔池截面与实际试验熔覆层截面进行对比参照，结果表明，仿真模型熔池形貌与试验基本一致，实际熔覆层、热影响区域与仿真模型分布情况基本相同，且建立的熔覆层模型尺寸与试验模型尺寸基本相同，验证了仿真模型的可靠性。

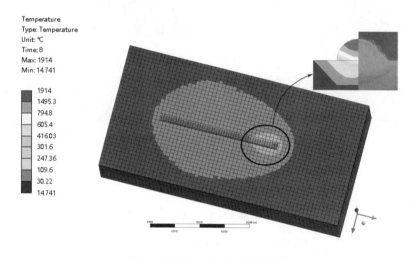

图4-5　仿真模型与实际模型对比

4.2.2　单道激光熔覆温度场模拟

针对最佳工艺参数下，进一步对单道激光熔覆温度场分布情况进行研究分析，为了较为方便和清晰地看出熔覆层在不同时刻下的温度变化，在熔覆层处选取节点构成路径，对熔覆层熔覆过程的温度场进行分析。从熔覆层区域选取节点，根据不同位置$a \sim e$节点处温度的变化，可以生成不同时刻下，不同位置处温度场变化的分布图。在单道熔覆下，其熔覆层长度为60mm，基于熔覆层与基体表面不同位置处进行温度提取，在熔覆过程中，每隔12mm处对熔覆层上的温度进行提取，探究熔覆过程中温度变化与热源移动时间的关系，其模型示意图如图4-6所示。

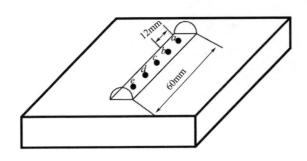

图4-6　熔覆层温度点取样示意图

4.2.2.1　平板单道温度场模拟分析

利用ANSYS有限元模拟对平板单道激光熔覆温度场进行数值模拟，得到温度场分布云图。模拟数据为：激光功率1800W，扫描速度6mm/s。当移动热源在随着时间t的变化进行移动时，熔覆层与基材局部区域温度逐渐升高，形成熔池。随着热源的移动，该区域的温度会迅速下降，温度向外扩散进行冷却。当热源移动到熔覆层某一位置后，该处的温度会迅速上升，当热源经过后，温度进行扩散随之迅速下降。

图4-7表示在第8s时刻下，熔覆层最高温度为1914℃，此时的温度大于基材和熔覆层材料的熔点，表示在进行激光熔覆的过程中两者的材料一起进行凝熔，以达到冶金结合的目的。

随着热源的不断移动，熔池位置发生变化，针对图4-7取样示意图对熔覆层不同位置处的温度进行时间历程曲线分析。

从图4-8中可见，$a \sim e$各点的温度随着时间变化而发生变化，产生五个峰值。随着激光束位置的移动，热源在进行移动的过程中，各个点位置的温度都会有一个快速升温和降温的过程。时间历程曲线表示，热源最先到达a点，a点从初始温度迅速升温达到一个峰值，后经过热源的移动，a点的温度开始下

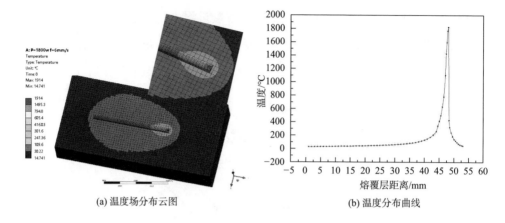

(a) 温度场分布云图   (b) 温度分布曲线

图4-7   8s时刻下平板单道温度场模拟云图

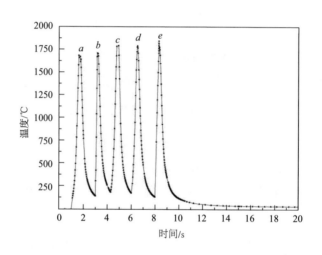

图4-8   温度—时间历程曲线

降，随之b点的温度开始上升达到一个峰值；随着激光束的移动伴随着熔池的生成与冷却凝固的向前推移，c、d、e点处温度依次发生变化，且产生的最高温度基本恒定，约为1750℃，热源的移动一直循环至激光熔覆完成。

4.2.2.2   温度场热影响区分布规律

在进行熔覆过程中，由于热量的传递，熔池附近的区域温度也逐渐升高，导致基体结构发生一定的变化，从而产生基体材料微观结构的变化。对于激光熔覆来说，热影响区的存在是比较不利的，由于在该区域中金属没有产生熔化，且热量的积累对基体材料的微观组织结构发生了变化，在这种情况下会在一定程度上降低基体材料的硬度。

进行单道激光熔覆试验后，利用自动转塔数显维氏硬度计对熔覆层、热影响区以及基材部分不同区域的硬度进行测试，载荷为2.94N，受压时间10s，其熔覆层硬度测试以及硬度曲线如图4-9所示。

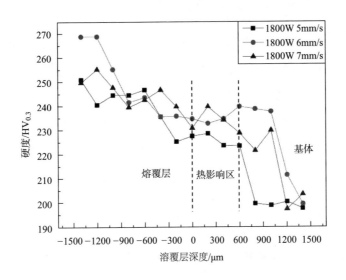

图4-9　激光熔覆硬度测试以及曲线分析

在LP=1800W下进行单道激光熔覆试验，并对熔覆后的截面进行显微硬度测量，其测量结果如图4-9所示，距离0处表示的是熔覆层与基体截面结合区域，-1500～0μm表示的熔覆层截面区域，600～1500μm表示截面基体区域，在LP=1800W，SS=5mm/s时其截面的最高维氏硬度为250.8HV$_{0.3}$，平均硬度为241HV$_{0.3}$，随着熔覆层深度的加深，硬度有逐渐下降的趋势，熔覆层与基体结合区域的硬度为237.6HV$_{0.3}$，从结合区域到基体区域，其硬度有先小幅度增大后迅速减小的趋势，主要原因是在进行激光熔覆的过程中由于热量的传递，熔覆层区域的温度向基体表面进行传热，导致基体表面发生显微组织发生变化，在一定程度上能够提高材料的显微硬度。在LP=1800W，SS=6mm/s时，涂层截面的硬度最高为268.7HV$_{0.3}$，平均硬度为249.2HV$_{0.3}$，过渡区域（TR）的硬度为

234.6HV$_{0.3}$；在LP=1800W，SS=7mm/s时，其熔覆层截面最高硬度为249.7HV$_{0.3}$，平均硬度为245.7HV$_{0.3}$，TR的硬度为220.8HV$_{0.3}$。通过不同工艺参数的对比显示，在LP=1800W，SS=6mm/s时，其熔覆层硬度最高，最高硬度为268.7HV$_{0.3}$，平均硬度为249.2HV$_{0.3}$，熔覆效果较好，且相较于基体硬度提升27%。

4.2.3 多道搭接熔覆温度场模拟

在实际激光熔覆快速成形的过程中，经常会对不同熔覆材料下进行多道搭接，在搭接过程中试样内部的温度，热应力等热行为对搭接熔覆过程中有热量累积现象的影响，从而引起内部应力的增加，导致成形件的翘曲变形。本书针对45#钢基体熔覆316L不锈钢粉末材料进行四道搭接，搭接率为40%，根据激光热源的移动以及熔覆过程中的热量累积，对四道搭接熔覆模型的不同时刻下温度场分布云图分析对比，设置每道熔覆时间为10s，熔覆总时长为40s，探究在不同搭接位置处的热量累积现象以及温度场分布状态。

如图4-10所示，在平板多道搭接熔覆过程中，随着时间的变化，热源的移动，熔池的温度有着逐渐升高的趋势。在多道搭接激光熔覆过程中，合金粉末和基材在熔池的作用下形成冶金结合，在基体表面制备出新的熔覆涂层，在第一道熔覆后其尾部温度1960.4℃，熔池移动过程中温度相差较小；在经过第二道激光熔覆过程中，由于第一道熔覆时其温度向基体表面进行扩散，使基体表面温度高于未进行熔覆时基体表面初始温度，以实现基体预热的目的，所以再次进行第二道激光熔覆时，此时基体表面温度已经升高，熔覆层温度会有少量的热量累计现象，第二道熔覆层整体温度1968.4℃高于第一道熔覆层温度，在其尾部同样有少量热量累积的现象产生，温度略高于第二道熔覆层的首部和中部；在进行第三道激光熔覆过程中，由于前两次熔覆过程中其熔覆层均对基体表面有热量的扩散，导致基体表面有两次预热现象的热量累积，故而在第三道激光熔覆的过程中，其熔覆层的温度高于前两道熔覆层温度，同样有热量累积的现象产生，导致熔覆层表面的温度逐渐升高，温度为1972.3℃；在进行第四道搭接熔覆时，通过经过前面三次熔覆层温度的扩散而导致的基体表面的预热现象，其熔覆层温度有相对升高的趋势，由于在进行四道激光熔覆的过程中时间较短，其熔覆层的热量较小，温度为1983.4℃。其具体熔覆层温度场分布云图如图4-10所示。

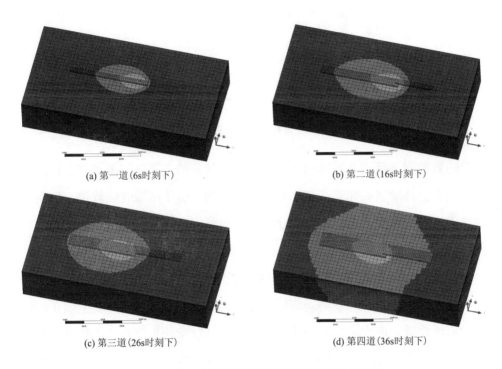

(a) 第一道(6s时刻下)　　　　　　　　　　　　(b) 第二道(16s时刻下)

(c) 第三道(26s时刻下)　　　　　　　　　　　　(d) 第四道(36s时刻下)

图4-10　不同时刻下四道搭接熔覆温度场分布云图

4.2.3.1　多道搭接温度场分布规律

在多道搭接下对熔覆层区域选取样点进行温度场分布研究，探究在搭接熔覆下，不同熔覆层的热循环曲线的规律，其搭接熔覆过程中温度场热循环曲线如图4-11所示。

由热循环曲线可知，在搭接熔覆过程中，各道熔覆层热循环曲线规律大体一致，呈周期性分布，各道熔覆层峰值温度有逐渐上升，但升幅较小，整体熔覆层温度趋于平稳，可减少熔覆层内部的残余应力，使熔覆层整体性能保持一致。通过对搭接熔覆温度场云图分析可知，在激光熔覆过程中，每道样点的最高温度相差较小，但不同道激光熔覆最高温度却有所不同，且温度随着熔

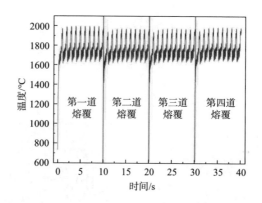

图4-11 平板搭接熔覆层热循环温度—时间历程曲线

覆层道数的增多呈现升高的趋势，造成这种现象的主要原因是在多道搭接熔覆过程中，高能量激光束在基体表面来回移动，由于熔覆时间较快，熔覆层温度无法进行很好的冷却扩散，导致搭接熔覆层的热量累积逐渐增加，温度升高。

4.2.3.2 熔覆层节点温度—时间结果分析

从图4-11中可知，在第一道熔覆过程中，最高温度为1960.4℃，在进行第二道熔覆时，由于熔覆层温度无法很好地进行冷却扩散，产生热量累积的现象，其最高温度为1968.4℃，同样，在后续的熔覆过程中，有热量累积的状态，其峰值温度均有所提高。因此，在搭接激光熔覆过程中，应注意激光能量输入，防止输入能量过高而导致过烧现象。

4.2.3.3 熔覆层温度梯度研究

在多道搭接的过程中，对不同熔覆层的节点处进行温度节点的选取，研究在熔覆过程中不同方向上X方向和Y方向上各节点的温度梯度，其节点选取方向示意图如图4-12所示，其不同熔覆层具体温度梯度如图4-13所示。

由图4-13可知，在不同道的熔覆层上，其Y方向上的温度梯度整体大于在X方向上的温度梯度，由于在搭接熔覆过程中，高能量激光束作用在基体表面进行往复运动，且熔池内温度分布较为复杂，故推测在激光熔覆过程中，Y方向上的应力较为集中，故熔覆的过程中Y方向上容易产生裂纹现象。

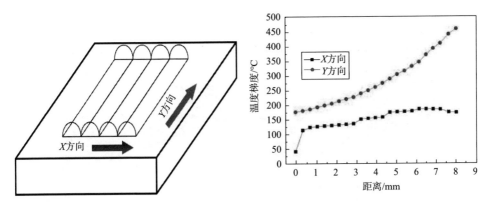

图4-12　熔覆层节点选取方向示意图　　　　图4-13　不同方向上温度梯度变化曲线

4.2.3.4　转子轴多道搭接重熔现象与工艺参数分析

基于平板熔覆后探索的最佳工艺参数进行转子轴激光熔覆搭接数值模拟，在搭接模型中，转子轴材料为45#钢，熔覆层材料为316L不锈钢，进行四圈搭接熔覆，搭接率为40%，选择激光熔覆的区域，其转子轴直径为28mm。其他参数同平板搭接熔覆一样。其具体仿真模型温度场分布云图如图4-14所示。

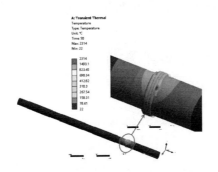

图4-14　激光熔覆转子轴温度场云图

由图4-15可知激光熔覆转子轴温度场分布，在完成第一圈转子轴激光熔覆时，16s时刻下，其熔池温度为2316.5℃，高于基体熔点1495℃与316L不锈钢的熔点1450℃，能够实现冶金结合。高于平板搭接熔覆的熔池温度，主要原因是转子轴直径为28mm，进行回转熔覆，平板基体厚度为20mm，进行单面熔覆，热量传递较快。同样，经过热量的累计，在进行第二圈转子轴熔覆时，其熔池的峰值温度为2321.2℃，略高于第一圈熔覆时的峰值温度，依此类推，在经过第四圈熔覆时，其熔池最高为2465.4℃，且在进行实际激光熔覆后，表面形貌良好。

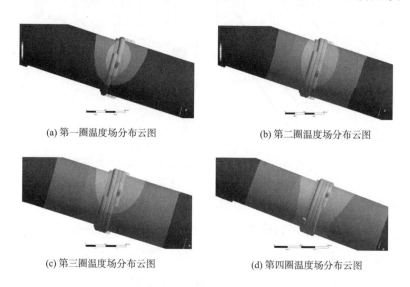

(a) 第一圈温度场分布云图   (b) 第二圈温度场分布云图

(c) 第三圈温度场分布云图   (d) 第四圈温度场分布云图

图4-15　激光熔覆转子轴不同位置处温度场分布云图

4.2.3.5　温度场熔覆节点温度分析

经过激光熔覆后过对转子轴表面进行节点选取分析，探究在转子轴激光熔覆过程中的时间—温度变化曲线以及轴向温度对比曲线。温度场熔覆节点温度分析曲线如图4-16所示。

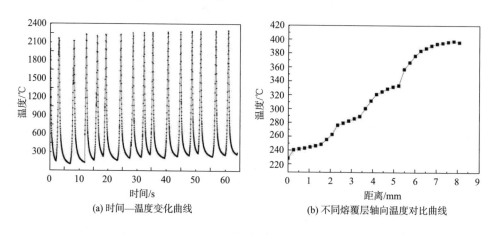

(a) 时间—温度变化曲线   (b) 不同熔覆层轴向温度对比曲线

图4-16　温度场熔覆节点温度分析曲线

在第16s时刻下，转子轴第一圈激光熔覆完成，其转子轴温度变化曲线由图4-16（a）可知，最高温度为2316.5℃，在第32s时刻下，第二圈转子轴熔覆完成，此时模拟熔池最高温度为2321.2℃，温度相较于第一圈熔覆层最高温度增加幅度较小，在转子轴熔覆第四圈熔覆完成时，此时熔池最高温度为2465.4℃，相较于第一圈熔覆最高温度提升6.4%，其主要原因是因为有热量累积效应产生。在进行第四圈熔覆后对整体熔覆层轴向温度进行选取测量，其轴向温度对比曲线如图4-16所示，结果表明，最先熔覆的区域温度冷却速度越快，且由于熔覆过程中热量的相互传递，后续轴向熔覆区域的温度对比相差较小，轴向的温度梯度相差较小，对后续热应力的产生具有重要的影响。

4.3　激光熔覆热应力耦合数值模拟与分析

高能量激光束在激光熔覆过程中作用在基体表面，引起内部温度分布不均，产生热变形，当工件受约束而导致热变形无法自由进行时，物体内部就会出现应力变化。所以在激光熔覆过程中，物体由于温度不均匀变化而引起的应力称为热应力。热应力分布的理论研究在试验中可作为熔覆层产生裂纹以及变形的理论基础，故而对于熔覆层和基体内的应力应变研究也变得十分重要。

4.3.1　热应力耦合模拟

在进行激光熔覆热应力间接耦合之前，需要进行温度场状态的分析计算，在进行温度场分析的过程中，边界条件以及材料热物理属性需提前设置完毕，在后续进行结构应力分析时，其设置的边界条件以及各种计算条件均要与温度场仿真模型保持一致，但在进行热力耦合时，需要进行单元类型的转换，将温度场分析过程中的热单元转化为结构应力分析模型中的结构单元。

4.3.1.1　单元类型的转换

在进行应力场有限元分析中，需添加材料的力学性能参数并对边界条件进行约束，温度场模拟选用的节点类型为8节点六面体单元solid70，在进行热应力间接耦合时，需将温度场单元转化为结构单元solid45完成热力学仿真。

4.3.1.2 设置应力场边界条件和耦合类型

在温度场模拟的基础上对应力场进行耦合探究，利用有限元数值模拟来获得热应力的方法主要有直接耦合和间接耦合。直接耦合其本质上是将已知的节点温度直接作为体载荷，施加到节点上进行热应力同步计算分析，可以直接得到熔覆过程中的热应力分布，直接耦合虽然可直接得到热应力分布状态，因在其进行数值模拟计算的过程中过于复杂，仿真结果不易收敛，且节点温度在一般情况都无法提前得到。而间接耦合是分开进行数值模拟的计算，即温度场模拟和结构应力模拟。在进行数值模拟计算的过程中可以进行分开计算，从而保证了计算的效率，也可以根据温度场模拟的问题及时修改自己的仿真模型，提高仿真模型的可靠性。

4.3.2 应力场分布

在温度场计算的基础上进行应力场的耦合分析，对熔覆层的应力状态进行分析，其熔覆层受力状态主要是指物体在受力时，其内部各点在不同方向上应力的集合，基于强度计算基础，应力状态理论的研究是不同截面的应力与指定点之间的关系，也是判断熔覆涂层失效开裂形式的主要方法之一，因此，确定熔覆层的残余应力也是极为重要的。

在激光熔覆后，熔覆涂层在x、y、z三个方向上均有应力产生，熔覆层内部处于较为复杂的三向应力状态。同时熔覆层作为一种塑性材料，基于第四强度理论下研究进行应力失效形式。因此，在本书对激光熔覆应力场进行研究时，主要针对Von-Mises应力进行研究分析。

4.3.2.1 单道激光熔覆应力场分布规律研究分析

为进一步探究应力场分布规律，在温度场计算的基础上对应力场进行耦合计算，由于在平板上进行激光熔覆，基体水平放置在工作台表面，故结构分析中需要对基体底部施加固定约束。由于在熔覆过程中主要是残余应力对熔覆效果产生影响，故针对熔覆后熔覆层残余应力分布进行研究，在单道熔覆下主要对三个方向上的应力分布以及主应力分布进行探究，具体分布云图如图4-17所示。

针对图4-17单道激光熔覆应力场分布曲线可知，在y方向上产生最大应力值（即垂直于熔覆层的方向），主要表现为拉应力，在x方向上显示的应力值最小（即激光熔覆的方向），且主要表现为压应力；对于z方向上来说，其整体残余应力较小，在涂层上主要表现为压应力，在进行单道激光熔覆后，残余应力分布在熔覆层首尾两端，且熔覆层最大残余应力为195.57MPa。

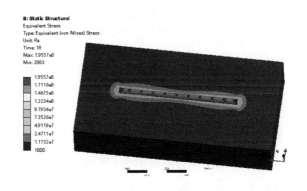

(a) Von-Mises应力分布云图

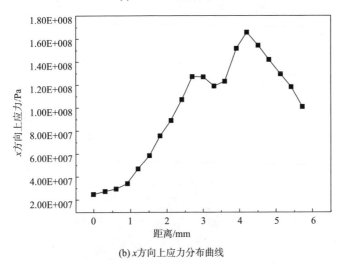

(b) x方向上应力分布曲线

图4-17

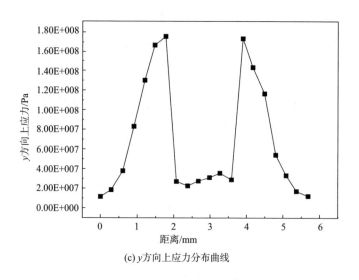

(c) y方向上应力分布曲线

图4-17 单道激光熔覆应力场分布云图与应力曲线

4.3.2.2 多道搭接应力场分布规律研究分析

以温度场结果作为载荷进行应力场耦合分析，针对熔覆后的熔覆层残余应力分布进行研究分析，探究温度场的热量累积对应力场分布的影响，并对熔覆层不同方向上的节点进行选取，探究熔覆后不同方向上的应力分布变化趋势。

针对平板多道搭接熔覆过程中的应力场分布云图如图4-18所示，结果表示，在熔覆层最后形成后产生较大的残余应力，主要原因是在搭接过程中最后形成的熔覆层吸收了大量的热量，有热量累积的现象产生，在熔覆后进行冷却的过程中容易产生冷缩现象，因此容易形成较大的拉应力且最大残余应力达到317MPa，且应力主要分布在熔覆层两端。数值模拟结果显示，熔覆区域的残余

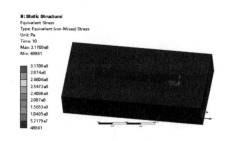

图4-18 搭接熔覆Von-Mises应力分布云图

应力略大于316L不锈钢常温状态下的屈服强度，其主要原因是由于在进行数值模拟的过程中，相关的力学性能参数存在偏差，从而导致在后续计算时容易产生偏差。

4.3.2.3　转子轴应力场分布规律研究分析

针对转子轴进行应力分析时，同样以温度场作为载荷进行应力场间接耦合，由于转子轴计算量较大，考虑实际计算能力与计算效率，对转子轴进行切块处理，针对熔覆层及附近区域进行应力场分布计算，应力场分布云图如图4-19所示。

图4-19　激光熔覆转子轴应力场分布云图

从图中可以看出，转子轴应力场分布主要集中在熔覆层区域周围，且应力场分布与温度场分布有着紧密的联系，熔覆后转子轴的最大残余应力为234.74MPa，其应力场分布较为均匀，没有产生较大的应力集中区域，表明熔覆效果较好。

4.4　弹性恢复系数对同轴喷嘴外流场模拟的影响

4.4.1　激光熔覆四通道送粉喷嘴仿真模型的建立

本书结合实验室中现有的喷嘴，利用SolidWorks软件建立了如图4-20所示的四通道同轴送粉喷嘴简化模型。粉末通道由两部分组成，前端入射管的内径和长度分别为3.2mm和12mm，后端输送管的内径和长度分别为2mm和100mm。管道的这种设置有利于提高粉末流的汇聚性。喷嘴与水平方向呈66°角。管道的入口设置为速度入口。对于粉末入口，垂直注射使用一定的初始速度。空气域相对于管道出口足够大，可以设置为压力出口。

图4-20　四通道同轴送粉喷嘴模型

4.4.2　对外流场速度的影响

气固两相流的速度大小对粉末流的汇聚效果有重要的影响。一般情况下，载气速度比送粉速度高，当粉末弹性恢复系数选取不合适时，会导致粉末颗粒在管道内能量损失过大，粉末流容易堵塞在送粉管内及喷嘴出口，由此带来的结果是粉末流在喷嘴外比较分散，不能与激光束较好地汇聚于基材上，所以熔覆层形貌也达不到理想的要求。当弹性恢复系数低于0.9，取值为0.85～0.89时，FLUENT计算残差曲线显示（图4-21），恢复系数越小，发散越明显，即验证了前文弹性恢复系数低于0.9时，仿真结果误差较大的结论。所以在模拟中，弹性恢复系数的讨论范围为大于0.9，小于1，0.9以下的模拟结果不再讨论研究。当弹性恢复系数由0.91增大至0.99时，气粉流速度变化曲线如图4-22所

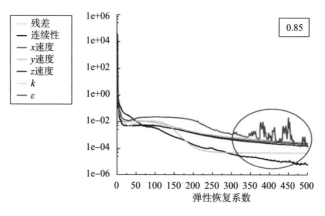

图4-21

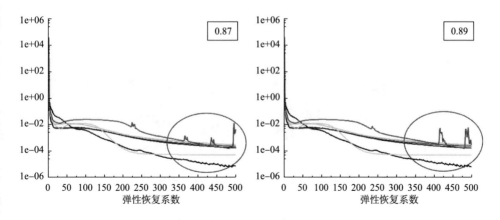

图4-21　不同弹性恢复系数下的计算残差曲线

示。由图可知，弹性恢复系数对气流的影响不明显，与实际相符。弹性系数较小时，在满足汇聚条件下，颗粒在管道内经过多次反弹后能量损失较大，切向速度小，颗粒向下运动较为集中，有利于粉末颗粒的汇聚。

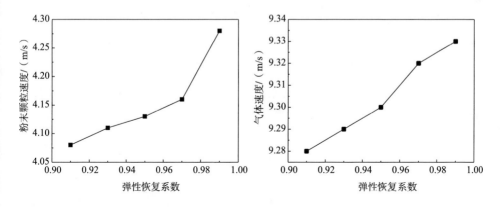

图4-22　粉末/气体速度随弹性恢复系数变化曲线图

4.4.3　对外流场浓度的影响

粉末流经送粉器送至送粉管，在管道内经过弹性碰撞后由分粉器送到汇聚区域。弹性恢复系数不同时，粉末流因能量损失不同，飞行的轨迹也不同，图4-23是不同弹性恢复系数下喷嘴竖直方向上粉末流浓度分布。

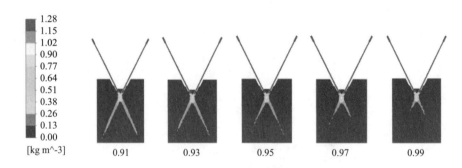

图4-23　竖直方向粉末浓度分布云图

由图4-23可知，随着弹性恢复系数的增加，外流场粉末流汇聚点的浓度呈现逐渐减小的趋势。从粉末浓度云图轨迹可知，弹性恢复系数较小时，汇聚性较好。当弹性恢复系数为0.99时，汇聚性明显变差，这是因为径向速度分量比较大，粉末流的运动轨迹发散严重。

为了便于研究不同弹性恢复系数对粉末流浓度的影响，沿着竖直对称方向中间位置取20个点（图4-24），通过cfd-post后处理软件及Origin软件得到具体数值如图4-25所示。可以发现，随着弹性恢复系数的增加，汇聚点的浓度逐渐降低，由弹性恢复系数为0.91时的最大浓度1.28降低至弹性恢复系数为0.99时对应的最大浓度0.92。汇聚点的浓度直接影响了试验中熔覆层的厚度，所以对汇聚点浓度的控制至关重要。

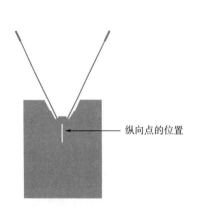

图4-24　竖直剖面图

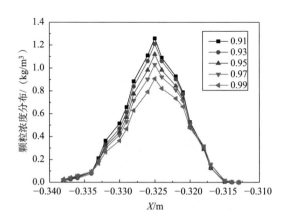

图4-25　竖直方向粉末颗粒浓度分布曲线图

4.4.4　对外流场汇聚特性的影响

外流场汇聚效果的好坏直接影响熔覆层的形貌，所以对外流场汇聚特性的研究非常有必要，图4-26为粉末颗粒在汇聚点水平面上的浓度分布。从图4-26可以看到，当弹性恢复系数较小时，粉末流汇聚点水平上有较好的收缩性，颗粒分布比较集中，此时的粉斑尺寸也较小，这是因为较小的弹性恢复指数使粉末在管道内碰撞损失的能量大，沿着颗粒的法向速度减小，则沿着出口的径向速度减小，有利于粉斑的汇聚；当弹性恢复系数为0.99时，由前面的结论可知，此时的粉末颗粒速度较大，粉末流容易发散（图4-27），所以此时的汇聚点浓度相对比较低，粉斑尺寸就相对较大，而一般情况下，粉斑尺寸略小于光斑直径时熔覆效果比较好，因为光斑尺寸比粉斑尺寸大时，汇聚在基材表面上的粉末流可以充分吸收激光的能量进行熔化，一方面充分利用了激光能量，另一方面可以减少熔覆层表面上的粘粉现象，节省材料。当粉末流发散较严重时，粉斑焦距较小，焦点距离喷嘴比较近，激光熔覆时容易烧毁喷嘴，不利于实验的进行。并且，粉末流汇聚性不好时，一方面浪费了大量的材料，另一方面在进行激光熔覆时，熔覆层形貌容易出现不均匀的现象，表面粘粉也会比较严重。所以在考虑外流场汇聚性时一定要结合熔覆层形貌进行综合分析。

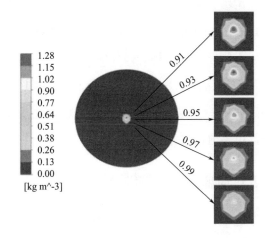

图4-26　水平方向粉末浓度分布云图

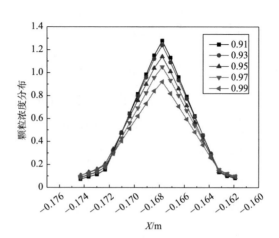

图4-27 水平方向粉末颗粒浓度分布曲线图

4.5 不同熔覆工艺对同轴喷嘴外流场影响的模拟及实验验证

激光熔覆过程中的参数包括激光控制器（扫描速度、激光功率等）相关的一系列参数、熔覆材料及熔覆过程中可控制的工艺参数（送粉量、载气流量等），一般情况下，熔覆材料及激光器选定后，相关的参数即可认为不变，此时送粉量和载气流量是影响激光熔覆表面形貌的主要因素。激光熔覆工艺的主要问题之一是材料成本问题，为了得到最佳的熔覆形貌，减少无用试验次数，提高粉末利用率，需要对送粉工艺参数进行研究，通过FLUENT软件进行送粉过程中的模拟，得到初步的模拟结果，然后将模拟的工艺参数结合实验室四通道激光熔覆设备进行单多道试验，观察熔覆效果，与仿真结果进行比较。

4.5.1 送粉量对同轴送粉喷嘴外流场的影响

激光熔覆是一个过程，其中一个参数的微小变化对整个熔覆效果都会有很大的影响。在激光熔覆过程中，粉末的比例会根据不同的成型工艺要求而有所不同。送粉量是影响送粉性能的主要因素，它能直接影响喷嘴下方粉末流汇聚点的浓度和沉积速率，从而影响粉末流的汇聚特性。本书基于送粉量对同轴送粉喷嘴外流场的影响，研究了在一定载气流量的情况下，送粉量分别为5g/min、10g/min、15g/min、20g/min和25g/min时外流场的汇聚特性。其中除了研究浓度场和速度场外，还对粉末颗粒的运动路径进行了追踪，并使用MATLAB软件计算在不同粉末流量条件下汇聚点水平面上颗粒的分布。最后，结合实验室四通道同轴送粉喷嘴激光熔覆系统进行单道熔覆实验，将熔覆层的外观形貌进行了分析，并与模拟的结果进行比较。

4.5.1.1　对外流场速度的影响

由于忽略了离散相对连续相的影响，所以速度场的数值模拟结果主要分析了粒子的不同速度分布。粉末流的速度大小直接影响粉末流的飞行轨迹，从而影响了外流场的汇聚特性。图4-28显示了喷嘴出口附近，不同送粉量下粉末流的速度分布。

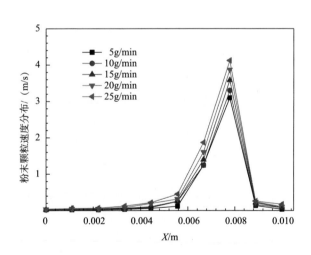

图4-28　不同送粉量下喷嘴出口附近粉末流的速度分布

从图4-28中可以看出，随着送粉量的增加，粉末颗粒的速度在出口附近也有所增加。粉末速度太低时，粉末流动效果差，容易导致粉末流在管道内堵塞，粉末速度太大时，粉末流发散现象严重，会导致耗材严重，粉末利用率降低，同时熔覆层表面整洁度低，所以，要选择合适的送粉速度，需要从粉末流量的选取角度上进行分析。

4.5.1.2 对外流场浓度的影响

粉末有两种流动形式：一种垂直输送到喷嘴入口，另一种在基材附近反射并扩散。图4-29显示了计算域的垂直截面（坐标原点位于空气域的底部，喷嘴出口坐标$Z=0.2m$）。图4-30显示出在不同送粉量下喷嘴竖直方向粉末流浓度分布曲线。由图可知，粉末流浓度随着初始送粉量的增加而逐渐增加，并且在汇聚点的浓度从0.8kg/min增大到4.6kg/min。焦点位置基本保持不变，焦距为0.015m。

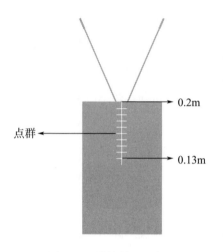

图4-29　计算域$Y=0$平面

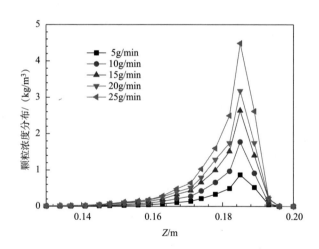

图4-30　不同送粉量下$Y=0$平面粉末流浓度分布曲线

为了进一步研究不同送粉量对粉末流汇聚点焦距位置的影响，选择Z方向上的点为0.1840～0.1860作为横坐标，即与汇聚时的纵坐标对应的浓度位置是Z为0.014～0.016m。由图4-31可以看出，当送粉量为5g/min、10g/min、20g/min和

25g/min时，汇聚位置为0.1848m，此时焦距为0.0152m。当送粉量为15g/min时，焦距为0.0155m，因此，送粉量对汇聚焦点位置的影响很小。

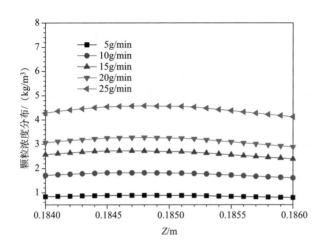

图4-31　竖直平面焦点附近浓度分布

图4-32（a）和图4-32（b）分别是粉末流外流场汇聚点处的水平浓度分布云图和曲线图。从图中可以清楚地看到，汇聚点的浓度随着送粉量的增加而逐渐增加。沿着汇聚点水平方向的最大浓度数值的e^{-2}对应的两点坐标之间的距

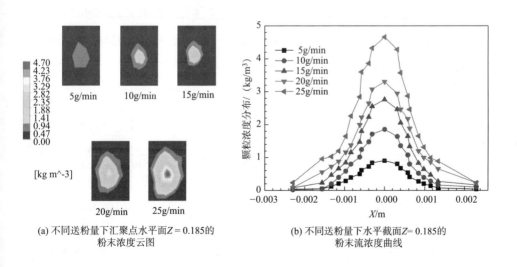

(a) 不同送粉量下汇聚点水平面$Z=0.185$的粉末浓度云图

(b) 不同送粉量下水平截面$Z=0.185$的粉末流浓度曲线

图4-32　粉末流外流场汇聚点处的水平浓度

离定义为粉斑直径，可以计算出不同的送粉量相应的粉斑直径分别为2.6mm、2.6mm、2.8mm、3.4mm、3.8mm，随送粉速度的增加，粉斑直径增大。而一般认为，在实际的熔覆过程中，当粉末汇聚点的直径略小于激光光斑直径时，熔覆效果是最佳的。如果汇聚点的直径太大，超出激光光斑的有效区域的粉末流会受到激光边缘能量的影响附着在熔覆层边缘，导致熔覆层的粘粉现象比较严重，同时粉末耗材较多，粉末利用率会降低。所以粉斑直径为2.8mm比较符合工艺要求。

在实际实验中，当覆层的厚度较小时，不足以满足工艺要求，首先要考虑的是，汇聚点的浓度很低，可以通过增加送粉量来达到预期的结果。但是，送粉量也不宜过大，否则，粉末流容易发散，熔覆层粘粉现象严重，也可能会堵塞送粉管道，不利于实验的进行，所以一般实验前，需要标定实验，结合模拟仿真模拟结果可以节省实验时间和材料等成本。

4.5.1.3　对外流场汇聚特性的影响

为了研究汇聚点水平面上的粒子分布，图4-33（a～e）通过MATLAB软件编程计算了汇聚点水平面上$Z=0.185$m的粒子流的数量和分布。从图中可以看出，在不同送粉量下汇聚点水平面上的颗粒数分别为368、419、480、515和546。当送粉量为5～15g/min时，汇聚效果越来越好。当其超过15g/min时，尽管中心点处的颗粒相对集中并且聚集良好，但是汇聚点周围的颗粒也逐渐向外扩散，导致严重的粉末损失。

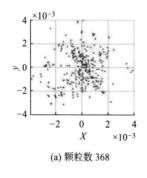

(a) 颗粒数 368

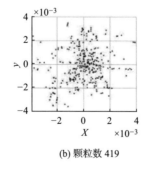

(b) 颗粒数 419

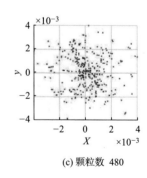

(c) 颗粒数 480

图4-33

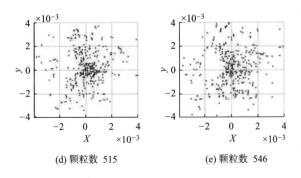

(d) 颗粒数 515　　　　　　　(e) 颗粒数 546

图4-33　水平面Z=0.185的颗粒分布

4.5.1.4　送粉量对熔覆层形貌的影响

为了研究粉盘转速对送粉量的影响，保持载气流量恒定（4L/min），分别测量粉盘转速为1.0、1.1、1.2、1.3、1.4、1.5、1.6、1.7、1.8、1.9、2.0r/min对应的送粉量。使用Origin软件获取如图4-34所示的曲线图。随着转速的增加，每单位时间的送粉量也增加。当转速较小时，增长率较大，然后随着转速的增加，送粉量的增长率越来越小，说明送粉量并不是随粉盘转速的增大而无限增大的。

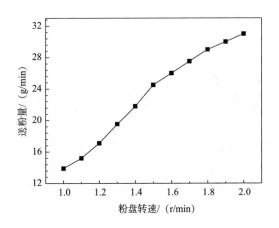

图4-34　送粉量与粉盘转速的关系图

本实验研究了在不同送粉条件下的熔覆效果，其中激光功率设置为1800W，载气流量为4L/min，扫描速度为900mm/min，光斑直径为3mm。熔覆效果如图4-35和图4-36所示。当载气流量恒定时，不同送粉量下的熔覆层厚度分别为0.7279mm、0.9008mm、1.0008mm、1.1676mm、1.4557mm。可以发现，送粉量的大小对熔覆层形貌的影响比较明显。送粉量较小时，虽然熔覆层表面比较光滑，平整度较高，但是达不到理想的熔覆层厚度要求；送粉量过大时，熔覆层形貌不均匀，基材粘粉严重，这是因为粉末量过大，外流场粉末流容易发散，熔池中的激光能量向熔覆线两侧扩散，此时熔覆线变宽，由于激光光斑大小和能量一定，发散的粉末会在熔覆线两侧凝固，因而粘粉比较严重，送粉量太大会导致粉末利用率变低，不利于节约成本。综合考虑，当送粉量为15g/min时，在满足熔覆层厚度的前提下，熔覆层表面也比较光滑，熔覆效果最佳，验证了模拟的准确性。

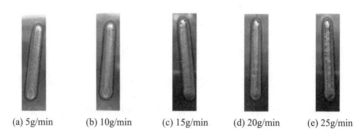

(a) 5g/min   (b) 10g/min   (c) 15g/min   (d) 20g/min   (e) 25g/min

图4-35　不同送粉量条件下的熔覆形貌

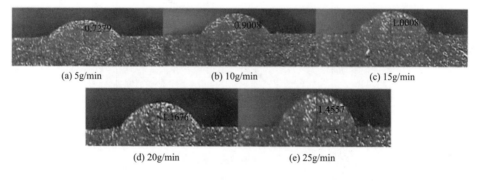

(a) 5g/min   (b) 10g/min   (c) 15g/min

(d) 20g/min   (e) 25g/min

图4-36　不同送粉量条件下的熔覆层厚度

　　为了观察粉末在喷嘴外流场的汇聚现象，使用高速相机拍摄了实验中喷嘴下方的流动情况，并与模拟结果进行了比较。从图4-37可以看出，粉末流的汇聚特性较好。离开喷嘴后，粉末流的浓度先降低然后增加，在汇聚点处达到最大值，然后逐渐扩散，并且浓度又开始降低。根据测量结果，从粉末流动汇聚点到喷嘴的距离为15mm，与模拟结果一致。

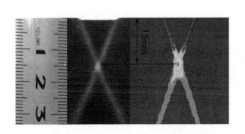

图4-37 拍摄结果与计算结果对比图

4.5.2 载气流量对同轴送粉喷嘴外流场的影响

载气流量是粉末输送过程中的主要动力，调整载气流量的数值可以改变粉末流的飞行轨迹，进而影响外流场的汇聚特性。基于载气流量对同轴送粉喷嘴外流场的影响，除了研究浓度场和速度场外，还使用MATLAB软件计算了在不同载气条件下汇聚点水平面上颗粒的实际分布。将四通道同轴送粉喷嘴的实验结果与仿真结果进行了比较。

4.5.2.1 对外流场速度的影响

粉末流是在气力输送及自身重力的作用下由送粉器送至送粉管，所以载气流量的大小可以控制粉末流在一定时间内的流量，研究载气流量对喷嘴外流场的影响需要先研究不同的载气流量下速度场的变化特征。图4-38和

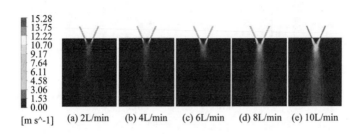

图4-38 气流速度分布云图

图4-39是不同载气流量下的气体在外流场的速度分布云图和曲线图，由图可知，当载气流量增加时，外流场气流速度在管道内和喷嘴出口处的变化在开始时并不明显，然后迅速变化，随着载气流量的增加，流场的发散度也随之变大。

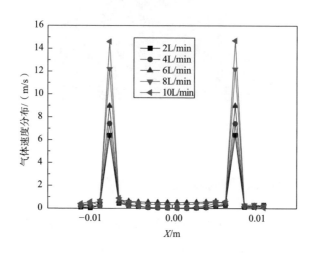

图4-39　气流速度分布曲线图

4.5.2.2　对外流场浓度的影响

由图4-39得知，载气流量越大，气体的速度越大，同时粉末流的速度也会

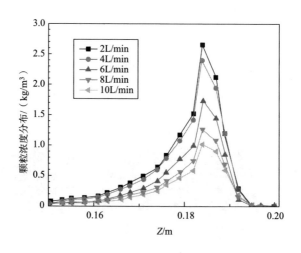

图4-40　不同载气流量下粉末流在$Y=0$截面上的浓度分布

变大。不同的粉末流速影响外流场汇聚点的粉末流浓度。图4-40显示在不同载气流量条件下，竖直截面粉末流浓度的分布曲线。由图可知，当初始载气流量增加时，粉末流浓度逐渐降低，并且汇聚点浓度由2.7kg/min降低至1.0kg/min，但是焦点位置基本不变，焦距为0.015m。

为了进一步研究不同载气流量对粉末流焦距位置的影响，选择Z方向上的点为0.183～0.186作为横坐标，即Z方向上的点对应于焦点位置的纵坐标等于0.014～0.017m。如图4-41所示，当载气流量为2L/min、4L/min和6L/min时，焦点分别为0.1846、0.1847和0.1848，即焦距为0.0154m、0.0153m和0.0152m，呈下降趋势。当载气流量继续增加时，焦距不会改变，因此载气流量对焦点位置几乎没有影响。

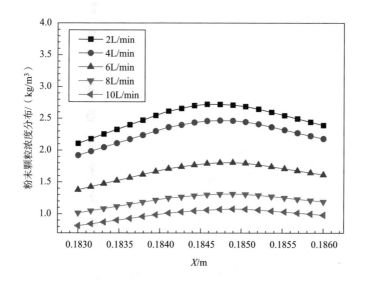

图4-41　竖直平面焦点附近浓度分布

图4-42和图4-43分别是喷嘴外流场粉末流汇聚点水平面上的浓度分布云图和曲线图。从图中可以看出，随着载气流量的增加，汇聚点的浓度逐渐降低。通过计算得到不同的载气流量对应的汇聚点直径分别为2.8mm、2.9mm、3.1mm、3.4mm、3.8mm，当载气流量增加时，粉斑直径略微增大。在实际的熔覆过程中，如果汇聚点直径太大，则熔覆层的表面将具有严重的残留粉末。一

般认为，当粉斑直径略小于激光光斑直径时，熔覆效果最好。

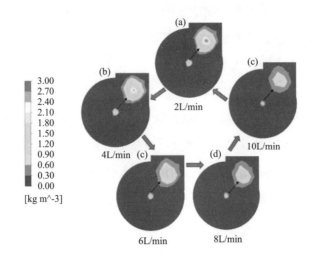

图4-42 不同载气流量下汇聚点水平面Z=0.185m的粉末浓度分布

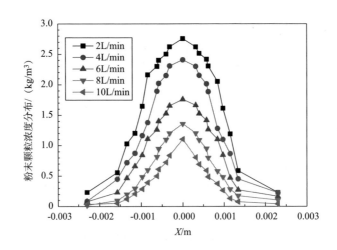

图4-43 不同载气流量下汇聚点水平面Z=0.185m的粉末浓度分布

4.5.2.3 对外流场汇聚特性的影响

软件计算了汇聚点平面上Z=0.185m颗粒的数量和分布。不同载气流量的颗粒数分别为376、428、377、359和334。由于载气流量较小，粉末颗粒部分沉积在管道中，流动性差。在较大的载气流下，粉末颗粒在喷嘴的出口处移动非常快，从而导致粉末流在外部场中扩散严重。从图4-44中可以看出，当载气流量为4L/min，颗粒分布相对集中，粉末流具有最佳的汇聚性。

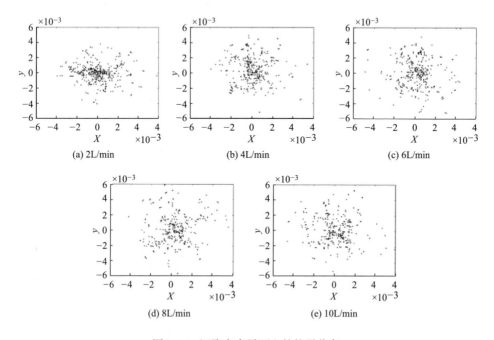

图4-44　汇聚点水平面上的粒子分布

4.5.2.4　载气流量对熔覆层形貌的影响

改变载气流量数值的同时，首先保持送粉器粉盘的转速不变（1r/min），并将载气流量分别设置为1、2、3、4、5、6、7、8、9和10L/min。从图4-45中可以看出，随着载气流量的增加，粉末流量在开始时就逐渐增加。当其超过4L/min时，粉末输出具有较小的变化趋势并且最终趋于稳定状态，这表明送粉器的粉末输出不会随着载气流的增加而无限增加。

本实验做了几组单道熔覆，为了研究不同载气流量下的熔覆层形貌，将激光功率参数设定为1800W，送粉量为13.6g/min，扫描速度为900mm/min，光斑直径为3mm，熔覆结果如图4-46所示。由图可知，载气流量太低时，熔覆形貌不均匀，这是因为载气流量过低会导致气力不足，粉末流在输送过程中不稳定，管道内会存积大量的粉末，容易导致粉管的堵塞。当载气流量过高时，附着在管道内

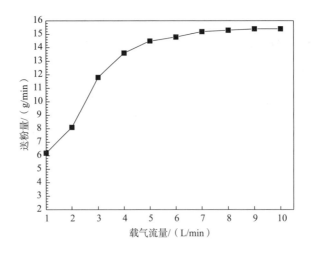

图4-45 送粉量与载气流量的关系图

及喷嘴附近的积粉会被吹到基材上，此时激光能量会与多余的粉末流熔化，导致熔覆层表面粘粉比较严重，且熔覆层表面形貌越来越不均匀。当载气流量为4L/min时，熔覆层表面最为光滑，熔覆效果最好，验证了模拟结果的准确性。

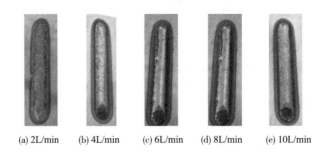

(a) 2L/min　　(b) 4L/min　　(c) 6L/min　　(d) 8L/min　　(e) 10L/min

图4-46 不同载气流量下的熔覆形貌

为了观察喷嘴流出区域的粉末汇聚情况，将相机拍摄的喷嘴下方实际粉末汇聚情况与仿真模拟进行了比较，由图4-47可知，喷嘴外流场粉末流具有很好的收敛性。根据测量结果，粉末流汇聚点与喷嘴出口之间的距离为15mm，与模拟结果一致。

图4-47 实验拍摄与仿真结果对比图

4.5.3　粉末利用率的工艺优化

激光熔覆的送粉系统常见的几种方式有预置粉末法、侧向送粉法和同轴送粉法，其中同轴送粉装置不仅保证了送粉的质量，优化送粉结构，而且在耗材方面也体现出了较大的优势，同条件下可以较低的成本来实现工件的加工要求，但是在实际的激光熔覆过程中，由于涉及粉末长距离输送环节，中间难免会有粉末的损失，增加成本，如粉末在管道内的吸附，粉末在出喷嘴后的飞溅碰撞损失等以及在进行标定实验过程中大量的粉末损耗。所以，选取合理的工艺参数对提高粉末利用率具有重要的意义。本章结合前文模拟的工艺参数进行多次不同工艺参数的单道熔覆实验及优化工艺参数下的搭接实验，进行综合分析不同工艺参数对粉末利用率的影响，得到最佳工艺参数。

4.5.3.1　不同送粉量下单道熔覆粉末利用率的计算

实验前将粉末倒至送粉器内并进行定量实验，将载气流量设定为4L/min，通过调整粉盘转速，使单位时间内的出粉量分别为5、10、15、20、25（即出粉速度v，g/min），记录此时对应的粉盘转速；将铁块做好标记并称重记录为m_1，记录每次单道实验的出粉时间t，待温度较低时，用铁刷清理熔覆层，称重记为m_2；粉末利用率表达式为：

$$\varepsilon = \frac{m_2 - m_1}{vt} \qquad (4\text{-}29)$$

实验过程中为方便计算，将扫描速度设置为420mm/s，扫描路径设置为35mm，则单道熔覆实验的出粉时间为5s，待第一次实验计算结束后，依次进行第二次，熔覆结束后称重记为m_3，则第二道粉末真实利用量为$m_3 - m_2$，依此类推，根据式（4-29）分别计算每次实验的结果，如图4-48所示，由图可知，粉末利用率一开始随着送粉量的增加也在明显增加，粉末利用率最大值达到了73.3%，当送粉量超过15g/min后，粉末利用率又开始下降，这是因为送粉量过大，管道内残留的粉末较多，且喷嘴外飞溅的粉末也在大量增加。

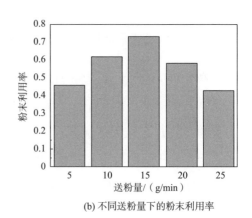

(a) 不同送粉量下的单道熔覆　　　　　　　　　(b) 不同送粉量下的粉末利用率

图4-48　不同送粉量对粉末利用率的影响

4.5.3.2　不同载气流量下单道熔覆粉末利用率的计算

实验前将粉末倒入送粉器内并进行定量实验，调整粉盘转速，使单位时间内的出粉量为15g，记录此时的粉盘转速并保持不变，分别将载气流量设置为2、4、6、8、10L/min做五组单道熔覆实验，从左至右依次实验，如图4-49（a）所示，计算每一组的粉末利用率如图4-49（b）所示，明显看出，送粉量一定时，载气流量为4L/min时粉末利用率最好，达到75.1%，与图4-49（a）同等条件下的结果有微小的差别，是因为前面的实验中设备管道内残留的粉末导致实际可利用的粉末量略微增大。

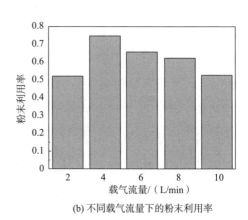

(a) 不同载气流量下的单道熔覆　　　　　　　　(b) 不同载气流量下的粉末利用率

图4-49　载气流量对粉末利用率的影响

4.5.3.3　优化工艺参数后的多道搭接熔覆粉末利用率的计算

从图4-48及图4-49的结果可以看出，优化后的工艺参数不仅使喷嘴外流场的汇聚特性变好，熔覆层形貌也有所改善，而且粉末利用率也有提高，降低了实验成本。为了进一步验证参数的可行性，进行了多道搭接熔覆实验，如图4-50所示，左边为两道搭接，右边为三道搭接，搭接率均为40%，粉末利用率分别为74.6%和75.2%，证明熔覆实验中粉末利用率在该工艺参数下的可行性。

图4-50　载气流量4L/min、送粉量15g/min下的搭接

参考文献

［1］王亚晨. 激光熔覆温度场模拟及激光扫描顺序方法研究［D］. 乌鲁木齐：新疆大学，2018.

［2］刘立君，刘大宇，崔元彪，等. 模具磨损表面激光熔覆修复层的数值模拟技术［J］. 电焊机，2020，50（7）：46-52，149.

［3］庞铭，刘全秀. 300M钢激光熔覆耐磨防腐自润滑涂层温度场数值模拟研究［J］. 航空材料学报，2020，40（2）：35-42.

［4］詹明杰. 316L不锈钢激光增材再制造温度场及应力场的实验及数值模拟研究［D］. 南京：东南大学，2019.

［5］褚庆臣，何秀丽，虞钢，等. 不锈钢激光搭接焊接头温度场数值模拟及分析

［J］. 中国激光，2010，37（12）：3181-3186.

［6］李丙如，周建平，许燕，等. 金属熔焊成形三维温度场数值模拟与分析
　　　［J］. 焊接学报，2018，39（3）：42-46.

［7］戴德平，蒋小华，蔡建鹏，等. 激光熔覆Inconel718镍基合金温度场与应力场
　　　模拟［J］. 中国激光，2015，42（9）：121-128.

［8］杨庆祥，张运坤，张跃，等. 304不锈钢热处理过程温度场和应力场数值模拟
　　　［J］. 材料热处理学报，2009，30（2）：183-186.

［9］薛忠明，曲文卿，柴鹏，等. 焊接变形预测技术研究进展［J］. 焊接学报，
　　　2003，23（3）：87-90，97.

［10］张书权. 基于SYSWELD的T型接头焊接温度场和应力应变场的数值模拟
　　　　［D］. 安徽工程大学，2011.

［11］蔡春波. 激光熔覆再制造涂层残余应力研究［D］. 青岛：中国石油大学
　　　　（华东），2017.

［12］张冬云，吴瑞，张晖峰，等. 激光金属熔覆成形过程中温度场演化的三维数
　　　　值模拟［J］. 中国激光，2015，42（5）：112-123.

［13］Zhang A，Li D，Zhang L，et al. 3D numerical simulation of coaxial powder feeding
　　　　nozzle powder convergence characteristics［J］. Infrared Laser Engineering，
　　　　2011，40（5）：859-863.

［14］杨晓燕. 气力输送气固两相的流动特性研究［D］. 南京：东南大学，
　　　　2007.

［15］黄标. 气力输送［M］. 上海：上海科学技术出版社，1982.

［16］罗涛. 载气式超细粉末送粉器的研制［D］. 天津：天津工业大学，2006.

［17］孔珑. 两相流体力学［M］. 北京：高等教育出版社，2000.

［18］李向阳. 用于激光再制造双料斗载气式送粉器的研制［D］. 天津：天津工
　　　　业大学，2005.

［19］冯立伟. 激光再制造双料斗载气式送粉器的试验研究［D］. 天津：天津工
　　　　业大学，2007.

［20］王云山. 大面积激光涂敷装置及应用研究［D］. 天津：天津纺织工学院，
　　　　1996.

［21］胡晓冬，马磊，罗铖. 激光熔覆同步送粉器的研究现状［J］. 航空制造技
　　　　术，2011，53（9）：46-49.

[22] Tamanna N，Crouch R，Naher S. Progress in numerical simulation of the laser cladding process [J]. Optics and Lasers in Engineering，2019，122（6）：151-163.

[23] Ibarra-Medina J，Vogel M，Pinkerton A. A CFD model of laser cladding: From deposition head to melt pool dynamics [C]. The 30th International Congress on Applications of Lasers and Electro-Optics ICALEO（2011），23-27 October 2011，Orlando，FL. ，USA. 2011：378-386.

[24] Lee Y，Farson D F. Simulation of transport phenomena and melt pool shape for multiple，layer additive manufacturing [J]. Journal of Laser Applications，2016，28（1）：012006.

[25] Zhu G，Li D，Zhang A，et al. Numerical simulation of metallic powder flow in a coaxial nozzle in laser direct metal deposition [J]. Optics & Laser Technology，2011，43（1）：106-113.

[26] 李宸庆，侯雅青，苏航，等. 铁/镍元素粉末的选区激光熔化过程扩散动力学研究 [J]. 材料导报，2020，34（S1）：370-374.

[27] 刘昊，虞钢，何秀丽，等. 粉末性质对同轴送粉激光熔覆中粉末流场的影响规律 [J]. 中国激光，2013，40（5）：102-110.

[28] 张庆茂，王忠东，刘喜明，等. 工艺参数对送粉激光熔覆层几何形貌的影响 [J]. 焊接学报，2000，20（2）：43-46.

[29] 徐淑文，陈希章，苏传出，等. 工艺参数对激光熔覆层质量的影响 [J]. 热加工工艺，2020，49（22）：110-113.

[30] Lubaszka，P，Baufeld B. Powder Blown Laser Cladding of Vertical Surfaces. Lasers in Engineering [J].2018，39（2）：35-52.

[31] Yu N K，Iskhakov F R，Shpilev A L，et al. Optical diagnostics and optimization of the gas-powder flow in the nozzles for laser cladding [J]. Optics & Laser Technology，2018，108（4）：310-320.

[32] Liu J C，Li L J. Study on cross-section clad profile in coaxial single-pass cladding with a low-power laser [J]. Optics & Laser Technology，2004，37（6）：478-482.

第5章 激光熔覆制造过程中的图像检测技术

5.1 深度学习原理

深度学习是学习样本数据的内在规律和表示层次，这些学习过程中获得的信息对诸如文字、图像和声音等数据的解释有很大帮助。它的最终目标是让机器能够像人一样具有分析学习能力，能够识别文字、图像和声音等数据。深度学习是一个复杂的机器学习算法，在语音和图像识别方面取得的效果，远远超过先前相关技术。

深度学习在搜索技术、数据挖掘、机器学习、机器翻译、自然语言处理、多媒体学习、语音、推荐和个性化技术及其他相关领域都取得了很多成果。深度学习使机器模仿视听和思考等人类的活动，解决了很多复杂的模式识别难题，使人工智能相关技术取得了很大进步。

近年来，深度学习一直是提高计算机视觉系统性能的变革力量。无论是医疗诊断、自动驾驶车辆，还是智能滤镜、摄像头监控，许多计算机视觉领域的应用都与当前和未来的生活密切相关。可以说，最先进的计算机视觉应用程序与深度学习几乎是不可分割的。

5.1.1 基础层结构

卷积神经网络也是在传统人工神经网络的基础上发展起来的，它与BP神经网络有很大的相似之处，但也有很大的区别；BP人工神经网络是以一维向量的方式进行输入，而卷积神经网络以二维矩阵格式数据进行输入，其网络的各层都是以二维阵列的形式处理数据，这样的形式正好符合数字图像的二维矩阵格式，图像以二维矩阵输入，正好保留了每个像素之间的相对位置信息，从而网络能够从输入图像中获取更多有用的特征。卷积神经网络的结构和BP人工神经网络一样，是由一层层的结构组成，但是每一层的功能却不一样。卷积神经网络的层结构主要有：输入层、卷积层、池化层、输出层、全连接层、归一化层等。

5.1.1.1 卷积层

卷积神经网络因卷积操作而闻名，而卷积操作又是卷积层的主要过程。不同的卷积层有不同数量的卷积核，卷积核实际就是一个数值矩阵，并且每个卷积核都拥有一个常量偏置，所有矩阵里的元素加上偏置组成了该卷积层的权重，权重参与网络的迭代更新，常用的卷积核大小有1×1、3×3、5×5、7×7等。局部感受野和权值共享是卷积操作的两个鲜明特点。局部感受野是指每次卷积操作只需要关注卷积操作的那部分区域的颜色、轮廓、纹理等信息；局部感受野的大小就是卷积核卷积操作时的作用范围，这仅仅是对于一层卷积层而言，对于多层卷积网络，可由此逐层往回反馈，通过反复迭代可以计算出在原始输入图像中感受野大小，从而计算多层卷积层感受野大小与该层之前所有卷积层的卷积核大小和步长有关。权值共享是指卷积核在卷积操作中每个卷积核的值是不变的，除了每个迭代的权重更新，当然每个卷积核里的值是不一样的，则卷积核便不同，可以理解为每个卷积核提取的是一种特征，如有的提取的是图像的颜色特征、轮廓特征等。

5.1.1.2 下采样层

下采样层又称Pooling层，是卷积神经网络中的又一个重要层。下采样层顾名思义执行的是下采样降维操作，下采样层没有卷积层复杂，下采样层一般没有权重更新。常用的下采样层有最大值下采样（max pooling）、随机值下采样（stochastic pooling）、均值下采样（mean pooling）等，常用的下采样尺度为2×2、7×7等。均值下采样是在下采样局部取平均值来代替这个局部的所有值；最大值下采样是取采样区域中的最大值操作；随机下采样是根据某些准则在采样区域中根据一定的算法准则随机取值。下采样的主要作用是降低数据体的空间尺寸，使网络中参数的数量减少，降低计算资源的开销，更能有效地控制过拟合；另外，还可能起到转换不变性和类似于大脑视皮层的侧抑制效应。

5.1.1.3　激活函数

激活函数的作用是选择性地对神经元节点进行特征激活或抑制，能对有用的目标特征进行增强激活，对无用的背景特征进行抑制减弱，从而使卷积神经网络可以解决非线性问题。网络模型中若不加入非线性激活函数，网络模型相当于变成了线性表达，从而网络的表达能力也不好，如果使用非线性激活函数，网络模型就具有特征空间的非线性映射能力。另外，激活函数还能构建稀疏矩阵，使网络的输出具有稀疏性，稀疏性可以去除数据的冗余，最大限度地保留数据特征，所以每层带有激活函数的输出都是用大多数值为0的稀疏矩阵来表示。激活函数必须具备一些基本特性。

（1）单调性。单调的激活函数保证了单层网络模型具有凸函数性能。

（2）可微性。使用误差梯度来对模型权重进行微调更新。激活函数可以保证每个神经元节点的输出值在一个固定范围之内，限定输出值的范围可以使误差梯度更加稳定地更新网络权重，使网络模型的性能更加优良；当激活函数的输出值不受限定时，模型的训练会更加高效，但是在这种情况下需要更小的学习率。卷积神经网络经常使用的激活函数有好几种：sigmoid函数、tanh函数、Re Lu函数、Leaky ReLu函数、P ReLu函数等，每种激活函数使用的方法大致相同，但是不同的激活函数带来的效果却有差异，目前卷积神经网络中用得较多的是ReLu函数，sigmoid函数在传统的BP神经网络中用得比较多。

5.1.1.4　损失函数

损失函数又称代价函数，在机器学习的任务中，所有算法都有一个目标函数，算法的原理就是对这个目标函数进行优化，优化目标函数的方向是取其最大值或者最小值，当目标函数在约束条件下最小化时就是损失函数。在卷积神经网络中损失函数用来驱动网络训练，使网络权重得到更新。卷积神经网络模型训练中最常用的损失函数是Softmax loss函数，它是Softmax的交叉熵损失函数，Softmax是一种常用的分类器。

5.1.2 经典网络

如图5-1所示，卷积神经网络从兴起到现在，期间出现了不少经典网络模型。最早的也最具有代表性的卷积神经网络模型是LeNet模型，这是一个浅层网络模型，由两个卷积层、两个下采样层、一个全连接层组成，这个模型是卷积神经网络在实际中的第一个应用，应用于银行支票上手写数字的识别，当时取得了非常好的效果，这也是卷积神经网络的开山之作。AlexNet网络模型的出现具有里程碑的意义，其网络模型相比LeNet模型要更深一些，有5个卷积层、3个下采样层、2个全连接层，还有1个数据局部归一化层。它的诞生验证了卷积神经网络在复杂模型下的有效性，另外AlexNet网络模型的训练首次实现了GPU加速运算，在可接受的时间范围内得到结果，从此让深度学习和GPU紧紧联系到一起，也推动了监督式的深度学习的发展。以及到后来非常有名的GoogleNet模型、VGG模型、ResNet模型等，这些经典模型都在各自的时期取得了卷积神经网络图像分类任务的最佳结果，这些模型也呈现出一种趋势是网络层数越来越深，并且取得的效果也越来越好。

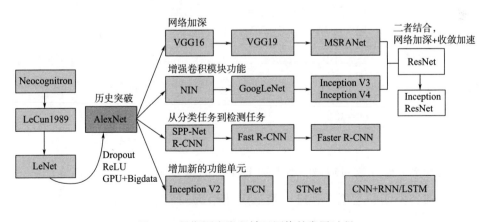

图5-1 早期深度卷积神经网络的发展过程

　　LeNet-5、AlexNet、VGG等早期很高效的神经网络中的部分观点已经成为现代计算机视觉的基石。除此之外，卷积残差网络ResNet，其将网络深度增加至152层的同时还提高了训练速度和准确率。

　　LeNet诞生于1994年，是最早的深层卷积神经网络之一，并且推动了深度学习的发展。从1988年开始，在多次成功的迭代后，这项由Yann LeCun完成的开拓性成果被命名为LeNet5。它是第一个成功大规模应用于手写数字识别问题的卷积神经网络，在MNIST数据集中的正确率可以高达99.2%。LeNet-5模型原理图如图5-2所示。

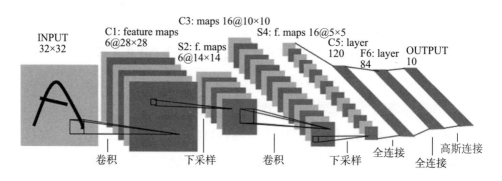

图5-2　LeNet-5模型原理图

　　LeNet-5网络是针对灰度图进行训练的，输入图像大小为$32 \times 32 \times 1$，不包含输入层的情况下共有7层，每层都包含可训练参数（连接权重），其具体介绍如下：C1层是一个卷积层，通过卷积运算，可以使原信号特征增强，并且降低噪声。第一层使用5×5大小的过滤器6个，步长s=1，padding=0，输出得到的特征图大小为$28 \times 28 \times 6$，每个滤波器5×5=25个unit参数和1个bias参数，一共6个滤波器，共$(5 \times 5+1) \times 6$=156个参数，共$156 \times (28 \times 28)$=122304个连接。

　　S2层是一个下采样层（平均池化层），利用图像局部相关性的原理，对图像进行子抽样，既可以减少数据处理量同时保留有用信息，又能降低网络训练参数及模型的过拟合程度。第二层使用2×2大小的过滤器，步长s=2，padding=0，输出得到的特征图大小为14146。池化层只有一组超参数f和s，没有需要学习的参数。

C3层是一个卷积层。第三层使用5×5大小的过滤器16个，步长s=1，padding=0，输出得到的特征图大小为10×10×16。C3有416个可训练参数。

S4层是一个下采样层（平均池化层）。第四层使用2×2大小的过滤器，步长s=2，padding=0，输出得到的特征图大小为5×5×16。

F5层是一个全连接层，有120个单元，有120×（400+1）=48120个可训练参数。

F6层是一个全连接层，有84个单元，有84×（120+1）=10164个可训练参数。最后是输出层。

AlexNet是现代深度CNN的奠基之作。AlexNet以显著的优势赢得竞争激烈的ILSVRC 2012比赛，top-5的错误率降至16.4%，相比第二名的成绩26.2%，错误率有了巨大的提升，确立了深度卷积网络在计算机视觉的统治地位，同时也推动了深度学习在语音识别、自然语言处理、强化学习等领域的拓展。其网络模型结构如图5-3所示。

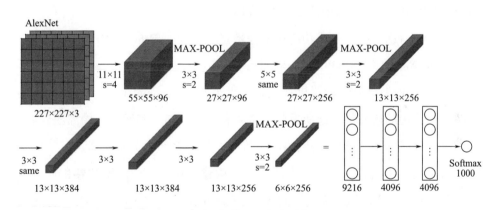

图5-3　AlexNet模型原理图

原文中输入图像是224×224×3的，但如果检查数字，会发现227×227才合理。相对于LeNet-5，AlexNet采用相似的构造，但AlexNet大概有6000万参数，拥有更多隐藏神经元，在更多数据上训练（如ImageNet）AlexNet，使它具有更优秀的性能。此外，AlexNet比LeNet更好的另一因素是ReLU激活函数的使用。

网络总共的层数为8层，5层卷积，3层全连接层：卷积层C1，输入为224×224×3的图像，卷积核的数量为96，卷积核的大小为11×11×3；stride=4，pad=0。

卷积层C2，输入为上一层卷积的feature map，卷积的个数为256个。卷积核的大小为：5×5×485；pad=2，stride=1；然后做LRN，最后做最大池化操作，pool_size=（3，3），stride=2。

卷积层C3，输入为第二层的输出，卷积核个数为384，kernel_size=3×3×256，padding=1，第三层没有做LRN和Pool。

卷积层C4，输入为第三层的输出，卷积核个数为384，kernel_size=3×3×256，padding=1，和第三层一样也没有做LRN和Pool。

卷积层C5，输入为第四层的输出，卷积核个数为256，kernel_size=3×3，padding=1。然后直接进行max_pooling，pool_size=（3，3），stride=2。

第6、第7、第8层是全连接层，每一层的神经元的个数为4096，最终输出softmax为1000，全连接层中使用RELU和Dropout。

AlexNet首次在CNN中成功应用图像增强、ReLU、Dropout和LRN等Trick。同时，AlexNet也使用了GPU进行运算加速。

VGGNet是牛津大学计算机视觉研究组（visual geometry group）和Google DeepMind公司的研究员一起研发的深度卷积神经网络，其网络结构如图5-4所示。VGGNet探索了卷积神经网络的深度与其性能之间的关系，通过反复堆叠3×3的小型卷积核和2×2的最大池化层，构建了16～19层深度的卷积神经网络，整个网络结构简洁，都使用同样大小的卷积核尺寸（3×3）和最大池化尺寸（2×2）。VGGNet的扩展性很强，迁移到其他图片数据上的泛化性很好，因此，截至目前，也常被用来抽取图像的特征。VGGNet训练后的模型参数在其官方网站已开源，可以用来做其他类似图像分类任务的初始化参数，被广泛用于其他很多领域。

VGGNet中全部使用了3×3的卷积核和2×2的池化核，通过不断加深网络结构来提升性能。图5-4所示为VGGNet各级别的网络结构图和每一级别的参数量，从11层的网络一直到19层的网络都有详尽的性能测试。

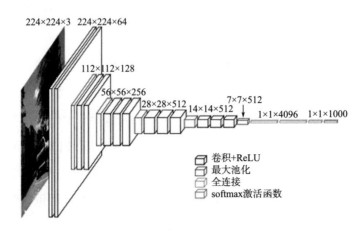

图5-4 VGGNet网络模型原理图

VGGNet输入是大小为224×224的RGB图像，预处理后，图像经过一系列卷积层处理，在卷积层中使用了非常小的3×3卷积核，在有些卷积层里则使用了1×1的卷积核。卷积层步长（stride）设置为1个像素，3×3卷积层的填充（padding）设置为1个像素。池化层采用max pooling，共有5层，在一部分卷积层后，max_pooling的窗口是2×2，步长设置为2。卷积层之后是三个全连接层（fully-connected layers，FC）。前两个全连接层均有4096个通道，第三个全连接层有1000个通道，用来分类。所有网络的全连接层配置相同。全连接层后是Softmax，用来分类。

VGGNet所有隐藏层即每个conv层中间都使用ReLU作为激活函数。VGGNet不使用局部响应标准化（LRN），这种标准化并不能在ILSVRC数据集上提升性能，却导致更多的内存消耗和计算时间。

Google Inception Net首次出现在ILSVRC 2014的比赛中，就以较大优势取得了第一名，其网络结构如图5-5所示。那届比赛中的Inception Net通常被称为Inception V1，它最大的特点是控制了计算量和参数量的同时，获得了非常好的分类性能——top-5错误率为6.67%，只有AlexNet的一半不到。

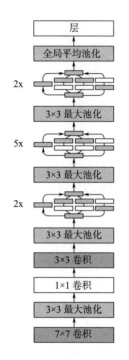

图5-5 GoogLeNet模型整体结构

Inception V1有22层深，比AlexNet的8层或者VGGNet的19层还要更深。但其计算量只有15亿次浮点运算，同时只有500万的参数量，仅为AlexNet参数量（6000万）的1/12，却可以达到远胜于AlexNet的准确率，可以说是非常优秀并且非常实用的模型。

Inception V1降低参数量的目的有两点：第一，参数越多模型越庞大，需要供模型学习的数据量就越大，而目前高质量的数据非常昂贵；第二，参数越多，耗费的计算资源也会更大。

Inception V1参数少，但效果好的原因除了模型层数更深、表达能力更强外，还有两点：

一是去除了最后的全连接层，用全局平均池化层（即将图片尺寸变为1×1）来取代它。全连接层几乎占据AlexNet或VGGNet中90%的参数量，而且会引起过拟合，去除全连接层后模型训练更快并且减轻了过拟合。

二是Inception V1中精心设计的Inception Module提高了参数的利用效率，其结构如图5-6所示。这一部分也借鉴了Network in Network的思想，形象的解释就是Inception Module本身如同大网络中的一个小网络，其结构可以反复堆叠在一起形成大网络。

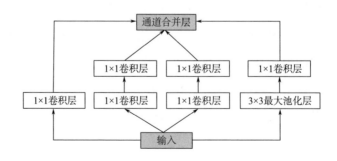

图5-6 Inception块的结构

如图5-6所示，Inception Module的基本结构有四个分支。第一个分支对输入进行1×1的卷积。1×1的卷积是一个非常优秀的结构，它可以跨通道组织信息，提高网络的表达能力，同时可以对输出通道升维和降维。Inception Module的四个分支都用到了1×1卷积，来进行低成本的跨通道的特征变换。第二个分支先使用了1×1卷积，然后连接3×3卷积，相当于进行了两次特征变换。第三个分支类似，先是1×1的卷积，然后连接5×5卷积。最后一个分支则是3×3最大池化后直接使用1×1卷积。Inception Module的4个分支在最后通过一个聚合操作合并（在输出通道数这个维度上聚合）。

这里采用不同大小的卷积核意味着不同大小的感受野，最后拼接意味着不同尺度特征的融合；之所以卷积核大小采用1×1、3×3和5×5，主要是为了方便对齐。设定卷积步长stride=1之后，只要分别设定padding=0、1、2，采用same卷积可以得到相同维度的特征，然后这些特征直接拼接在一起。

ResNet（residual neural network）由微软研究院的Kaiming He等提出，通过使用Residual Unit成功训练152层深的神经网络，在ILSVRC 2015比赛中获得了冠军，取得3.57%的top-5错误率，同时参数量却比VGGNet低，效果非常突出。如图5-7所示，ResNet的结构可以极快地加速超深神经网络的训练，模型的准确率也有非常大的提升。

图5-7　ResNet网络结构图

传统的卷积层或全连接层在传递信息时，或多或少会存在信息丢失、损耗等问题。ResNet在某种程度上解决了这个问题，通过直接将输入信息绕道传到输出，保护信息的完整性，整个网络只需要学习输入、输出差别的那部分，简化学习目标和难度。

直观上，面对复杂问题时，往往越深的网络会有更好的性能。但是，随着网络的加深，出现了训练集准确率下降的现象。这是由于梯度消失所造成的，当网络达到一定深度后，网络训练的性能将退化。为了解决这一问题，残差模块在输入和输出之间建立一个直接连接，这样新增的层仅需要在原来的输入层基础上学习新的特征，即学习残差，会比较容易。

残差学习单元可以有不同的层数，如图5-8所示。图5-8（a）对应的是浅层网络，而图5-8（b）对应的是深层网络。对于短路连接，当输入和输出维度一致时，可以直接将输入加到输出上。但是当维度不一致时（对应的是维度增加一倍），就不能直接相加。两层残差单元中包含两个相同输出通道数的3×3卷积；而3层的残差网络则使用1×1卷积，并且是在中间3×3的前后都使用了1×1卷积，有先降维再升维的操作。

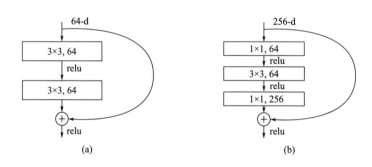

图5-8　两种残差学习单元

5.2　基于语义分割的裂纹识别网络模型

激光熔覆技术利用预铺粉末或同步送粉等方式使金属粉末在高能量激光束的辐照下进行熔凝，从而使基体表面形成一层冶金涂层，具有提高基体表面硬度、耐磨性、抗氧化性及耐腐蚀性等优点。激光熔覆技术已在特种构件加工制造、航空航天及重型机械等领域已得到应用，但严重影响产品质量和寿命的裂纹缺陷问题仍未得到有效解决。大量识别粉末在不同参数下的裂纹率可得裂纹率与激光功率、光斑直径与激光扫描速度的关系，可指导工艺参数改进并降低裂纹率，熔覆区裂纹率与激光束能量密度负相关，激光束能量密度由功率、光斑直径、扫描速度决定。深度学习算法可实现对目标的批量标注，通过对裂纹的大量识别可得图像的裂纹率参数。提出基于深度学习的裂纹识别方法加速裂纹率的自动化检测进程。

卷积神经网络使用不基于知识系统的训练模式获取样本多种特征，在处理多特征交互样本中性能优良，是目前金属裂纹缺陷图像分割常用算法。Yun J P等针对金属裂纹缺陷的特性，提出卷积变分自编码器（CVAE）提高了CNN缺陷识别系统的鲁棒性。BZQA等分析了图像灰度梯度特征（Cv）与金属微观裂纹尺寸的关系，提出了基于Cv的精确定量检测方法。Zhang K等改进了遗传算法反向传播神经网络（GA-BPNN），依据金属表面裂纹特征得到裂纹宽度值。

激光熔覆层裂纹目标较小不便于分割，基于熔覆区裂纹的丰富语义，将显微镜下的图像分割为多个图像构建训练集，增加裂纹显著度；提出了通道和空间信息增强的卷积神经网络用于语义分割，增加裂纹训练权重。在构建的像素标注训练样本上训练网络参数，实现裂纹特征提取与裂纹标注，当一个新的图像输入网络，网络可输出对应图像的裂纹标注。

5.2.1 网络的基本结构

基于U-net设计的网络结构如图5-9所示，网络分为下采样和上采样两部分。图片（128×128）输入网络，在原图维度上进行了两次卷积，提取较为简单的特征。dropout层每次训练参数时随机使一定比例参数为0，训练其余的大部分参数，加快参数的训练速度，增加网络随机性，使网络泛化能力增强。经过两次卷积，特征信息存储在16层特征图上，通过maxpool层去除提取的冗余信息，特征图大小减半，层数不变。每次maxpool层后的两个卷积层使特征图的层数翻倍。多次卷积后，特征图尺寸为8×8，在此维度上又经过两次卷积使图像特征被提取至256层8×8的特征图上。上采样过程先经过一个反卷积层使图层的大小翻倍，与下采样的对应大小图层信息图层进行一次特征融合，两个融合层尺寸相同，不需要信息裁剪，保留了上下图层全部信息。融合后的特征图经过两次卷积层，特征图层数减半。在图层最后三层，每两个卷积层加入CBAM层，最后图层展示到一个128×128×1的灰度图上，展示裂纹标记。下采样与上采样一起组合成为一个U型神经网络。

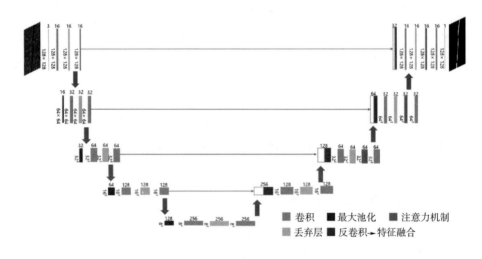

图5-9 改进的U-net结构

5.2.2 注意力模型

增加网络卷积层数和特征图厚度可提高裂纹识别的准确率，但网络深度的增加导致训练参数量和检测时间显著增加。CBAM层通过特征图通道信息和空间信息参数分布的运算得到通道层面和空间位置层面的权重信息。

图5-10是CBAM层的结构图，输入该层特征图尺寸为H×W×C，C为通道数，垂直于C轴方向和沿C轴方向分别进行通道和空间运算。将通道和空间注意力模型串联，可输出具有权重的特征图。

图5-11与图5-12是该层的两个串联结构，U-net的卷积层输出是通道注意力模

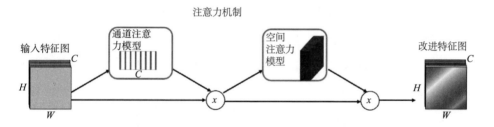

图5-10　增加特征图训练权重信息的CBAM层

型的输入，在每层特征图上分别作最大值池化和平均池化，结果输入一个共享参数的单隐层MLP神经网络，完成channel维度注意力特征的提取，将两个输出量相加后通过激活函数得到$C \times 1 \times 1$的向量，每个元素值代表对相应通道的注意力。

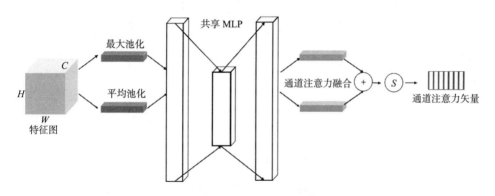

图5-11　通道注意力模型结构

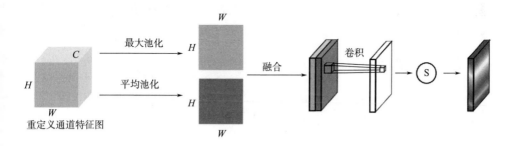

图5-12　空间注意力模型结构

空间注意力模型将输入沿channel方向作像素的最大值池化和平均池化，分别得到$H \times W \times 1$的最大值和平均值特征层，将两层特征融合，经过卷积网络提取特征图的空间注意力信息，经激活函数归一化后，可得到$H \times W \times 1$的包含空间注意力信息的特征图。将该模型与通道注意力模型串联，可得每个像素都包含注意力信息的特征图层。

在CBAM层中，特征图输出与输入维度相同，将该层加入两层卷积层中间，不改变原网络训练模式，提升模型训练效率。

5.2.3 网络识别原理

确定了网络结构后，待训参数量随之确定。参数的优化主要是损失函数和优化算法的选取。选用BCELoss作为训练参数的损失函数。BCELoss是信息论的重要结论，用以衡量两个序列分布的交叉熵，其值可判断两个分布为同分布的概率。为裂纹图片专家标注的序列，为对应的裂纹图经过网络自动标记的序列。损失函数为：

$$BCELoss = \hat{y}_n \cdot \exp(y_n) + (1 - \hat{y}_n) \cdot \exp(1 - y_n) \tag{5-1}$$

网络的参数训练过程可表示为：

$$\theta^* = \text{argmin } BCELoss(\theta) \tag{5-2}$$

式中：θ为待训练参数序列；θ^*为使损失函数为全局最小值的参数序列。

将裂纹图像的灰度矩阵输入神经网络，神经网络参数以相应的裂纹标记序列作为输出期望，通过损失函数BCELoss求解θ^*，即将图像分割问题转化为数学问题。

梯度下降算法选用Adam算法：

$$\theta_t = \theta_{t-1} - \frac{\eta}{\sqrt{\hat{v}_t + \varepsilon}} \hat{m}_t \tag{5-3}$$

Adam算法在回归参数时不固定学习率，该算法采用自适应学习率，将前期的梯度作为当前梯度更新的一部分。将训练样本划分为训练集和验证集，每次批量从训练集抽取样本更新一次参数。

g_t是每次更新参数时BCELoss对当前所有参数的导数向量，参数i为总参数量。

$$g_t = \nabla BCELoss\,(\theta_t) = \begin{bmatrix} \partial BCELoss\,(\theta_1^t)/\partial\theta_1 \\ \\ \partial BCELoss\,(\theta_i^t)/\partial\theta_i \end{bmatrix} \tag{5-4}$$

$-\hat{m}_t$是每次参数更新方向，参数更新的方向由上一步参数移动方向和当前参数梯度共同决定。β_1依经验设置为0.9。

$$\hat{m}_t = \frac{\beta_1 m_{t-1} + (1-\beta_1)\,g_{t-1}}{1-\beta_1^t} \tag{5-5}$$

v_t融合了前置梯度与当前梯度的平方和，与初始学习率η结合形成动态学习率，可依据多维参数的不同梯度动态调整学习速度，更快收敛到全局最优解。β_2依经验设置为0.999，ε设置为10^{-8}，保持学习率始终为正。

$$\hat{v}_t = \frac{\beta_2 v_{t-1} + (1-\beta_2)\,g_{t-1}^2}{1-\beta_2^t} \tag{5-6}$$

5.2.4 实验结果与讨论

激光熔覆裂纹识别系统主要由熔覆试样加工和裂纹分析部分组成。完整的试样加工包括激光熔覆、线切割、样块镶嵌及金属抛磨机抛光。实验室光学显微镜型号为（DM2700M；Leica Microsystems，GmbH），完成试样加工后，将样块放在显微镜下，高速摄像机输出像素为1600×1200。10倍镜、50倍镜、100倍镜和500倍镜下效果如图5-13所示。500倍镜下裂纹像素占比仍较少，将裂纹图分割为100×100的裂纹图，经过网络前处理为128×128的图像输入网络，相对增加裂纹的显著度。

实验的计算机操作系统为Windows10教育版、CPU型号为Intel®Core™i5-6500、ARM为8G且GPU为GTX1660。显微镜下的裂纹识别网络基于TensorFlow框架和python语言开发。TensorFlow框架是Google开发的深度学习框架，在GPU上出色的分布式计算能力使其成为大数据运算时的常用框架。选用基于浏览器的编译器Jupyter notebook。基于激光熔覆层构建了包含485张熔覆区裂纹的数据库，每

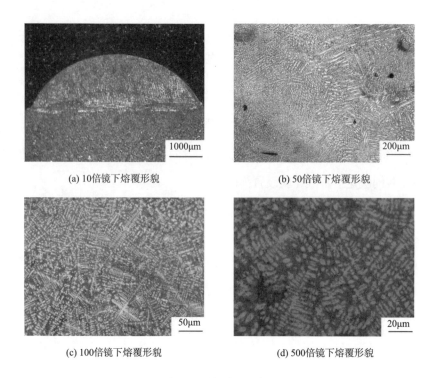

(a) 10倍镜下熔覆形貌　　　　　　　　(b) 50倍镜下熔覆形貌

(c) 100倍镜下熔覆形貌　　　　　　　　(d) 500倍镜下熔覆形貌

图5-13　熔覆层形貌图

张裂纹图均由课题组熔覆缺陷研究方向研究生标注裂纹，随机选取465张图片作为训练样本，20张图片测试网络识别结果。设置batchsize值为16，每次批量从训练集选取样本更新网络参数，批量化训练可提高训练速度，同时降低随机样本对参数回归的影响，批量化训练参数更新更稳定。隐层激活函数选择elu激活函数，汲取了Relu和batchnormlization（BN）的优点，缓解梯度消失问题，降低了训练数据量。当网络在训练集准确率高，在测试集准确率降低时称为过拟合。采用EarlyStopping技术，求经训练集训练后的函数在验证集上的Loss函数值，设置当Loss函数值15步内不下降时，停止训练，避免网络过拟合。

熔覆区裂纹图片中裂纹为小目标，加入CBAM层可增加网络对裂纹区域的训练权重。由表5-1可以看出增加CBAM层不会显著增加网络参数量，对训练速度影响极小，但可增加训练结果准确率。将网络卷积层按特征图大小分为9层。CBAM层加入的位置影响识别准确率，在浅层网络中添加CBAM层，裂纹识别的准确率下降；在深层网络添加CBAM层对准确率提升较大。这与网络结构有关，在浅层网络中，被提取的图像特征较少且是颜色、位置等浅层特征，加入CBAM层会抑制部分特征，在后续提取中注意力效果逐渐降低，最终准确率稍下降。在深层网络，特征图提取的特征增多，包含更多的如几何形转等复杂特征，加入CBAM层使重要特征得到加强，次要特征被抑制，网络训练结果提升，在网络后三层加入CBAM层，网络准确率上升了2.7%。实验选取在后三层网络加入CBAM。

表5-1　CBAM加入的位置对训练参数量和准确率的影响

位置	无	1	9	1，9	8，9	1，8，9	7，8，9	6，7，8，9
参数	1941105	1941368	1941368	1941631	1942051	1942314	1944342	1952921
准确率	77.1%	76.9%	78.7%	79.2%	79.7%	79.1%	79.8%	79.8%

图像语义分割领域，一般选用IoU（Intersection over Union）指标评价分割结果，该指标表征网络自动分割图像与专家标记图像重合像素个数与并集总个数的比值。IoU指标表征图像分割定位精度。在混淆矩阵中，某像素预测与专家标记相同记为True，否则记为False。像素预测为裂纹像素记为Positive，否则记为Negative。

训练时，设置训练步数70次。每次从训练集批量选取样本更新一次网络参数并更新Loss值。每步训练完成后，验证集输入训练好的网络，分别求其Loss值和IoU值，通过验证集的IoU观察每次参数更新效果。若训练步数等于70或验证集Loss函数15步没有下降，则将参数训练结果保存并停止训练，否则再次随机分割训练样本为训练集与验证集并继续下次训练，直到训练停止。将测试集导入网络验证网络性能。网络在测试集IoU准确率为79.8%，每张图的标记时间为23ms，如图5-14所示。

本书基于U-net网络建立了激光熔覆裂纹自动标记神经网络，采集实验样本并分割为训练集和测试集，在训练集构建损失函数和回归算法回归网络参

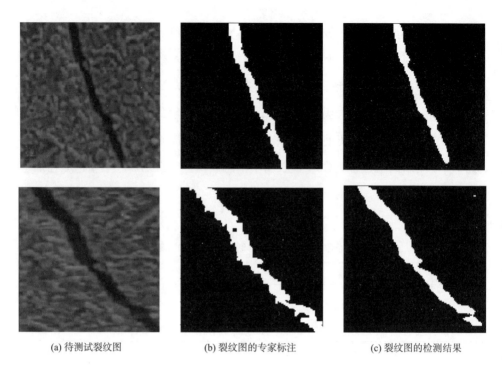

(a) 待测试裂纹图   (b) 裂纹图的专家标注   (c) 裂纹图的检测结果

图5-14　测试集效果图

数，在测试集采用IoU准确率评价网络对裂纹的自动识别精度，网络对裂纹可实现实时准确标注。针对裂纹的小目标特性，添加注意力模型提升小目标训练权重，实验验证了在网络不同位置加入注意力模型对网络准确率的影响。裂纹率与激光功率、送粉速率和扫描速度等工艺参数密切相关，大量熔覆区图像的识别，得到不同工艺参数下的裂纹率，依据神经网络回归裂纹率和工艺参数之间的非线性关系是下一步的探究工作。

5.3　基于语义分割的一次枝晶识别模型

激光熔覆是一种加法制造方法。近年来，激光熔覆技术的快速发展极大地促进了加法制造的发展。激光熔覆主要以表面改性为基础，通过激光熔化金属粉末,提高熔覆表面的硬度和耐磨性。激光熔覆技术的主要优点是加热/冷却速度快、变形小或无变形、加工速度快、加工灵活、加热区域窄。金属材料凝固过程中,由于温度梯度的影响,晶粒长大成树枝晶,生长出的第一批晶粒称为初生树枝晶。初生树枝晶在研究中起着重要作用。通过识别一次枝晶,可以测量出平均一次枝晶臂间距(PDA),它与表面的硬度和摩擦性能有关。激光熔覆可以认为是一种凝固过程,一次枝晶臂间距是反映晶粒大小的重要指标。因此,初生枝晶的鉴定具有很高的价值。

图5-15显示了激光熔覆金相图及其正确标记。可见,一次枝晶具有较强的语义信息。因此,传统的金相分析技术采用人工观察金相图谱,凭经验确定一次枝晶。传统技术效率低,难以自动化。光学和电子显微镜的出现使数字图像处理技术在金相分析领域成为可能。数字图像处理技术在金相分析领域的应用不仅可以进行客观的定量分析和研究,而且可以提高金相分析的效率。

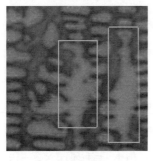 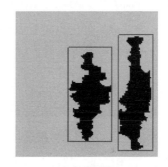

(a) 金相图　　　　　　　　(b) 掩膜图像

图5-15　激光熔覆金相图与标记

本书将通过语义分割来解决这些问题,语义分割是一个涉及计算机视觉、模式识别和人工智能的交叉学科。语义分割是数字图像处理和计算机视觉领域的研究热点。语义分割是基于语义对图片中的对象进行分割。这是一个像素级的分类任务。许多科研机构都在这一领域开展了学术研究。这些机构和组织有力地推动了语义分词技术的发展。为了解决一次枝晶自动识别问题,提出了一种语义分割的神经网络。神经网络通过构建的数据集训练合适的参数。当输入一张奇怪的金相图时，神经网络将产生准确的一次枝晶标记。

近年来，人们在金相分析方面做了大量工作。为了确定球墨铸铁样品上石墨结节的数目，Rebouças提出了一种基于水平集技术的石墨结节分割算法。为了解决金相图像过度分割的问题，Chen提出了一种基于脊线检测和快速区域合并的分水岭分割算法，并用硅钢图像进行了实验。Kotas提出了一种基于阈值的图像分割方法。第一种算法的局限性是很难选择合适的门槛。基于灰度特征的非监督分割方法大致可以分为三类：基于阈值、基于边缘和基于区域的分割。Rosenberger将这三种方法结合起来，在金相图像分割中取得了较好的效果。

随着人工智能的发展，深度学习重新进入大众视野。深度学习适用于许多不同的场景，并在现实生活中得到应用。人脸识别已经大规模应用于现实生活中。语义切分是深度学习的一个分支。深度学习开始主要应用于分类。后来，由于更深层次的要求，需要根据对象的语义在图像中进行拆分。语义分割对图像中的每个像素进行分类，最后标记出需要识别的对象。语义分割在不需要先验知识的情况下提取特征具有很好的性能。标记一次枝晶是一项语义分割任务。

加州大学伯克利分校（University of California at Berkeley）完成了语义分割的开创性工作。完全卷积网络（FCN）是由Long等提出的，它改进了原有的CNN结构，并提出了一个全卷积层。后来，弗莱堡大学的学者Ronneberger等提出了著名的U-net用于医学分割。U-net改进了FCN，并利用多通道卷积完善了扩展路径。在特征提取方面，已经出现了许多高效的卷积神经网络，ResNet是其中最著名的一种。ResNet是由微软研究院的He等提出的。残差块解决了长期丢失的梯度消失问题。这些技术将被集成到语义分割体系结构中。

语义分割的优点是效率高、精度高。只要通过数据训练出合适的模型，模型就会有较好的泛化性能。利用训练好的神经网络对金相图像进行分割，可以快速得到分割结果，节省大量的计算时间。它可以适应不同的复杂环境，在处理大量数据时实现高速。神经网络和移动设备具有良好的适应性。该模型可以安装在手机等移动设备上，实现功能的便携性，提高金相图像分割的自动化程度。将语义分割应用于金相组织的分割，具有一定的创新性。

5.3.1 网络识别原理

本书提出的语义分割一次枝晶神经网络框架用的是改进的Encoder–Deconder结构，主要由两部分组成，一部分是神经网络的编码部分，主要用来提取金相图的特征。另一部分是神经网络的解码部分，主要用来对提取过的特征进行还原。研究者设计此网络是通过训练，能够通过输入metallograph自动生成准确的mask。令金相图manifold为Q，令mask manifold为M。该函数使用训练数据学习的$S_{\mathrm{data}}(q)=\{q_i|i=1,\cdots,N\}\subset Q$ and $S_{\mathrm{data}}(m)=\{m_i|i=1,\cdots,K\}\subset M$，其中$N$和$K$是训练集中金相和掩模的数量。将语义分割问题对于数学问题的转换具有重要意义。设γ为输入向量，设r为给定真值向量，寻找合适的参数，使评估误差的损失函数L最小。这样问题就转换为最小化问题。

$$L=\mathrm{argmin}\,L(T,r) \qquad (5\text{-}7)$$

研究者呈现了详细的网络结构（图5–16）。以下介绍为了能够产生更好的效果所采取迁移学习和本神经网络所采用的scSE层。

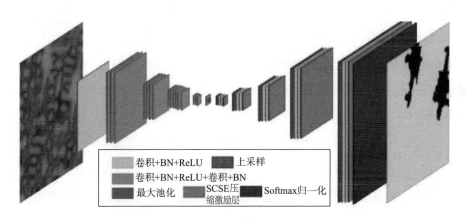

图5-16 金相神经网络架构

参考图5–17，在Encoder过程中，我们主要使用了在近些年来卷积神经网络应用最多的ResNet34，共使用了五层卷积神经网络进行提取特征，为了提取到更多的特征，在第一层中把金相图片的通道由3通道扩大为64通道，同时设定卷积层kernel_size=（7，7），stride=（2，2），padding=（3，3）将图片的大小缩小一半。因为图片在前端特征较多，为了提高效果，在第二层中我们没有改变图片的通道数和大小。在之后的过程中每Encoder一次，图片的通道数都增加一倍而图片大小缩小一半。图片在进行Encoder的过程中会提取到越来越抽象的特征。在Encoder的最后一层接上Maxpool过滤掉图片中冗余的信息，准备进行Decoder，还原图片。

在进行Decoder的过程中，主要采用双线性插值法对图片进行扩大一倍，再与Encoder阶段相对应大小的特征进行融合。BN（batch norm）层将前一层的结果重新处理成均值为0，方差为1的标准正态分布，处理后的输入值可以使神经元更好地拟合非线性关系，使训练时更快收敛。将图片Decoder到原来的大小之后，将金相图片与mask同时送入BCE和LogitsLoss进行像素级别的二分类任务，得出结果。

因为实验数据较少，是小样本学习。故采用迁移学习的办法，神经网络的前几层产生的基本都是生成特征，特征是比较通用的。迁移学习要比随机初始化权重效果好，进行网络层数的迁移可以加速网络的学习和优化。在我们搭建神经网络的时候，会导入已经在ImageNet中训练好的ResNet34。ImageNet训练集含有接近1400万的图像，通过已经用这个训练集训练好的ResNet34，可以直接把神经网络前几层的权重直接应用到金相神经网络中，提高神经网络的正确率和减少其训练时间。

参考图5-17在解码过程中，我们在每层解码的最后加入了ScSE层。ScSE是一种提高语义分割效果很好的工具，ScSE通过对网络进行优化，把重要的特征图或是特征通道权重进行加大，减少不重要特征对效果的影响，改善金相语义分割的结果。图5-17是对ScSE架构的准确描述。

ScSE分为两部分：sSE（channel squeeze and spatial excitation block）和cSE（spatial squeeze and channel excitation block），而ScSE是两个部分分别处理完之后的加和。

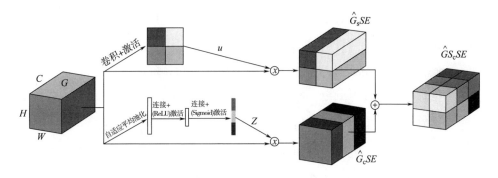

图5-17 ScSE结构

如图5-17所示，在进行cSE时，将特征图G按照通道进行划分，$G=[g_1, g_2, \cdots, g_c]$，$g_i$是特征图的每个通道。cSE主要对通道进行处理，我们在cSE中主要先经过池化缩小图像为$C \times 1 \times 1$，再经过一层全连接层和ReLU层，增强各个通道之间的独立性，之后经过一层全连接层和Sigmoid层将得出的结果转换到0～1之间，得出的$z=[z_1, z_2, \cdots, z_c]$代表的信息就是特征图中通道的重要性程度，将$z$向量与特征图相乘，结果$\hat{G}_{cSE}$的不同颜色代表的就是通道的重要性程度。

sSE主要对空间进行处理，对通道进行压缩，然后在空间上进行激励，将特征图G按照空间进行划分，$G=[g^{1,1}, g^{1,2}, \cdots, g^{i,j}, \cdots, g^{H,W}]$，$H$，$W$分别是特征图$G$的尺寸，而$(i, j)$是特征图的空间位置。sSE通过卷积层设置卷积核为1，将通道压缩为1，再经过Sigmoid层将结果归一化到0～1之间，结果$u=[u^{1,1}, u^{1,2}, \cdots, u^{i,j}, \cdots, u^{H, W}]$代表的是特征图中空间坐标$(i, j)$的重要性程度，将$u$向量与特征图相乘，$\hat{G}_{cSE}$不同颜色代表的就是空间中坐标的重要性程度。

将cSE和sSE处理完之后，将$\hat{G}_{SSE}$和$\hat{G}_{cSE}$的结果进行相加，就得到了结果$\hat{G}_{ScSE}$。经过ScSE层的处理之后，对特征图的空间信息和通道信息都进行优化，减少了不重要特征的影响，对我们语义分割金相图有着重要的意义。

5.3.2 网络识别特点

金相神经网络能够通过训练，根据输入的图片产生一次枝晶的标记。我们编写金相神经网络用的是Pytorch框架和Python语言。本实验的操作系统为Ubuntu16.04，CPU为Intel E5-2665（2核），内存：10G，GPU为一块GTX 1080Ti，金相神经网络的训练主要以改变学习率为主，优化器采用SGD（stochastic gradient descent）。损失函数采用BCE和LogitsLoss。

为了训练金相神经网络，笔者自己创建了训练集和测试集，接下来介绍为了提高语义分割效果，所采用的数据增强方法以及对实验结果进行了评价。

在进行激光熔覆处理时金属粉末会通过激光的高温，熔覆在需要处理的金属表面。图5-18为本书实验数据集，为激光熔覆表面在200倍下显微镜拍摄的金相图片，每张图片的大小为128×128，mask是人工标注的一次枝晶结果，一次枝晶含有极强的语义信息，通过人工识别出一次枝晶，并将其标注完成。共有510张训练集和20张测试集。金相神经网络能够实现输入金相图像，预测出来的一次枝晶尽可能接近mask。

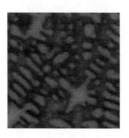 

(a) 金相图　　　　　　　　　　(b) 掩膜图像

图5-18　金相数据集

深度学习需要大量的数据，笔者研究的数据集比较小。为了提高数据的多样化，首先将读入程序中的图像进行增强。图像增强包括对图像的翻转扩大和裁剪，主要使用图像的翻转，图5-19是图像增强的结果，对神经网络而言，其不能像人类一样直接读出图片的语义信息，对图像增强后，图像对神经网络而言这是两张截然不同的图片，通过此操作，可以提高数据集的个数，提高神经网络的泛化性。

本书采用的评价指标主要有两个：IoU指标和一次枝晶面积占比差。

IoU是一种在语义分割中评价检测相应物体准确度的一个标准。图5-20

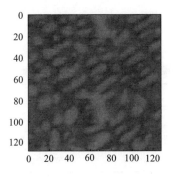 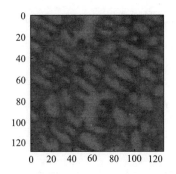

图5-19　图像增强的结果

（a）是IoU指标的形象表达，简单来说就是将预测结果与正确结果的交集除以预测结果与正确结果的并集。

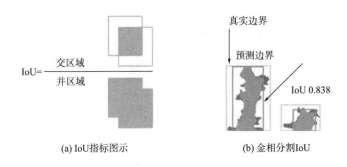

(a) IoU指标图示　　　　　(b) 金相分割IoU

图5-20　IoU指标

要计算IoU指标，必须求出预测结果的混淆矩阵，对于二分类问题，可将样例根据其实际类别与学习器预测类别组合划分为真正例（true positive）、假正例（false positive）、真反例（true negative）、假反例（false negative）四种情形。

（1）真正例（true positive）预测为真，实际为真的样本。

（2）假正例（false positive）预测为真，实际为假的样本。

（3）真反例（true negative）预测为假，实际为假的样本。

（4）假反例（false negative）预测为假，实际为真的样本。

令TP、FP、TN、FN分别表示其对应的样例数，则显然有$TP+FP+TN+FN=$

样例总数，混淆矩阵（confusion matrix）见表5-2。

表5-2　混淆矩阵

真实情况	预测结果	
	正例	反例
正例	TP（真正例）	FN（假反例）
反例	FP（假正例）	TN（真反例）

IoU的计算公式为：

$$IoU = \frac{TP}{TP+FP+FN} \tag{5-8}$$

由图5-20（b）可以看出，将两张图片进行重叠，可以很好地看出实验效果，将此结果进行量化，得到IoU为0.838，一般大于0.6就说明是一个比较好的结果。

图5-21是预测结果，神经网络在输出结果时，通过设置的阈值，将一次枝晶的像素处理为0。为了方便计算IoU时的速度，我们将图片除以255，对图片进行归一化，然后对比Predict Image和Ground Truth求出图片的混淆矩阵。首先根据混淆矩阵计算每个class的IoU，然后取平均值，上面实验结果的IoU见表5-3。

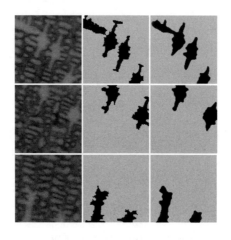

图5-21　一次枝晶语义分割结果

表5-3　实验结果IoU指标

IoU	0.8395	平均IoU	0.8457
	0.8592		
	0.8384		

一次枝晶的面积占比在金相分析中是一个非常重要的指标，面积占比常与材料的硬度等特性有着非常密切的关系。对一次枝晶面积占比的预测非常有实际意义。

经过神经网络将图片处理为128×128，由此可知一张图片共有16384个参数，我们通过Python的科学计算库Numpy，统计出预测为一次枝晶像素的个数，令预测出来一次枝晶像素个数为N_D，令真实的一次枝晶像素个数为N_T，令图片的总参数为H，由此可知预测一次枝晶面积占比P_D：

$$P_D = \frac{N_D}{H} \tag{5-9}$$

真实的一次枝晶面积为：

$$P_T = \frac{N_T}{H} \tag{5-10}$$

面积占比差的绝对值P_A：

$$P_A = |P_D - P_T| \tag{5-11}$$

通过表5-4可以看出，IoU平均值为0.8457以上，面积平均差为1.39%。说明此实验是一个比较好的一个结果。将测试集所有结果求其期望，结果见表5-5。

表5-4　一次枝晶面积占比

真实区	预测区	面积占比差
19.34%	17.71%	1.63%
11.9%	10.73%	1.17%
11.19%	9.81%	1.38%
面积平均差		1.39%

表5-5　测试集评价指标期望

平均 IoU	0.7780
面积平均差	3.03%

本书提出了一种基于语义分割的激光熔覆金相图一次枝晶自动批量识别方法。对U-Net进行了改进，增加了ScSE层，对要素地图的空间信息和通道进行了优化。训练过程中采用迁移学习。在神经网络训练结果之后，以IoU值和面积比差值作为结果的评价指标。最后，对实验结果进行了详细的分析。一次枝晶可以自动识别，可以看到金相神经网络在分割激光熔覆金相图方面有着很好的性能，本书的创新之处主要在于将深度学习与激光熔覆的金属相图联系起来，通过自动批量对一次枝晶准确识别，且计算出一次枝晶面积占比等对金属性能比较重要的参数。

5.4　其他应用

本课题组还将深度学习技术应用于一次枝晶间距和熔覆层宏观形貌的参数识别上。

5.4.1　一次枝晶间距识别

一次枝晶间距对于熔覆层性能来说至关重要。为此，建立了基于Mask-RCNN模型的一次枝晶间距识别网络。为了验证该网络获取一次枝晶间距的准确性，研究者进行了激光熔覆实验。本实验用于训练和测试的样本均来自激光熔覆后处理捕获的金相图。为了训练网络模型，需要自制数据集，其中包括用于训练网络模型的训练集和用于测试训练结果的测试集。在型号为LDP6000-60（laserline，GmbH）的大功率光纤激光器上熔覆样块。按照线切割、镶块、打磨抛光、王水溶液腐蚀的顺序处理实验样块。最后，在型号为DM2700M（leica microsystems，GmbH）的光学显微镜下捕获500倍金相图片。使用Labelme软件进行人工添加标签，如图5-22所示。其中图5-22（a）为原始图像，（b）为人工添加的标签。在收集枝晶图像后使用Labelme软件进行人工添加标签。最后建立用于一次枝晶间距识别的数据集包括：训练样本400张，测试样本20张，共

(a) 金相图　　　　(b) 标签

图5-22　金相数据集

420张。在输入网络前图像会被处理为256×256，这个前处理操作是为了进一步提高一次枝晶的语义信息。在训练网络时，一般需要大量的数据集训练网络。由于本次实验的数据集比较小，故采取图像增强的方式增加样本数据的多样性。这种图像增强的方式不仅可以提高样本的数量，还可以提高神经网络的泛化能力。

本研究使用的计算机操作系统为Windows10家庭中文版。CPU为Intel®Core™i5-10200H，RAM为8.00GB，GPU为GTX1650Ti。Tensorflow是一款性能优异、应用广泛的深度学习框架，其跨平台性好，是端到端的开源机器学习平台，所以本实验选择基于Tensorflow框架和Python语言开发一次枝晶间距网络。选择基于网页版编译器Jupyter notebook，可以直接通过浏览器运行代码，同时在代码块下直接显示运行结果。

本实验将网络输出结果与实际距离的残差绝对值的平均值以及边界框准确率作为评价标准。在距离测量时常采用目标值与预测值之差的绝对值的平均值作为评价标准。由图5-23可以看出，边界框可以准确包裹枝晶，且mask也能很好地覆盖枝晶形貌。

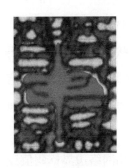

图5-23　网络输出结果

在数据集准备和环境搭建完成后，开始训练一次枝晶间距网络。网络训练完成后，利用测试集测试结果。再根据测试结果情况，反馈给训练网络，调整训练参

数，最终取得较好的结果。

对测试集的20组图像在光学显微镜下测量一次枝晶间距，并绘制实际距离与网络输出结果柱状图，如图5-24所示。其中，第13组绝对误差最小，其数值为0.01μm。第18组绝对误差最大，其数值为1.59μm。测试集绝对误差范围是0.01～1.59μm。MAE值为0.691μm。该指标表明网络输出结果误差较小，网络鲁棒性较好。

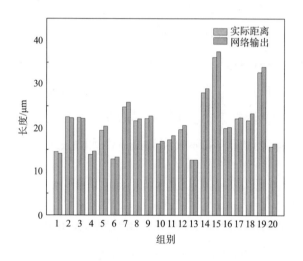

图5-24　实际距离与网络输出柱状图

在本书使用边界框准确率，计算式如下。

$$Acc=1-\left|\frac{y_i-\hat{y}_i}{y_i}\right| \tag{5-12}$$

式中：y_i为第i组图像实际一次间距；$\hat{y}_i$为第i组图像网络输出一次间距。

根据式（5-12）计算每组Acc值，并绘制测试集Acc柱状图（图5-25）。由图5-25可以看出，第13组Acc值最大，其值为0.999；第18组Acc值最小，其值为0.927，平均Acc值为0.967。该组数据表明一次枝晶网络边界框能较为准确地框选枝晶边界，从而可以得到一次枝晶间距。

通过平均绝对误差和边界框准确度可以看出，一次枝晶网络边界框阈值设置为0.7，训练300个epoch，且每个epoch包括了1000个step时。该网络能识别较为准确的枝晶边界，从而输出较为准确的一次枝晶间距。

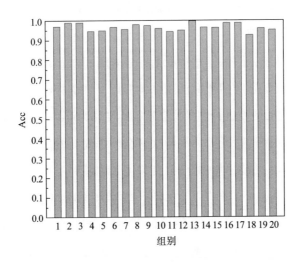

图5-25 测试集Acc值

本书将mask R-CNN网络模型应用于激光熔覆合金相图中，识别并测量一次枝晶间距。根据输入的金相图，该网络能够自动准确地识别和测量一次枝晶间距。体现了该网络在测量一次枝晶间距中的良好应用。本研究的创新之处在于将深度学习的方法应用于激光熔覆合金相图中对熔覆层性能具有重要参考意义的几何参数识别中。可以得到以下结论：

（1）测试集绝对误差范围是0.01~1.59μm，MAE值仅为0.691μm。

（2）一次枝晶间距准确度Acc值范围为92.7%~99.9%，平均准确度Acc高达96.7%。

（3）通过输出较为准确的一次枝晶间距，可以促进一次枝晶间距对熔覆层性能具体影响的研究。

5.4.2 激光熔覆截面宏观形貌识别

在课题组的研究中，经常在不同的粉末、激光功率、扫描速度、送粉率下获取激光熔覆截面形貌，通过将截面置于显微镜下观察获取截面图形，在图形标注软件中选定放大镜，放大一定倍数后拉取线段与射线获取激光熔覆截面熔宽、熔高、熔深、浸润角、宽高比等几何特征。

数据标注分为两部分，一部分为图像像素级别特征点的标注，另一部分为图像几何特征的标注。图像像素特征的标注采用labelme插件，利用多段折线标注。基于激光熔覆课题的熔覆截面图像构造用于训练神经网络的数据库，选取1000张激光熔覆截面图像进行图像像素特征标注作为训练样本，基于图片熔覆层边界特性，熔覆层像素特征被标注两次，在训练前对两次标注的训练样本求一次像素级别的交集，选取两次标注的交集用于训练神经网络可以保证网络训练样本像素级的准确性。这样的样本保证了神经网络训练的特征是两个人均认为是熔覆层的特征，降低了人为像素标注的随机误差对网络训练的影响。在几何特征的标注中采用光学显微镜DM2700M（leica microsystems，GmbH）下的金相辅助标记测量系统，选定放大倍数进行尺寸标定。本实验选用的图像为15倍镜下的熔覆截面图，输出为1600×1200像素图像，相应的尺寸对应为9.875μm/pixel。

为准确测试网络性能，选出45个数据作为测试样本，测试样本与训练样本无交集，首先在测试集中进行像素标注获取测试集像素信息，测试集像素标注测试网络在测试样本的输出准确率。几何尺寸标注包括熔覆层高度、熔覆层宽度、熔覆层深度、左浸润角、右浸润角五个部分，45个样本每次标注时225个标注数据量受到的视觉疲劳影响较小，保证标注结果的相对准确。课题组三名从事激光熔覆行业两年的研究生分别对测试集尺寸进行了三次标注，前两次为精准标注，标注时长不限，后一次为测试标注。在前两次标注中求取准确值的期望作为最后网络求取几何参数的参考准确值用来评价输出结果，由于几何尺寸的人工标定受主观因素影响较大，另外一次标注可比较相对人工输出、网络输出的稳定性。在测试样本上获取前两次几何尺寸特征标注的期望值信息与误差信息。同一图片经不同人员标注后的结果如图5-26所示。经像素特征与几何特征标注后，该测试集可以用来检测网络像素输出准确率与尺寸判别准确率。

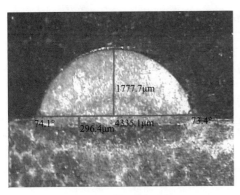 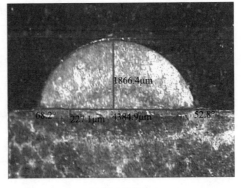

(a) 第一次标注　　　　　　　　　　　(b) 第二次标注

图5-26　标注图像

x_1与x_1'为对同一尺寸进行的两次几何尺寸标注值，以其平均值$E(x)$作为改尺寸准确值的期望值。

$$E(x) = \frac{x_1 + x_1'}{2} \qquad (5\text{-}13)$$

极差表征人工两次作为基准的标注值的误差范围，按式（5-14）求取45张图的同一类尺寸特征在两次标注下平均极差值MAR（mean average range）。m为45。

$$\text{MAR}(x) = \frac{1}{m}\sum_{i=1}^{m}|x_1 - x_1'| \qquad (5\text{-}14)$$

极差相对期望值的平均百分比误差PR的计算见式（5-15）。PR代表两次作为基准标注的同一类尺寸的极差占准确值的百分数。

$$PR = \frac{1}{m}\sum_{i=1}^{m}\frac{|x_1 - x_1'|}{E(x)} \qquad (5\text{-}15)$$

可知人工标注时熔高和熔宽的误差相对较小，浸润角标注和熔深的标注受视觉影响，两次标注的误差相对较大，见表5-6。

x_1''是相对x_1与x_1'的同一图片、同一尺寸特征的第三次标注值，将第三次标注作为验证值，按式（5-16）、式（5-17）求其与前两次标注获取的期望值的相对误差与绝对误差见表5-7。

表5-6 两次精准标注的误差

项目	MAR	*PR*
熔高	26.7μm	1.7%
熔宽	50.6μm	1.1%
熔深	41.4μm	28.1%
左浸润角	5.0°	8.4%
右浸润角	5.3°	8.9%

表5-7 第三次人工尺寸标注的误差

项目	MAE	MRE
熔高	32.6μm	1.7%
熔宽	79.6μm	2.2%
熔深	51.42μm	22.1%
左浸润角	3.3°	5.2%
右浸润角	3.4°	5.2%

$$\mathrm{MAR}(x)=\frac{1}{m}\sum_{i=1}^{m}|x_1''-E(x)| \tag{5-16}$$

$$\mathrm{MAR}(x)=\frac{1}{m}\sum_{i=1}^{m}\frac{|x_1''-E(x)|}{E(x)} \tag{5-17}$$

可见熔深、浸润角的尺寸验证值的平均相对误差均在两次精确标注的极差相对的百分比误差范围内，熔宽的验证值由于其平均尺寸较大，人眼的尺寸锚定相对精确尺寸标定相对误差较大。熔高的验证平均误差比熔高两次标定极差大5.9μm的同时，相对准确值百分数相同，这说明使用标注软件辅助标定时，输出值在准确值较大时具有较大的绝对误差，这与人眼标注大尺寸易忽略细微的尺寸细节有关。熔深的相对误差较大，这与熔深自身的特性有关。熔深区是激光熔覆熔池的一部分，通常的稀释率在10%左右。熔深的尺寸小，在9.875μm/pixel下的标注误差较大，熔深自身又有不同的分区及其与热影响区的区分度有时不够明显等特征，这都导致了熔深特征标注的误差较大，人工验证标注的熔深平均误差为51.4μm，最大值为144.3μm。浸润角人工验证标注与准确值最大误差为15.7°，平均为3.4°。

融合了CBAM的U-net网络模型在1000个训练样本上的迭代70步，选取二元交叉熵损失函数见式（5-18），每次迭代将训练样本按照9∶1的比例划分为训练集和测试集下降损失函数。

$$\theta^* = \arg\min_\theta L[\hat{y}n \times \exp(y_n) + (1-\hat{y}_n) \times \exp(1-y_n)] \qquad （5-18）$$

式中：$\hat{y}_n$为激光熔覆截面图片专家标注的序列；y_n为该图经过网络自动标记的序列。网络待训练参数θ，迭代下降损失函数最终求取使损失函数全局最小网络参数θ^*。70步后，网络输出像素级别的准确率为83.1%。

以金相标注软件上两次人工尺寸标注的平均值为数学期望，以两次标注的极差的绝对值为上下限作准确值误差带，在45个样本上的尺寸测试结果如图5-27所示。

可知U-net的熔高识别的平均相对误差为3.1%，以与期望值相对误差在10%以内为准确标注，熔高的尺寸识别准确率为97.8%；熔宽的识别平均相对误差为3.9%，以与期望值相对误差在10%以内为准确标注，熔高的尺寸识别准

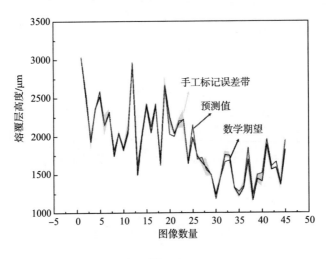

图5-27

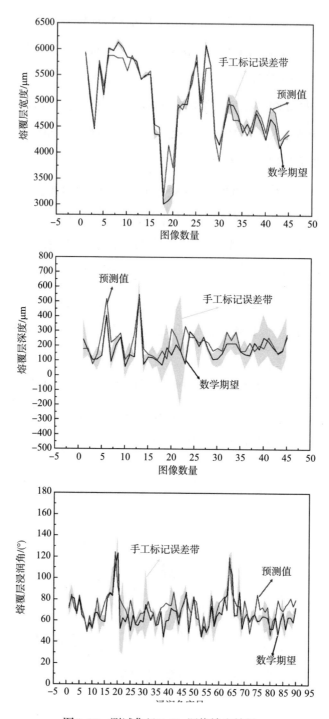

图5-27　测试集经U-Net网络输出结果

确率为95.6%；熔覆区域的底部到熔宽标线的距离为熔深特征。熔深自身尺寸较小，且显微镜下图片单个像素在软件下所占尺寸较大，故选用绝对值误差评价熔深识别的准确性。精准标注下的熔深平均绝对误差为41.1μm，网络输出的平均绝对误差为54.3μm。网络输出的熔深距离误差带平均距离为13.2μm，换算成金相标注软件下为1.33个像素的距离，而验证标注下的平均绝对误差为51.4μm，为1.04个像素。这说明网络识别边界特征较为模糊的图片中待识别熔深目标尺寸的能力逼近人工标注。U-net神经网络在大量图片训练下已经能将熔深部分区域相对准确地标记出来，以人工验证标注的最大误差值为限，网络输出熔深的准确率为84.4%；激光熔覆浸润角一般为30°～90°，相同的绝对误差角在不同的锐角上会产生截然不同的相对误差，故选用绝对误差角判断角度识别质量。如图5-28所示，左浸润角与右浸润角排列后90个角度的预测结果与真实值保持相对吻合，人工标注的平均绝对误差值为5.2°，网络识别的平均绝对误差为8.2°。以人工验证标注浸润角最大误差为限，浸润角识别的准确率为93.3%，结合图像可知部分图像的人工标记误差带范围较大，识别的角度曲线趋势与真实值曲线趋势相符。且多数浸润角的角度值处于30°～90°之间，与人工标注误差带平均有3°的误差是可被接受的。U-net下的四个尺寸测量的平均准确率为92.8%。

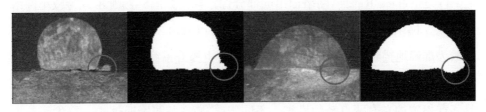

(a) 熔宽误差示意图　　　　　　　　　(b) 熔深误差示意图

图5-28　误差示意图

图5-28（a）为图5-27中第19张图熔宽识别误差较大的二值化图像输出。可知熔宽输出受到图像右边界干扰，图像像素输出将熔覆层旁的未熔性粉末识别为熔覆层的一部分。图5-28（b）为图5-27中熔深中的第20张图的二值化输

出，熔深区域下的热影响区的像素特征正好和熔覆区像素特征相似，且其右边界具有相对连贯性，导致右侧部分热影响区被误识别为熔深区域，熔深区域期望值163μm被识别为333.3μm。

为解决如图5-28的未熔性粉末与图5-29所示热影响区被误加入特征识别区域导致误差的问题，本书利用改进的Mask R-CNN网络将熔高与熔深作为一个特征训练。Mask R-CNN的bounding box 包围框输出与mask输出并不是相互独立的。网络在输出mask之前，RPN网络就已经在候选包围框中进行了包围框损失函数（rpn_bbox_loss）的回归，并对候选框进行了第一次筛选，当网络输出的候选框经过第二次候选框损失函数（mrcnn_bbox_loss）值下降后，网络的候选框已经可较准确地标注出待选mask范围。网络的mask分支最终输出在候选框内的mask标注，相应的包围框协助修正了边界不确定因素影响。本实验选用将rpn_bbox_loss函数mrcnn_bbox_loss函数权重设置为2，mask的loss函数mrcnn_mask_loss的权重设置为1，两个类loss函数的权重设置为0.1。正是网络对包围框进行的高权重的训练协助网络过滤了未熔性粉末与熔深误识别导致的尺寸误差。U-net网络输出的mask，Mask R-CNN网络输出的bounding box及对应的mask如下所示，可以看出相比于U-net，有bounding box包围的Mask R-CNN的像素级输出所受干扰较小。

改进的Mask R-CNN网络输出的部分像素标注如图5-29所示，为减小网络计算量，网络的输入输出画质有所降低。可以看出，在包围框里输出的mask能较为准确地描绘出熔覆层的截面形貌，这也提升了截面形貌参数识别的准确率。U-net标注mask时在整张图片进行标注，这导致U-net输出的mask边界尤其是表征熔宽的左右两点较为模糊。不同于U-net在整张图通过mask损失函数下降输出mask，Mask R-CNN网络仅在框内标注mask，这也使熔宽的特征点较为清晰完整地被网络输出。Mask R-CNN的包围框回归时，熔覆层顶部特征面积随高度上升逐渐减小，包围框有时会将熔高的部分特征排除在包围框外，包围框外部的熔高特征将无法被mask标注出来。

改进的Mask R-CNN网络在与U-net相同的测试集上输出待测尺寸，输出的

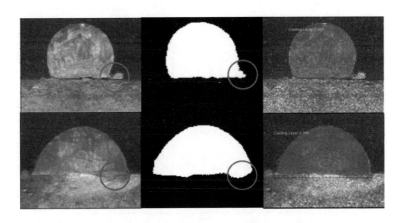

图5-29　U-Net与Mask R-CNN输出对比图

尺寸结果如图5-30所示，熔高的平均相对误差为3.7%，以与期望值相差10%以内为准确值，识别准确率为93.3%；熔宽识别的平均相对误差为2.3%，以与期望相差10%以内为准确值，熔高识别准确率为100%；熔深识别的平均绝对误差值为62.8μm，比人工标注的平均误差高21.7μm，即显微镜下图片标注的2.2个像素的距离，以人工验证标注的最大误差值为限，网络输出熔深的准确率为92.4%；浸润角的平均误差为7.8°，比人工标注平均误差多2.6°。在浸润角角度范围内可被接受。以人工验证标注浸润角最大误差为限，浸润角识别的准确率为88.9%。Mask R-CNN输出的平均准确率为93.7%，如图5-31所示。

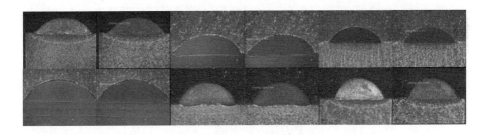

图5-30　Mask R-CNN像素输出

针对激光熔覆截面形貌边界模糊、熔深尺寸小等特征，在训练集制作时考虑人为标注像素误差，在测试集制作时考虑人为尺寸标注误差。以添加了三层CBAM层的U-net网络与加倍了bounding box训练权重的Mask R-CNN网络作为识

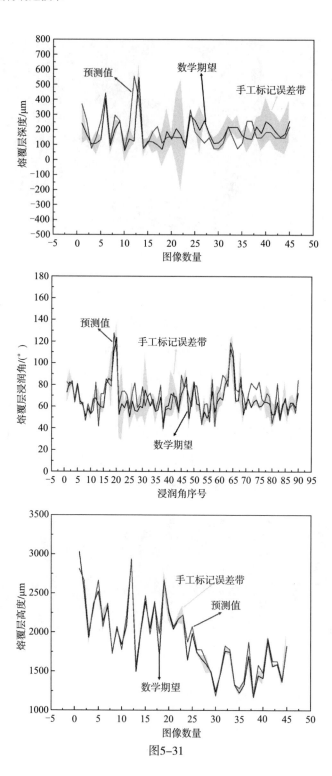

图5-31

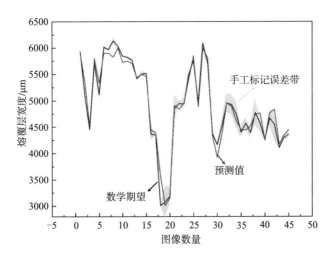

图5-31　测试集经过Mask R-CNN输出结果

别截面形貌的神经网络架构。在网络输出层添加Bbx Align 层与Oval Align层求取待测图片的熔高、熔宽、熔深、浸润角等几何参数。

实验得到在相同的测试集输出熔高、熔宽、熔深、浸润角尺寸误差如下：

（1）金相软件辅助下的人工标记的误差分别为1.7%，2.2%，51.42μm，5.2°。

（2）U-net based CBAM输出的误差分别为3.1%，3.9%，54.3μm，8.2°，平均准确率为92.8%。

（3）Improved Mask R-CNN的输出误差分别为3.7%，2.3%，62.8μm，7.8°，平均准确率为93.7%。

基于两个模型的神经网络均可以较好地满足在激光熔覆图像熔覆层识别和几何尺寸的识别任务。Mask R-CNN包围框的加入提高了熔宽与角度识别的准确率，但是相应缩小mask标注范围会导致纵向的熔高与熔深特征识别误差增大。

参考文献

［1］张艺．激光熔覆材料的研究现状及发展［J］．热加工工艺，2015，44（14）：40-44.

[2] 王宏宇. 镍基合金激光熔覆MCrAlY涂层基体裂纹的成因与控制 [J]. 航空材料学报, 2008, 6: 57-60.

[3] 李克彬. 激光熔覆层的缺陷成因及控制方法 [J]. 机电技术, 2019, 6: 50-51, 84.

[4] Fu F, Zhang Y, Chang G, et al. Analysis on the physical mechanism of laser cladding crack and its influence factors [J]. Optik-International Journal for Light and Electron Optics, 2012, 127 (1): 200-202.

[5] 黄钰雯. 基于无人机视觉的大规模光伏电池板检测技术研究 [D]. 南宁: 广西大学, 2017: 2-4.

[6] Santis A D, Bartolomeo O D, Iacoviello D, et al. Quantitative shape evaluation of graphite particles in ductile iron [J]. Journal of Materials Processing Tech, 2008, 196 (1-3): 292-302.

[7] Zhang Z, Li B, Zhang W, et al. Real-time penetration state monitoring using convolutional neural network for laser welding of tailor rolled blanks [J]. Journal of Manufacturing Systems, 2020, 54: 348-360.

[8] 陈俊铭. 基于深度学习的图像分割理论与算法研究 [D]. 成都: 电子科技大学, 2020.

[9] Yun J P, Shin W C, Koo G, et al. Automated defect inspection system for metal surfaces based on deep learning and data augmentation [J]. Journal of Manufacturing Systems, 2020, 55: 317-324.

[10] Qi Z, Ni P, Jiang W, et al. Quantitative Detection of Minor Defects in Metal Materials Based on Variation Coefficient of CT Image [J]. Optik-International Journal for Light and Electron Optics, 2020, 223: 165-269.

[11] Zhang K, Lv G, Guo S, et al. Evaluation of subsurface defects in metallic structures using laser ultrasonic technique and genetic algorithm-back propagation neural network [J]. NDT & E International, 2020: 102339.

[12] 王森. 基于深度学习的全卷积网络图像裂纹检测 [J]. 计算机辅助设计与图形学学报, 2018, 30 (5): 859-867.

[13] Jiang B, Luo R, Mao J, et al. Acquisition of Localization Confidence for Accurate Object Detection [J]. 2018: 816-832.

[14] Kuo T Y, Chien C S, Liu C W, et al. Comparative investigation into effects of

ZrO$_2$ and Al$_2$O$_3$ addition in fluorapatite laser-clad composite coatings on Ti6Al4V alloy [J]. Proc. Inst. Mech. Eng.H., 2019, 233 (2): 157-169.

[15] Zhu S, Chen W, Zhan X, et al. Parameter optimisation of laser cladding repair for an Invar alloy mould [J]. Proc IMechE Part B: J Engineering Manufacture, 2018, 233: 1859-1871.

[16] Yadroitsev I, Smurov I. Surface Morphology in Selective Laser Melting of Metal Powders [J]. Physics Procedia, 2011, 12 (1): 264-270.

[17] Cui G, Han B, Zhao J, et al. Comparative study on tribological properties of the sulfurizing layers on Fe, Ni and Co based laser cladding coatings [J]. Tribology International, 2019, 134: 36-49.

[18] Brundidge C L, Miller J D, Pollock T M. Development of Dendritic Structure in the Liquid-Metal-Cooled, Directional-Solidification Process [J]. Metallurgical and Materials Transactions A, 2011, 42 (9): 2723-2732.

[19] Huang M, Zhang G, Wang D, et al. Microstructure and Stress-Rupture Property of Large-Scale Complex Nickel-Based Single Crystal Casting [J]. 金属学报（英文版）, 2018, 31 (8): 887-896.

[20] Kundin J, Ramazani A, Prahl U, et al. Microstructure Evolution of Binary and Multicomponent Manganese Steels During Selective Laser Melting: Phase-Field Modeling and Experimental Validation [J]. Metallurgical and Materials Transactions A, 2019, 50: 2022-2040.

[21] Ridgeway C D, Gu C, Luo A A. Predicting primary dendrite arm spacing in Al-Si-Mg alloys: effect of Mg alloying [J]. Journal of Materials Science, 2019, 54 (13): 9907-9920.

[22] Segerstark A, Andersson J, Svensson L E, et al. Microstructural characterization of laser metal powder deposited Alloy 718 [J]. Materials Characterization, 2017, 142: 550-559.

[23] Zhang L X, Wei S L, Xu Z G, et al. Research of the Image-Based Automatic Identification of the High-Strength Al-Alloy Grain Size [J]. Advanced Materials Research, 2012, 531: 547-553.

[24] Zinelis S, Al Jabbari Y S. How Hedstrom files fail during clinical use? A retrieval study based on SEM, optical microscopy and micro-XCT analysis [J].

Biomedizinische Technik, 2019, 64: 225–231.

［25］Santis A D, Bartolomeo O D, Iacoviello D, et al. Quantitative shape evaluation of graphite particles in ductile iron ［J］. Journal of Materials Processing Technology, 2008, 196（1–3）: 292–302.

［26］Papa J P, Pereira C R, De Albuquerque V H, et al. Precipitates segmentation from scanning electron microscope images through machine learning techniques ［C］. International Workshop on Combinatorial Image Analysis, 2011: 456–468.

［27］Chen L, Han Y, Cui B, et al. Two–dimensional fuzzy clustering algorithm （2DFCM） for metallographic image segmentation based on spatial information ［C］. International Conference on Information Science and Control Engineering IEEE, 2015: 519–521.

［28］Bulgarevich D S, Tsukamoto S, Kasuya T, et al. Pattern recognition with machine learning on optical microscopy images of typical metallurgical microstructures ［J］. Scientific Report, 2018, 8（1）: 2078.

［29］Bouget D, Jorgensen A, Kiss G, et al. Semantic segmentation and detection of mediastinal lymph nodes and anatomical structures in CT data for lung cancer staging ［J］. Int. J. Comput Assist Radiol. Surg., 2019, 14（2）: 977–986.

［30］Sharma S, Ball J E, Tang B, et al. Semantic Segmentation with Transfer Learning for Off–Road Autonomous Driving ［J］. Sensors（Basel）, 2019, 19: 2577.

［31］Yang H, Yu B, Luo J, et al. Semantic segmentation of high spatial resolution images with deep neural networks ［J］. GIScience & Remote Sensing, 2019, 56: 749–768.

［32］Ramou N, Chetih N, Boutiche Y, et al. New Implementation of Piecewise Constant Level Set for Micrographic Image Segmentation ［J］. Proceedings of the 2018 International Conference on Computing and Pattern Recognition – ICCPR 18′, 2018: 102–105.

［33］Albuquerque V, Alexandria A, Cortez PC, et al. Evaluation of multilayer perceptron and self–organizing map neural network topologies applied on microstructure segmentation from metallographic images [J]. Ndt & E International, 2009, 42 (7): 644–651.

[34] Rebouças E S, Braga A M, Marques R C P, et al. A new approach to calculate the nodule density of ductile cast iron graphite using a Level Set [J]. Measurement, 2016, 89: 316–321.

[35] Yan, Chen, Jianxun, et al. Metallographic image segmentation based on ridge detection and region- merger [C]. 2015 3rd International Conference on Soft Computing in Information Communication Technology, 2015: 35–38.

[36] Kotas P, Praks P, Zeljkovic V, et al. Automated region of interest retrieval of metallographic images for quality scoring estimation [C]. Industry Applications Society Annual Meeting. IEEE, 2010.

[37] Rosenberger M, Zhang C, Guenther K, et al. Automatic detection of fused tungsten carbides for the characterization of welding process [J]. Technisches Messen: Sensoren, Gerate, Systeme, 2018, 85 (3): 159–166.

[38] Long J, Shelhamer E, Darrell T. Fully convolutional networks for semantic segmentation [J]. IEEE Transactions on Pattern Analysis and Machine Intelligence, 2015, 39 (4): 640–651.

[39] Ronneberger O, Fischer P, Brox T. U-net: Convolutional networks for biomedical image segmentation [J]. Springer International Publishing, 2015: 234–241.

[40] Krizhevsky A, Sutskever I, Hinton G E. Imagenet classification with deep convolutional neural networks [J]. Advances in neural information processing systems, 2017, 60 (6): 84–90.

[41] He K, Zhang X, Ren S, et al. Deep residual learning for image recognition [J]. IEEE, 2016: 770–778.

第6章 激光熔覆工艺在煤矿机械液压立柱中的应用

6.1 单道熔覆工艺参数研究和性能检测

采用宽带熔覆集成设备实验，具体实验流程如下：

（1）线切割27SiMn钢为尺寸100mm×50mm×20mm的实验样块，对样块表面打磨处理后，使用无水乙醇擦拭基材表面，在空气中冷却至室温。

（2）对激光熔覆合金粉末进行实验前处理，加热炉110℃，加热1h，炉冷却至室温。

（3）将烘干的熔覆合金粉末倒入送粉器中，标定送粉器出粉量。

（4）实验采用同步侧向送粉，调试实验送粉位置，使熔覆实验顺利进行。

（5）对各设备进行统一调控，编写实验流程程序，进行实验。

（6）实验后样块表面熔覆层用铁刷处理表面残余粉末，并在空气中冷却至室温，至此，激光熔覆实验结束。

实验流程如上所述，首先将Fe基合金熔覆在27SiMn钢实验样块表面，之后对实验样块检测并进行表面评定后，依据评定找到合适的实验工艺参数。

6.1.1 单道熔覆工艺参数对熔覆层的影响

根据文献可知，激光熔覆实验中，影响激光熔覆表面成型和性能的工艺参数主要是激光输出功率P，扫描速度V及工作时的送粉量M等参数。本实验中扫描速度V是指机械手臂控制激光器移动的速度，送粉量M是指单位时间送粉器输出合金粉末的质量，本实验中指每分钟的输出粉质量。由于本实验使用为宽光斑半导体直接输出激光器，实验后熔覆层的稀释率较低，低到可忽略，诸多文献提出实际加工时激光功率密度对熔覆层影响较多，并有文献对能量密度与熔覆层形貌对比并深度分析，激光能量密度计算见式（6-1）。

$$E=\frac{P}{S} \qquad (6\text{-}1)$$

式中：E为激光功率密度；P为激光器内部转换前的激光功率；S为光斑面积。由于没有直接的数值对应内部数据，本书采用直接对应输出功率的方法进行探究。

根据文献总结了不同工艺参数对熔覆层影响因素及规律，并根据不同参数对熔覆层的影响，得出如下总结。

（1）宽度的影响力：激光功率>扫描速度，扫描速度>送粉量。

（2）高度的影响力：激光功率>扫描速度，扫描速度>送粉量。

（3）宽高比的影响力：扫描速度>激光功率，激光功率≈送粉量。

根据不同参数对熔覆层影响的不同，且对熔覆层各方面影响较大，故本书对激光功率、扫描速度及送粉量三个实验参数设计正交实验。探究实验后，找到不同工艺参数熔覆层的形貌、硬度特性和腐蚀性找到最优参数。影响熔覆层形貌和质量的条件还包括输出粉末温度、基材表面温度及实验周围环境温度等。

（4）熔覆功率：影响熔覆层形貌和性能的主要因素。功率过大时，热量较多，会使合金粉中元素过烧导致整体性能降低，也会导致飞溅现象，使元素发生缺失，在表面也会发生烧蚀现象；功率过高会使基材散热时的热应力导致熔覆层表面裂纹缺陷；功率过低导致能量不足，粉末未完全熔覆，成型质量差，冶金结合效果变差。

（5）熔覆扫描速度：决定了激光熔覆效果和激光熔覆的成型效率。激光功率一定时，若扫描速度过大，则合金粉末不能熔覆彻底，会导致表面形貌成型效果差及应力集中的现象；扫描速度过小时，也会造成合金粉末中的元素过烧，内部接收能量较大，冷却过程导致内部有应力存在，也易产生裂纹缺陷。

（6）送粉量：影响熔覆层厚度的重要参数。其他条件不变时，送粉量增加会导致熔覆层变厚。如果送粉量过大时，使合金粉末吸收大量能量而与基材结合能力减弱，使其结合效果变差；如果送粉量过少，熔覆层较薄，对熔覆层进行磨抛处理后涂层较薄或消失，不能达到基材表面改性的目的。

6.1.2 实验参数的设定

根据上述研究内容，并通过参考文献，确定了合适的工艺参数范围，使用正交实验的方法对本文激光熔覆实验方案中的工艺参数进行实验，正交试验参数见表6-1，对表中3个参数进行研究。在27Si Mn钢表面做熔覆探究实验，检测各熔覆层性能后，找到单道实验中最佳工艺参数。

表6-1　正交试验工艺参数表

功率（P）	扫描速度（V）	送粉量（M）	试验形式
3000W	240mm/s	25g/30g	单道
	360mm/s		
	480mm/s		
3200W	240mm/s	25g/30g	单道
	360mm/s		
	480mm/s		
3400W	240mm/s	25g/30g	单道
	360mm/s		
	480mm/s		
3600W	240mm/s	25g/30g	单道
	360mm/s		
	480mm/s		

6.1.3　表面形貌与探伤检测

表面宏观检测包括表面形貌和裂纹检测。形貌检测指熔覆层表面是否存在未熔颗粒及凹陷缺陷。熔覆较好的表面具有熔覆彻底、表面光滑、厚度均匀等特点。实验后表面宏观样貌如图6-1所示。

(a) V=240mm/min　　　　(b) V=360mm/min　　　　(c) V=480mm/min

图6-1　熔覆层形貌图

图6-1中，（a）~（c）分别为不同扫描速度V下的熔覆效果图，每幅图中自左向右为功率3000~3600W。根据熔覆效果可知，V=240mm/min，功率P从3000W到3600W，刚开始表面熔覆不彻底，随P增加表面逐渐熔覆彻底，最后出现烧蚀现象。V=360mm/min，表面熔覆彻底、整洁，效果较好。V=480mm/min，表面熔覆效果较差，且轨迹扭曲，未熔颗粒较多，成型效果较差。

对激光熔覆后的27SiMn钢表面熔覆层进行探伤检测，使用染色剂对工件表面进行渗透、清洗、显像、观察等步骤后得到其表面检测结果如图6-2所示。

(a) 熔覆层无裂纹　　　　　　　(b) 熔覆层有裂纹

图6-2　裂纹检测对比图

对单道熔覆层表面形貌及裂纹进行检测后，检测结果见表6-2。

表6-2　熔覆层宏观实验结果

功率/ W	扫描速度/ （mm/min）	送粉量/ （g/min）	实验 形式	熔覆形貌
3000	240	25	单道	熔覆彻底，表面存有不熔颗粒
	360			熔覆不彻底，表面存有少量不熔颗粒
	480			熔覆不彻底，表面有凹陷现象，有不熔颗粒
3200	240	25	单道	熔覆彻底，表面不熔颗粒减少
	360			熔覆彻底，表面干净，效果较好
	480			熔覆不彻底，表面有凹陷现象，有不熔颗粒
3400	240	25	单道	熔覆彻底，表面不熔颗粒较少
	360			熔覆彻底，表面干净，效果较好
	480			熔覆不彻底，表面有凹陷现象，有不熔颗粒
3600	240	25	单道	熔覆彻底，表面发生烧蚀现象
	360			熔覆彻底，表面干净，烧蚀现象不明显
	480			熔覆不彻底，表面有凹陷现象，有不熔颗粒

根据表6-2中实验样块表面宏观样貌及探伤结果可知，激光熔覆Fe基合金粉较好的工艺参数为功率3200W、3400W，扫描速度360mm/min及功率3400W，扫描速度240mm/min，送粉量25g/30g条件下，熔覆效果均较好，且熔覆实验后各个实验样块表面均无裂纹存在。本小节对实验后熔覆层形貌及探伤实验判断出较好的实验参数，之后是对熔覆层内部进行比较。

6.1.4　熔覆层厚度及组织结构分析

对激光熔覆实验后的熔覆层进行表面评价后，对较好形貌的熔覆层进行切样处理，经过线切割切片，镶嵌制样，打磨抛光等实验流程后，在金相显微镜下测量不同熔覆参数下的熔覆层厚度并记录分析。测量方法为测量熔覆层最高位置的厚度，取3次测量结果的算数平均值，测量位置如图6-3所示。

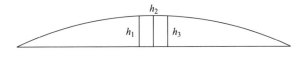

图6-3　熔覆层测量方法

根据图6-3所示方法测量厚度，计算熔覆层厚度（$h_1+h_2+h_3$）/3，精度保留10μm，测量实物厚度如图6-4所示。

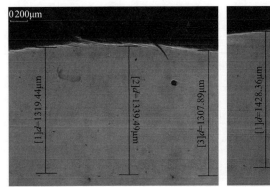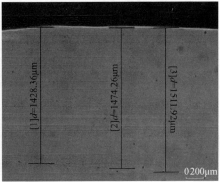

图6-4　熔覆层厚度测量图

将表6-1中各参数实验样块进行厚度测量，得到不同的熔覆层厚度见表6-3。

表6-3　单道熔覆层厚度测量结果

功率/W	扫描速度/（mm/min）	厚度/μm	送粉量/（g/min）
3000	240	1330	
	360	450	
3200	240	1320	
	360	470	25
3400	240	1350	
	360	570	
3600	240	1300	
	360	550	

功率/W	扫描速度/（mm/min）	厚度/μm	送粉量/（g/min）
3000	240	1400	
	360	530	
3200	240	1450	
	360	480	30
3400	240	1400	
	360	630	
3600	240	1420	
	360	590	

按照表6-1实验参数进行实验，由于扫描速度480mm/min较大，扫描后熔覆层出现未熔解彻底粉末的缺陷，且表面出现中间凹陷现象，形貌较差，熔覆层厚度较薄。由表6-3可知，送粉量和扫描速度成反比，送粉量一定时，扫描速度大则熔覆层薄，若仅激光功率不同，熔覆层厚度相差不大。

通过对比不同参数下的熔覆层形貌，对较好的参数下的样块进行切割、制样，先对熔覆层轻微腐蚀，再对金相组织进行观察。根据对Fe基合金粉末熔覆后研究并对金相组织结构观察分析，激光光斑为圆光斑条件下，Fe基合金类粉末经过激光熔覆后，组织结构上层为一定厚度的等轴树枝晶，中间为一定厚度的柱状树枝晶，底部为平面晶。宽光斑与之相似，组织结构分层相似，但具有较小的稀释率和较高的熔覆效率。

根据胡汉起金属凝固原理，激光在基材表面进行实验时，激光扫描后，激光产生的热量大部分被熔覆材料本身吸收，由于表面快速冷凝现象，使熔覆材料凝固速率达到105K/s以上，迅速成型。同时，快速冷凝的微观形态主要影响因素包括温度梯度（G）和冷凝速率（R），主要以两者比值为主要参考，即G/R。在不断凝固的过程中，其变化规律为：凝固刚开始时，凝固速率比较小，而此时R趋近0，G/R趋于无限大，熔覆粉末熔化后与基材表面形成平面晶，其微观显示为一条光亮结合带，也可作为冶金结合效果判断依据；平面晶形成后，随着基材温度的逐渐升高，温度梯度（G）逐渐减少，热量也通过熔池开始逐渐向基材内部扩散，此时与熔体接触的不再是温度较低的基材，接收的热量主要为基材的热影响区；随着热量的逐渐传递，基材温度不断升高，熔覆层内的冷却速度也逐渐降低，而凝固速率逐渐加快，在熔池中逐渐形成胞状晶等组织结构；胞状晶形成后，随着温度不断的影响，出现不同形状的树枝晶。熔覆层内部的组织中等轴晶的形成与生长需要更低的 G/R 值，而 G 和 R 与熔池的位置有关，如图6-5所示。随着熔覆层高度的增加，熔覆层内部的温度梯度（G）受到逐渐减小的影响，而冷凝速率（R）值逐渐增加，导致在实验后熔覆层中间部位出现了一定厚度的柱状树枝晶层，顶部为一定厚度的等轴晶层。

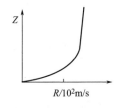 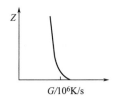

(a) 凝固速度R随固—液界面的演化规律　　(b) 温度梯度G随固—液界面的演化规律

图6-5　凝固速度R和温度梯度G沿固—液界面的演化规律10^6K/s

同时，根据熔池中的溶质浓度（C_0）、温度梯度（G）和冷凝速率（R）等因素对形成的结晶种类的影响，得到不同的组织生长之间的关系如图6-6所示。

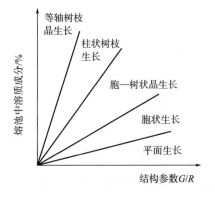

图6-6　晶粒形态与各因素关系

金属学原理中指出，熔化后内部晶粒的组织形态及晶核尺寸大小主要由形核率和过冷度决定。熔化后组织内部熔池对流状态的加剧，也改变了中间组织的种类及位置，同时也削弱了熔池内溶质的富集能力，进而直接影响溶质分布更为均匀。由于在降温过程中的冷凝时间较短，各位置形成晶核的速率相差无几，使枝晶生长趋向于一致性和同时性。

温度梯度影响熔池内部组织晶粒的生长方式，在宽光斑激光熔覆实验过程中，熔池内不同部位温度差异明显，导致各个部位温度梯度也有所不同，平面晶形成之后，基材内部温度升高，此时熔池所接触的不再是温度较低的基材本体，而是温度较高形成的平面晶，熔池依靠平面晶为中间过渡带将热量传递给基体，液—固界面开始出现向熔池内部的蔓延趋势，随着热量不断累积，温度梯度在逐渐降低，冷却速度也降低，但凝固速度逐渐加快，熔池熔覆结束后内部的散热方式主要依靠向基材内部散热，通过基材向外部散热完成，散热过程中熔融成分凝固后形成固态熔覆层，慢慢地"附着"在基材表面，形成熔覆层形状。

同时由于热量散失主要与27SiMn钢基材及垂直于结合界面方向的温度梯度有关，所以熔池中胞状晶和柱状树枝晶的生长方向均受温度梯度影响较大，结果证明生长方向垂直于结合界面。当凝固一段时间后，热量散失方式逐渐转变为空气的对流散热，散热速率逐渐变慢，温度梯度（G）减小，凝固速度（R）变大，G/R减小，导致更小的等轴晶在熔覆层的顶部形成。实验时功率过低或者扫描速度过快时，导致激光束的输出能量较小或作用在基材和合金粉末上的时间过短，27SiMn钢样块表面形成的熔池内部温度未达到Fe基合金粉的较高熔点，且Fe基合金粉末未熔化彻底，剩余残渣仍在熔覆层表面。未熔的合金粉末在熔覆层表面呈现颗粒较大，镶嵌在熔覆层表面，使对激光透镜距离变小，且此不熔颗粒将部分激光反射，导致功率密度变小，同时又阻碍了激光能量的透射，从而进一步降低了激光束能量，使形成熔覆层的表面形貌较差，致使熔覆层中不存在凹陷及轨迹扭曲等现象。当实验时的功率过大或扫描速度过慢时，激光的输出能量较大或作用在基材和合金粉末上的时间较长，均会导致熔覆层顶部烧蚀现象严重，影响熔覆效果。对比不同工艺参数熔覆层厚度及表面形貌，得出较合适参数为功率3200W、3400W，扫描速度360mm/min，功率3200W，扫描速度240mm/min，部分金相组织结构如图6-7所示。

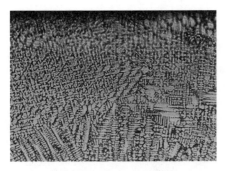
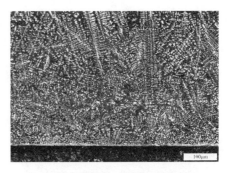

(a) P=3200W，V=240mm/min　　　　　　(b) P=3200W，V=240mm/min

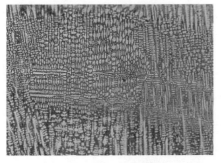
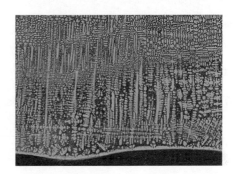

(c) P=3200W，V=360mm/min　　　　　　(d) P=3200W，V=360mm/min

(e) P=3400W，V=360mm/min

图6-7　部分合适工艺参数的金相组织

由图6-7可知，在合适的工艺参数下对金相组织分析，可以看出，熔覆层熔覆彻底，表面完整，且熔覆层内部无裂纹或气孔等缺陷。整体来看，熔覆层分层明显，顶部分布为一定厚度且大小相差不大的等轴晶层，中部为一定厚度且方向大致相同的柱状晶层，底部为一定厚度的大小各异的胞状晶和平面晶层，与基材结合处为一条光亮带，为冶金结合，效果较好。由于实验参数不同，各熔覆层中存在一定差异且枝晶较粗大。在熔覆参数为3200W，240mm/min的条件下实验，可以看到顶部分层明显，中间柱状晶生长方式各异，但底部区域由于热累积量过多，导致实验后熔覆层内部能量较多，与基材结合处熔覆组织分界不明显，如图6-7（a）和图6-7（b）所示；在激光熔覆参数3200W，360mm/min条件下实验，熔覆层内部分层明显，但顶部等轴晶层中枝晶大小明显小于在3200W，240mm/min条件下熔覆层中等轴晶大小，熔覆层中部的柱状树枝晶生长方向一致，且底部柱状树枝晶方向均垂直于基材与熔覆层分界线，此现象与其内部散热方式有关，如图6-7（c）和图6-7（d）所示；由图6-7（e）可以看出激光熔覆工艺参数3400W，360mm/min下熔覆彻底，且熔覆层内部完整无气孔裂纹等缺陷，中部为方向各异的粗大的柱状树枝晶层，中下部为一定数量细长的长短不一的柱状晶与大小各异的胞状晶层，底部为与基材结合线，冶金效果较好，结合处柱状晶方向与基材结合线呈现一定偏角。

同时，不同熔覆层中的等轴晶大小存在差异，激光功率为3200W时，速度360mm/min为等轴晶晶体相对致密，相比于3400W，360mm/min参数下，后者等轴晶相对较大，且等轴晶顺序一致。激光熔覆工艺参数3200W，240mm/min与3200W，360mm/min；3400W，360mm/min相比等轴晶较为粗大。同时，从图6-7（a）中可以看到，扫描速度240mm/min的工艺参数实验结果中，由于在基材表面的合金粉末吸收热量较多，其内部等轴晶出现变粗大趋势，且部分已经变形，致密性也相对较差，与360mm/min速度下相比，前者等轴晶顺序较不稳定。

根据上述描述，探究熔覆实验的实验方式及原理。激光能量密度决定了熔池的尺寸大小，能量密度越小，熔池尺寸越小，功率密度过大会导致熔池尺寸偏大。在激光熔覆效果相差不大时，激光功率与扫描速度之间成反比。实际工作时功率一定，激光能量密度随实际工作时扫描速度的增大而减小，此时得到的熔池尺寸也较小，因此扫描速度为360mm/min时，凝固速度相对较快，Fe基合金的熔覆层中存在大量的等轴树枝晶；而当扫描速度为240mm/min，扫描速度过慢，激光能量密度变大，熔池尺寸变大，最终使凝固速度变慢，致使晶粒生长变大，致使其耐磨、耐腐蚀等物理性能降低。只有在工艺参数合适的扫描速度下，熔覆过程中得到较合适尺寸的熔池，使晶粒尺寸细小且结合紧密。在扫描速度为360mm/min时达到最佳效果，此时Fe基合金熔覆层中微观组织顶部为一定厚度的等轴晶，同时等轴晶的尺寸明显较少，等轴晶层中组织结合紧密且效果较好。因此得到结论：选择较合适的工艺参数，对Fe基合金熔覆层的微观组织结构起较重要的作用。综上所述，在实验工艺参数为熔覆功率3200W，扫描速度360mm/min，送粉量25g/min，激光熔覆后内部金相组织致密，等轴晶厚度较厚，排列顺序一致，效果较好。

6.1.5 熔覆层显微硬度测试

材料表面硬度测量方法较多，常见的有显微维氏硬度、布氏硬度、洛氏硬度等硬度测量方法。本实验采用显微硬度测量，试样表面无须特定加工，对工件表面的硬度测量不会对测量件造成较大破坏。测量时对测量件尺寸无要求，只需测试表面平整即可，一般取部分试样材料做力学性能分析，表面显微硬度在一定程度上能反应测量件的强度。因此，显微硬度测量试验在工件表面材料力学性能检测和工程测试领域得到广泛应用。

在工件表面材料力学性能的检测领域，显微硬度测量反映出在不同的激光熔覆工艺参数、不同元素的合金粉末的条件下，熔覆层的力学性能。显微硬度测试是较迅速、经济、便捷的一种方法，同时熔覆层显微硬度测量也是十分有必要的。熔覆层表面显微硬度测量主要有两大类试验方法，本书实验中采用的是静态试验方法中常用的显微硬度测量方法，用维氏硬度表示。

测量不同工艺参数下的熔覆层硬度，将各位置硬度值如图6-8所示。

由图6-8可知，在不同工艺参数下，显微硬度值在与基材结合面处出现陡降趋势，但各参数在此位置处硬度值降低大小存在差异。如图6-8（a）可知，送粉量25g/min，扫描速度360mm/min时，从图中可知3600W，熔覆层平均硬度较小，且各硬度梯度图相似，据图可知，热影响区为从−400μm到0，可以看到

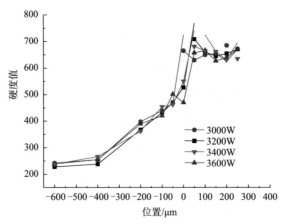

(a) M=25g/min，V=360mm/min

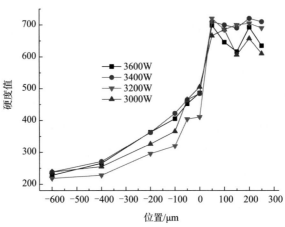

(b) M=30g/min，V=360mm/min

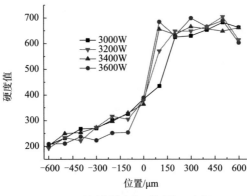

(c) M=25g/min，V=240mm/min

图6-8

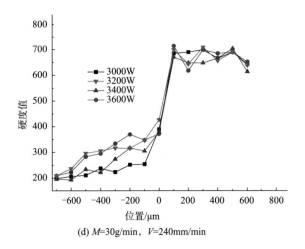

(d) M=30g/min，V=240mm/min

图6-8　不同工艺参数下显微硬度梯度图

熔覆功率为3400W，熔覆层硬度相对较低。同时各个图像中的显微硬度值趋势相似，在距离结合面处400μm的硬度值与基材硬度相似，3000W、3200W硬度较稳定；图6-8（b）与图6-8（a）相似，热影响区宽度为300μm左右。随着测量距离变远，基材中测量的各位置点硬度值逐渐降低并趋于稳定，熔覆功率3600W和3000W下的熔覆层硬度波动明显；根据图6-8（c）可知，送粉量为25g，扫描速度240mm/min的硬度梯度图中，3600W激光熔覆后热累积量较高，其热影响区较小，约100μm；由图6-8（d）可知，激光功率为3600W和3400W的熔覆实验，熔覆层热影响区相比激光功率3200W的热影响区较宽，同时该功率下熔覆层硬度值相对稳定。针对实验后熔覆层内部各点的显微硬度测量值，其平均硬度测量结果见表6-4。

表6-4　基材硬度及各参数下熔覆层硬度平均值

材料	P/W	V/（mm/min）	M/（g/min）	平均硬度（HV）
基材	—	—	—	208.6
熔覆层	3000	240	25	662.2
			30	658.6
		360	25	675.1
			30	644.8

材料	P/W	V/（mm/min）	M/（g/min）	平均硬度（HV）
熔覆层	3200	240	25	641.9
			30	653.9
		360	25	727.7
			30	699.8
	3400	240	25	653.9
			30	656.2
		360	25	651.9
			30	705.7
	3600	240	25	662.3
			30	650.8
		360	25	645.9
			30	657.4

由表6-4可以得出，各熔覆层的硬度梯度平均值中扫描速度360mm/min，激光功率为3200W和3400W，熔覆效果较好，平均硬度在700HV以上，同时根据GB/T 1172—1999，洛氏硬度均超过60HRC，其他熔覆参数下显微硬度值均超过55 HRC。

6.1.6 熔覆层摩擦磨损量测试

对于煤矿用液压立柱的检测，耐磨性是评价立柱性能重要的标准之一，立柱耐磨性的好坏也是评价其寿命长短的关键因素之一。在工业生产中，各种机器及零部件使用时，大部分失效是因为磨损导致终止使用。磨损每年会给各个行业造成巨大损失，机械行业每年因为零件间的磨损造成损失高达几百亿元。根据不同的工作方式和工件的不同材质，工件在工作时主要磨损方式为黏着磨损、磨粒磨损、表面疲劳和腐蚀磨损等，工件表面侵蚀和冲蚀为次要类型。本章节实验用摩擦磨损样机使用GCr15材质小球与样块测试表面相接触进行摩擦磨损检测实验，并根据检测实验结果分析。

将镶嵌、打磨、抛光后的样块固定在摩擦磨损试样机上，开始进行摩擦磨损实验，经过在试样表面磨损1h后，摩擦系数如图6-9所示。

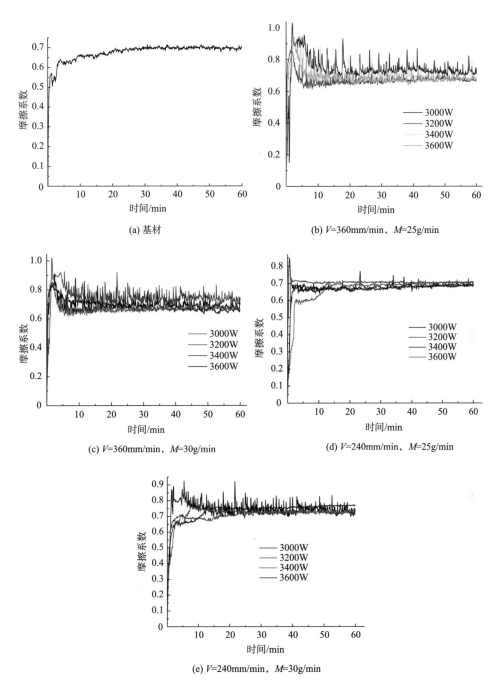

图6-9 不同参数下摩擦磨损测量结果

由图6-9可知，在摩擦磨损过程中，主要分为两个磨损阶段，包括磨合阶段和稳定磨损阶段。其中在刚开始摩擦磨损实验时为磨合阶段，磨粒在摩擦实验初期会在载荷的作用下，摩擦系数会迅速到达一个特定值，之后变化较少，对磨材料与测试表面由刚开始的磨合期转变到稳定磨合阶段，图中大多时间处于此阶段，此阶段的特点为磨损较长、稳定磨损、摩擦系数相对平稳。磨损后对熔覆表面形貌及划痕形貌进行分析，找出其磨损机理。由图6-9（a）可知，基材的摩擦系数最终稳定在0.7左右，由图6-9（b）可知，扫描速度240mm/min，送粉量25g/min，激光熔覆功率3600W，波动相对较为平缓，相比该图中其他图像相对稳定，图6-9（c）中功率3000W，相对其他参数图像较为稳定，且波动相对较小，图6-9（d）中功率3200W稳定，且波动量较少，图6-9（e）中3200W功率下摩擦磨损图像较为稳定，且波动较小。

测量上述实验各工艺参数下实验样块的摩擦系数并记录，同时记录实验样块摩擦磨损前后质量变化，见表6-5。

表6-5 各熔覆参数下的摩擦磨损结果

材料	P/W	V/（mm/min）	M/（g/min）	摩擦系数	磨损量/mg
基材	—	—	—	0.673	7.3
熔覆层	3000	240	25	0.750	5.1
			30	0.743	4.9
		360	25	0.740	3.3
			30	0.680	3.4
	3200	240	25	0.672	3.4
			30	0.750	4.4
		360	25	0.750	2.5
			30	0.699	3.1
	3400	240	25	0.685	5.3
			30	0.685	4.5
		360	25	0.672	2.8
			30	0.690	2.5

续表

材料	P/W	V/（mm/min）	M/（g/min）	摩擦系数	磨损量/mg
熔覆层	3600	240	25	0.668	5.4
			30	0.695	5.3
		360	25	0.668	4.2
			30	0.694	4.3

　　根据表6-5可知，基材表面摩擦系数为0.673，在摩擦磨损样机上实验1h，其表面磨损为7.3mg，对比各不同工艺参数下熔覆层与基材实验的磨损量，如图6-10所示，图中对比同功率的熔覆层磨损量为该激光功率和相同扫描速度条件下熔覆不同粉量磨损量的平均值。

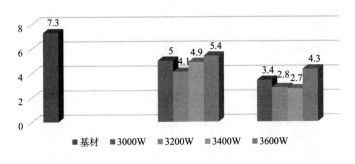

图6-10　各熔覆参数磨损量（单位：mg）

　　由图6-10可知，扫描速度为360mm/min时，功率3200W和3400W时，实验前后损失质量较少，分别为2.7mg和2.8mg，相比基材损失量减少了63.0%和61.6%。也可得知，不同工艺参数的实验样块表面摩擦系数和磨损量均不相同。

　　室温下，随着摩擦磨损实验过程的进行，对磨材料摩擦副接触的区域会逐渐增加，导致实验材料测试表面划痕由窄变宽，对磨材料在压力作用下与实验测试表面不停地磨损，并会产生大量磨屑，脱落的磨屑重新滚落到摩擦轨迹中引发磨粒磨损机理，其中磨损表面形貌中沟壑样貌也是磨粒磨损机理的典型特征。随着磨损的进行，实验表面的犁沟痕迹愈加明显，熔覆层测试表面出现划痕，摩擦系数也逐渐稳定。磨损实验结束后，测试表面存在明显的材料剥落，剥落边缘呈片断裂现象，并随着磨损的持续进行，磨损量变稳定且减少质量较少。随着实验时间的推移，摩擦过程中热量产生较少，但是升温较少，随着磨损的不断进行，磨屑的反复磨损降低了新接触面之间的摩擦作用。但是，大量的摩擦也使对磨小球表面有所改变，由原来的点接触变成面接触，且对磨材料的磨损增大了实验表面的犁削作用，此时的磨损机制为黏着磨损。

对比基材和熔覆层磨损后的表面形貌，确定各自磨损方式，实验后各划痕形貌如图6-11所示。

(a) 基材表面划痕形貌

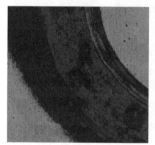

(b) 熔覆层表面划痕形貌

图6-11　摩擦磨损后表面形貌对比

由图6-11（a）可知，基材摩擦磨损实验后，实验表面为磨痕轨迹，同时实验出现大面积的块状剥落现象，底部形貌为规律的、方向一致，且清晰的犁沟状划痕，由此结果可以看出，基材磨损主要为磨粒磨损和黏着磨损共同作用。由于基材表面是在两种机制的共同配合下，导致基材表面磨损较严重。由图6-11（b）可知，熔覆层与基材的耐磨系数相差不多，但熔覆层硬度较高，从磨痕轨迹和实验表面出现大面积的块状剥落情况来看，熔覆层磨损后的脱落较细。通过熔覆层磨损实验后，看出磨粒磨损为熔覆层主要的磨损方式。也可得出熔覆层硬度提高后，表面耐磨性相继提高。同时由表6-5可知，熔覆层磨损量均小于基材磨损量，得到熔覆层的耐磨性能较好。

6.1.7 熔覆层耐腐蚀性测试

液压立柱的工作环境为煤矿井下环境，且工作环境较恶劣，空气潮湿，湿度可达到75%以上，空气中存在大量腐蚀性介质。液压支柱油缸外的部分表面长期暴露在此环境中，导致液压支柱裸露的工作表面遭到腐蚀，同时工作过程中耐磨损能力不高导致磨损现象严重，使立柱寿命减少，很快失效报废，并造成巨大经济损失。为延长液压支柱表面的工作寿命，提高耐腐蚀能力，立柱表面改性并处理，从而降低采煤成本。

将实验样块进行线切割、打磨、抛光后等工序，对实验样块周围进行包装，裸露需要测试腐蚀性能的位置，放在复合式盐雾腐蚀试验箱的试样板上，配比pH在6.5～7.2之间，从试验箱中以连续喷雾形式持续输出，并在稳定的情况下，实验箱内的工作环境温度控制在35℃±2℃，耐腐蚀测试实验时的沉降速率为1.0～2.0mL/h，腐蚀测试持续24h。实验后实验样块如图6-12所示。

(a) 熔覆层   (b) 基材

图6-12 腐蚀后部分样块表面

通过对实验样块27SiMn钢基材和实验后熔覆层进行耐腐蚀测试，可以看出，图6-12（b）表面腐蚀较严重，对比图6-12（a）熔覆层表面腐蚀试验后的形貌，熔覆层的耐腐蚀性能较高。针对各不同参数的熔覆实验熔覆层腐蚀试验后样块，使用单位小格为1mm²，单位数量10×10的方块透明玻璃片对腐蚀后的样块表面进行测量，超过半格算一格的计算方法，找到腐蚀面积所占格数，计算腐蚀率，得到熔覆层腐蚀等级为10级，符合煤矿企业对井下单体液压立柱表面耐腐蚀的9级标准。

6.2　多道搭接熔覆工艺参数研究和性能检测

针对第3章提到的单道激光熔覆实验的工艺参数探究及对文中提到的方法进行性能检测，并根据检测结果，找到了较合适的单道激光熔覆实验参数。在实际加工应用时，液压立柱表面熔覆是针对整个液压立柱侧向曲面进行无缝式的熔覆涂层。结合激光熔覆在液压立柱表面后的加工余量，使其表面比原基材表面高出1mm左右。同时搭接熔覆与单道熔覆在实验过程中的实验条件有所不同，单道熔覆层初始条件的基材温度为室温，而搭接实验过程中第一道为基材，在室温下实验，第一道熔覆实验后样块表面温度急速提高，不等冷却至室温，直接进行第二道熔覆实验，所以第二道熔覆层的初始条件不同。在液压立柱表面激光熔覆加工时，立柱旋转，并控制好旋转速度、激光光斑位置及送粉位置平移，同时液压立柱侧面以一定搭接率进行熔覆实验。本章对搭接工艺实验参数进行探究。

6.2.1　多道熔覆搭接工艺参数对熔覆层的影响

根据诸多文献及单道工艺试验参数的探究，得到单道熔覆实验各参数的熔覆规律。同时相对单道熔覆实验，搭接熔覆实验与之相比初始条件有所不同，由于初始条件的不同，导致熔覆层形貌及内部组织结构有一定影响，搭接实验表面热累积相对较多，热量的积累会导致熔覆层中内部应力变大。搭接熔覆层的影响因素依然包括实验搭接率、激光功率等参数。

　　分析工艺参数对搭接熔覆层的影响因素，分析后找到搭接熔覆Fe基合金粉的工艺参数。搭接熔覆工艺参数见表6-6。

表6-6　搭接熔覆工艺参数

P/W	V/（mm/min）	M/（g/min）	搭接率/%
3200	240	25	40
3400			
3200	360		
3400			

　　使用表6-6中搭接实验参数实验，表面熔覆层形貌如图6-13所示。

(a) P=3200W,　　　(b) P=3400W,　　　(c) P=3200W,　　　(d) P=3400W,
V=240mm/min　　　V=240mm/min　　　V=360mm/min　　　V=360mm/min

图6-13　搭接熔覆实验表面形貌图

　　图6-13（a）为功率3200W，扫描速度240mm/min，熔覆层上表面存有较多未熔覆颗粒，由于热量累计严重，导致部分粉末镶嵌在熔覆层表面，同时可见，熔覆层表面存在少量烧蚀现象；图6-13（b）为3400W，扫描速度240mm/min，未熔解颗粒相对减少，且烧蚀现象更明显；图6-13（c）的熔覆功率为3200W，扫描速度360mm/min，熔覆表面良好，且表面无明显烧蚀现象；图6-13（d）的熔覆功率为3400W，扫描速度360mm/min，表面未熔镶嵌颗粒较少，且熔覆层顶部存在少量烧蚀现象。熔覆功率3400W，扫描速度240mm/min，表面烧蚀现象明显，且未熔粉量多，熔覆功率3200W，扫描速度360mm/min，表面熔覆颗

粒少，且表面无烧蚀现象，实验效果相对较好。

搭接熔覆实验后，渗透探伤检测搭接后熔覆层表面。结果显示，按表6-6中搭接参数实验，表面均未产生裂纹。不同参数下熔覆层厚度见表6-7。

表6-7　不同参数熔覆层厚度

试验功率/W	扫描速度/（mm/min）	送粉量/（g/min）	搭接率/%	熔覆层厚度/mm	
				第一道	第二道
3200	240	25	40	1.05	1.85
3400	240	25	40	1.11	1.76
3200	360	25	40	0.78	1.45
3400	360	25	40	0.81	1.49

6.2.2　熔覆层厚度及组织结构分析

测量搭接熔覆层厚度，按照上述对搭接熔覆层厚度测量方法图，测量不同的熔覆参数实验后的样块厚度，不同参数下的熔覆层厚度见表6-7。

由表6-7可知，送粉量相同时，激光扫描速度相对较低时，熔覆层较厚，且同组实验参数下，搭接率为40%，可知第二道熔覆层相比第一道熔覆层测量位置厚度较厚，搭接后熔覆层厚度均在1mm以上，均满足后续加工余量需求。

金相显微观察搭接熔覆样块，图6-14（a）为搭接后熔覆层图像，熔覆层表面平整，内部无裂纹等缺陷，结构分层明显，图6-14（b）为第二道熔覆层顶部区域。

(a) 搭接后组织图

图6-14

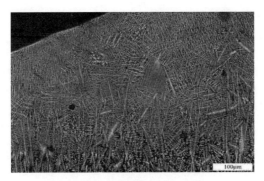

(b) 搭接后熔覆层顶部组织图

图6-14　搭接熔覆层金相组织

功率P=3200W，扫描速度V=360mm/min，实验后试样表面内部形貌如图6-14所示。由于本实验使用宽带半导体直接输出激光器，表面热累计量较少，可以看到熔覆层中分层明显，图中可见清晰的搭接熔覆分界线，同时整个熔覆层侧面熔覆效果较好，内部不存在裂纹和气孔等缺陷。由图6-14（a）可知，第一道熔覆层从上至下依次为等轴晶层、粗大柱状晶层、胞状晶和平面晶层。由右半部分图可知搭接实验后，第一道熔覆层结构未改变，随第二道熔覆层厚度的厚度增加，且图中从右向左，熔覆层中结构柱状晶由粗大柱状晶向细长柱状晶过渡，一定范围内第一道熔覆层的等轴晶层的厚度逐渐增加。由于搭接后受熔覆层散热的影响，熔覆层中的柱状晶生长方向有所差异，同时图下方基材与熔覆层结合面结合为光亮结合带，可以看出熔覆层与基材结合效果较好，且熔覆彻底，冶金结合明显，对比后得出熔覆效果较好。搭接第二道熔覆层从右至左，厚度逐渐增加，且熔覆层中依旧分层明显。随着熔覆层厚度的增大，组织中的柱状晶由细小向粗大进行转变趋势，同时由于材料学中的散热机理，其生长方向垂直于第一道与第二道熔覆层的结合面。随着第二道熔覆层在第一道熔覆层表面厚度的增加，热量增加，导致量熔覆层中出现了枝晶外延现象。由图6-14（b）可知，从第二道熔覆层顶部位置可以看出，从上向下柱状晶由细小散乱向粗大同向过渡，且第二道熔覆层顶部依旧存在一定厚度的等轴晶层。

6.2.3　熔覆层显微硬度测试

依据搭接后熔覆层测量位置和不同方法，对熔覆层表面进行显微硬度测量，记录不同位置测量结果，如图6-15所示。

由图6-15（a）可知，扫描速度240mm/min下的熔覆层硬度小于扫描速度360mm/min下的熔覆层平均硬度。同时，第一道熔覆层高处的热影响区较宽，

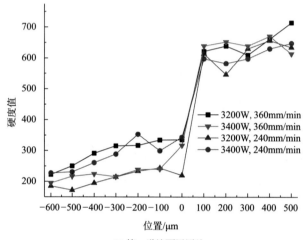

(a) 第一道熔覆层厚处

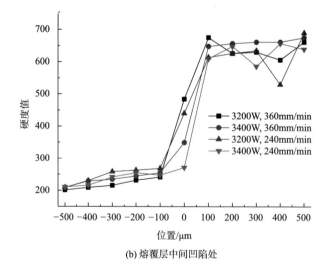

(b) 熔覆层中间凹陷处

图6-15

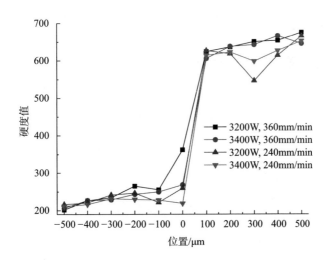

图6-15　不同位置显微硬度梯度值

其中扫描速度360mm/min下的热影响区较宽，约300μm，相比第一道中重复受热的部分和搭接熔覆层厚位置，后者的热影响区相对较窄。熔覆层平均硬度是基材硬度的2.5倍以上。由图6-15可知，不同位置的熔覆层硬度不同。不同位置熔覆层平均硬度如图6-16所示。

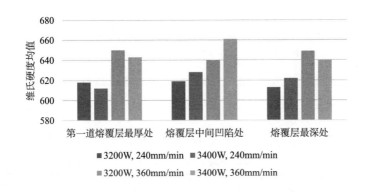

图6-16　不同位置不同参数的熔覆层硬度对比

由图6-16可知，熔覆层硬度在熔覆扫描速度为360mm/min时，各个位置硬度均相对240mm/min较高，不同参数熔覆层各位置平均硬度条件下，熔覆层硬度均值均在基材的3倍以上，也就是洛氏硬度均在55HRC以上。

6.2.4 熔覆层摩擦磨损量测试

使用上述摩擦磨损检测方法对搭接后熔覆层耐磨性测试，对搭接熔覆实验样块切样制作磨抛处理后进行熔覆层表面耐磨损测量实验，本次实验在试验样机摩擦磨损测试2h，得到摩擦系数如图6-17所示。

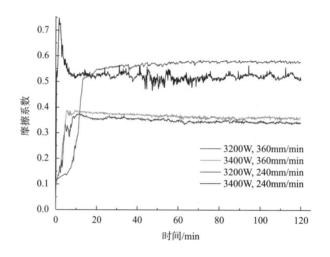

图6-17　不同参数下熔覆层摩擦系数图

由图6-17可知，扫描速度为360mm/min的熔覆层摩擦系数为0.4，与扫描速度为240mm/min的熔覆层摩擦系数相差较明显，后者摩擦系数约为0.5。并对实验样块表面摩擦磨损实验前后质量进行测量，得到摩擦磨损实验前后的磨损量，如图6-18所示。

由图6-18可知，基材磨损量为10.3mg，熔覆层激光功率3200W，扫描速度360mm/min的熔覆层磨损量为4.3mg，磨损量减少了58.25%。摩擦磨损实验后可以看出，熔覆功率3200W，扫描速度360mm/min在摩擦实验中均具有较大优势，在几组对比实验中耐磨性较好。

6.2.5 熔覆层耐腐蚀性测试

使用其他成分不同的铁基合金粉末作为耐腐蚀性对比实验，其化学成分

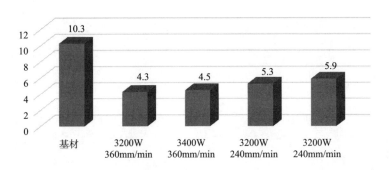

图6-18 不同参数下磨损实验磨损量（单位：mg）

见表6-8，通过对试验试样和基材进行中性盐雾腐蚀试验，得到的试验结果如图6-19所示。由图6-19可知，经过连续24h的中盐雾试验，试样表面有几小块片状锈蚀迹象，而基材表面已经完全锈蚀，锈蚀比较严重，试样的锈蚀情况相较于基材会好很多。对于经过盐雾试验的试样和基材，使用单位网格为1mm×1mm的方形透明塑料片对试样表面进行测量，在单位小格里超过半格按照一格计算，计算出锈蚀面积占试样表面积的锈蚀率，按照耐腐蚀等级表，计算出腐蚀率并得出对应的耐腐蚀等级，最终计算得到试样的腐蚀率为18.75%，对应的耐腐蚀等级为2级，而基材的耐腐蚀等级为0级，熔覆层的耐腐蚀等级相较于基材提升了2级。

表6-8 铁基合金粉末化学成分表

元素	C	Mn	Si	Cr	Ni	Fe
质量分数/%	0.6~0.9	1~3	2~3	16~18	28~30	余量

为进一步探究试样熔覆层的腐蚀机理，对试样中性盐雾腐蚀后的熔覆层进行SEM电镜拍摄和EDS成分分析，图6-20为中性盐雾腐蚀后三个不同腐蚀区域，表面无锈蚀迹象区、中度腐蚀区、重度腐蚀区的SEM图，由图6-20（c）可知，在1600倍电镜下，重度腐蚀区域有明显分裂的晶格，属于晶间腐蚀。图6-20（a）为表面无锈蚀迹象区，图6-20（b）为存在中度腐蚀区域并无分裂的晶格，不属于晶间腐蚀。

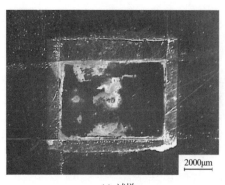

(a) 试样

(b) 基材

图6-19 盐雾腐蚀后试样与基材表面

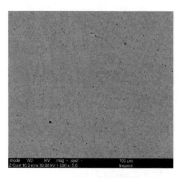

(a) 表面无锈蚀迹象区

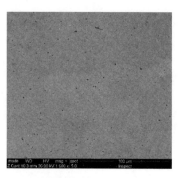

(b) 中度腐蚀区

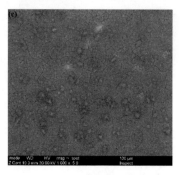

(c) 重度腐蚀区

图6-20 三个不同腐蚀区域的SEM图

图6-21为三个不同腐蚀区域对应的EDS能谱图，通过对图6-21不同腐蚀区

域能谱图对应的不同元素成分分析得到图6-22。

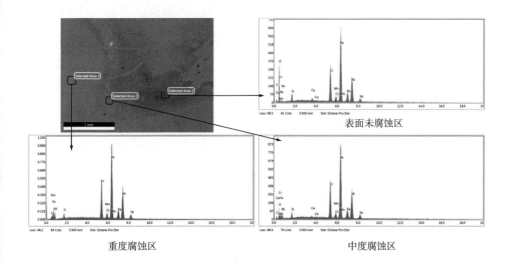

表面未腐蚀区

重度腐蚀区

中度腐蚀区

图6-21　三个不同腐蚀区域的EDS能谱图

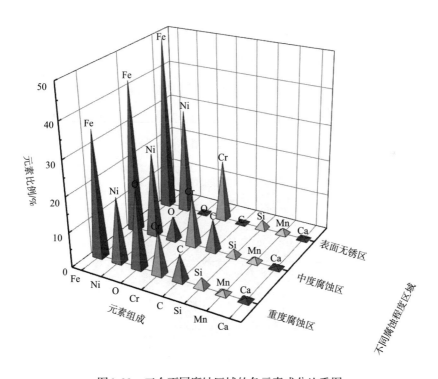

图6-22　三个不同腐蚀区域的各元素成分比重图

由图6-22可以看出，对比表面无锈蚀迹象区、中度腐蚀区和重度腐蚀区，其表面Fe元素、Ni元素、Cr元素和Mn元素含量都有所减少，其中Fe元素的含量减少得最多，O元素和Ca在表面无锈蚀迹象区的含量为0，而在中度腐蚀区和重度腐蚀区的含量随之增多，C元素在表面无锈蚀迹象区的含量为0，而在中度腐蚀区和重度腐蚀区的含量相差不多，Si元素在三个不同的腐蚀区域的含量相差不多，其熔覆层表面腐蚀的原因有以下五个方面，一是，由于Fe元素是比较活跃的金属元素，在中性盐雾的试验环境下，潮湿空气中的氧气和水会与熔覆层表面的Fe元素反应生成Fe_2O_3，使熔覆层表面产生锈蚀；二是，由于Ca元素会与空气中的氧和水生成具有腐蚀性的碱性成分Ca（OH）$_2$，加速熔覆层的腐蚀；三是，空气中的CO_2会与水反应生成H_2CO_3，其酸性成分同样也会加速熔覆层的腐蚀；四是，由于Cr元素对于熔覆层的腐蚀具有一定的保护作用，Cr元素会与空气中的氧气生成致密的Cr_2O_3氧化膜，减弱熔覆层的腐蚀；五是，由于Si元素的化学稳定性很强，在腐蚀过程中不与氧和水发生反应。

而使用6.1.7节单道搭接的熔覆粉末进行多道搭接，并对搭接后熔覆层进行腐蚀性研究，基材与搭接后熔覆层进行腐蚀性实验。实验结果如图6-23所示，与单道熔覆层测量表面腐蚀面积方式相同，测量腐蚀面积后，测得腐蚀等级为10级，符合按照国标要求的腐蚀等级9级，说明搭接实验后熔覆层耐腐蚀性较好，符合液压立柱在井下工作环境的要求和国家标准。

(a) 基材

图6-23

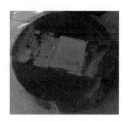

(b) 熔覆层

图6-23　搭接熔覆层腐蚀后表面

6.3　熔覆层显微组织与成分分析

根据上述介绍，激光熔覆Fe基合金熔覆层的参数及对熔覆层性能对比，选出最佳实验工艺参数，其中内部组织成分也是研究主要内容之一，本章选择激光功率3200W，扫描速度360mm/min的单道及搭接实验后样块进行组织成分分析。

6.3.1　单道熔覆层内部组织及成分分析

本书使用正交实验法对工艺参数进行实验，找到单道激光熔覆Fe基合金的最佳工艺参数，并对最佳参数实验样块，使用扫描电子显微镜观察内部组织，并使用EDS对熔覆层内部进行成分分析，观察结果如图6-24所示。

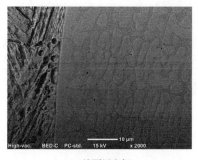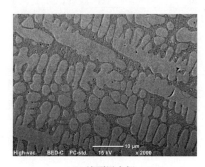

(a) 熔覆层底部　　　　　　　　　　　　　　(b) 熔覆层中部

图6-24

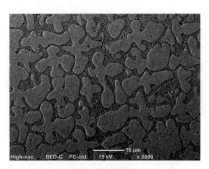

(c) 熔覆层顶部

图6-24　单道熔覆层组织图

通过图6-24可以看到，由于激光熔覆的速熔原理，底部冶金结合较为明显，且存在一定厚度的胞状晶和平面晶，同时由于温度散热方向的影响，中部为一定厚度的粗大柱状晶，顶部散热由于与空气直接接触，温度梯度较小，为一定厚度的等轴晶。

由于激光熔覆实验会导致基材表面温度急剧升高，从而导致内部成分发生转变，针对温度对熔覆层内部的影响，对熔覆层进行EDS分析，实验结果如图6-25所示。

图6-25中（a）、（c）显示在单道熔覆层底部的枝晶间和枝晶上做EDS分析，得到（b）、（d）两个测量结果图，对比可知，发生了Mo元素的枝晶偏析现象，

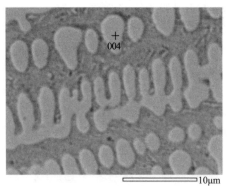

(a) 单道熔覆层底部的枝晶上EDS定位点

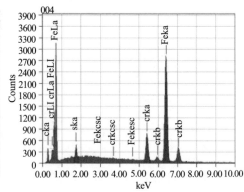

(b) 单道熔覆层底部的枝晶上EDS分析图

图6-25

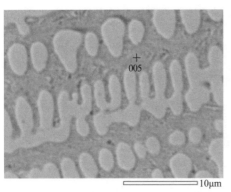

(c) 单道熔覆层底部的枝晶间EDS定位点

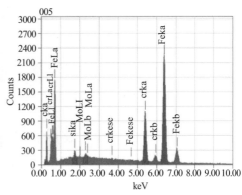

(d) 单道熔覆层底部的枝晶间EDS分析图

图6-25　熔覆层中EDS分析

由此可以看出，二次热效应会导致温度升高，伴随着元素发生偏析现象，同时成分偏析的力度较小，未造成裂纹等缺陷生成。

6.3.2　多道搭接熔覆层内部组织及成分分析

熔覆实验后，检测搭接熔覆参数试验后样块性能，筛选较好的结果，找到合适的搭接工艺参数。搭接后熔覆层中部，两道熔覆层搭接位置处组织形貌如图6-26所示。

由图6-26（a）可知，搭接分界线上下分层明显，下部为熔覆层第一道，为一定较厚的等轴晶层，上部为搭接熔覆层第二道，为一定厚度的柱状树枝

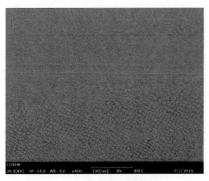

(a) 扫描电镜400倍搭接处图像

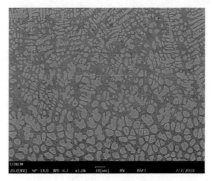

(b) 扫描电镜1000倍搭接处分界线图像

图6-26

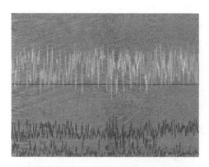

(c) 搭接分界线两侧熔覆层EDS线扫描图

图6-26 熔覆层搭接处的组织形貌与成分

晶层，搭接后没有改变单道熔覆层的分层结构。由图6-26（b）可知，搭接熔覆层中间分界线为一定厚度的胞状晶以及相对较少量的平面晶层。由图6-26（c）可知，扫描后可以看到熔覆层两侧成分相似且无较大成分变化，由此判断熔覆前后成分扩散较均匀。由于熔覆层的热量会随着激光照射时间逐渐增加，且二次加热后的温度更高，会导致熔覆层中的成分有所变化，对搭接后的熔覆层进行EDS检测，检测结果如图6-27所示。

熔覆材料速熔和速凝的特点，导致熔覆层中易发生元素偏析现象。据图6-27（a）和图6-27（b）可知，熔覆层底部枝晶间和枝晶上的熔覆层成分相同，搭接熔覆后合金粉末扩散均匀，枝晶上和枝晶间含量均匀。图6-27（c）

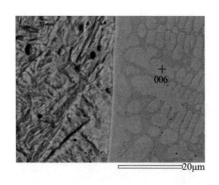
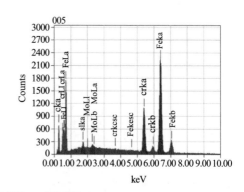

(a) 熔覆层底部枝晶间EDS成分分析

图6-27

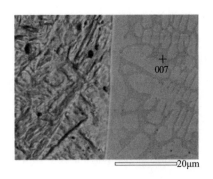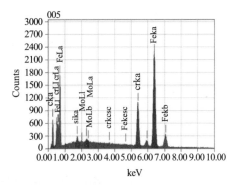

(b) 熔覆层底部枝晶上EDS成分分析

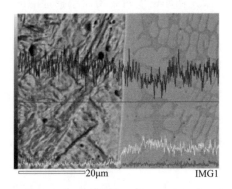

(c) 基材和熔覆层的EDS线扫描图(左侧为基材，右侧为熔覆层)

图6-27　搭接熔覆层底部EDS图像

左侧为基材，右侧为熔覆层，经过EDS线性扫描可知基材与熔覆层中存在一定的成分差异，但成分相对稳定。

参考文献

［1］张三川，姚建铨. 送粉激光熔覆0ZrO₂Ni60复合涂层工艺与性能［J］. 激光杂志，2004，4：79-81.

［2］Yi P, Zhan X, et al. Influence of laser parameters on graphite morphology in the bonding zone and process optimization in gray cast iron laser cladding［J］. Optics & Laser Technology，2019，109：480-487.

［3］Lin Cao, Suiyuan Chen, Mingwei Wei, et al. Effect of laser energy density on defects behavior of direct laser depositing 24CrNiMo alloy steel［J］. Optics & Laser Technology, 2019, 111：541–553.

［4］李海波, 李涛, 王鑫林, 等. 倾斜基体对激光熔覆能量分布的影响研究［J］. 应用激光, 2017, 37（3）：333–339.

［5］Benjamin Bax, Rohan Rajput, et al. Systematic evaluation of process parameter maps for laser cladding and directed energy deposition［J］. Additive Manufacturing, 2018, 21：487–494.

［6］张昌春, 石岩. 激光功率密度对熔覆层磨损性能的影响［J］. 金属热处, 2012, 37（4）：67–71.

［7］张庆茂, 王忠东, 刘喜明, 等. 工艺参数对送粉激光熔覆层几何形貌的影响［J］. 焊接学报, 2000, 2：43–46, 2.

［8］昝少平, 焦俊科, 张文武. 316L 不锈钢粉末激光熔覆工艺研究［J］. 激光与光电子学进展, 2016, 53（6）：223–230.

［9］Guangyuan Wang, Jiazi Zhang, et al. High temperature wear resistance and thermal fatigue behavior of Stellite–6/WC coatings produced by laser cladding with Co–coated WC powder［J］. International Journal of Refractory Metals and Hard Materials, 2019, 81：63–70.

［10］路广明, 乌日开西·艾依提. 等离子喷涂TiO_2基涂层工艺参数优化研究［J］. 表面技术, 2018, 47（4）：73–80.

［11］Mohammad Erfanmanesh, Reza Shoja–Razavi, et al. Friction and wear behavior of laser cladded WC–Co and Ni/WC–Co deposits at high temperature［J］. International Journal of Refractory Metals and Hard Materials, 2019, 81：137–148.

［12］李嘉宁, 刘科高, 张元彬, 等. 激光熔覆技术及应用［M］. 北京：化学工业出版社, 2015.

［13］Abboud J H, Benyounis K Y, Olabi A G, Hashmi MSJ. Laser surface treatments of iron–based substrates for automotive application［J］. Journal of Materials Processing Technology, 2007, 182（13）：427.

［14］崔陆军, 郭强, 郭士锐, 等. 基于铁基合金的液压立柱激光熔覆实验探究［J］. 热加工工艺, 2018, 47（24）：135–137, 141.

［15］胡汉起. 金属凝固原理［M］. 北京：机械工业出版社，2007.

［16］Yuhong Zhao，Bing Zhang，Hua Hou，et al. Phase-field simulation for the evolution of solid/liquid interface front in directional solidification process［J］. Journal of Materials Science & Technology，2019，35（6）：1044-1052.

［17］余永宁. 金属学原理［M］. 北京：冶金工业出版社，2000.

［18］黄凤晓，江中浩，刘喜明. 激光熔覆工艺参数对横向搭接熔覆层结合界面组织的影响［J］. 光学精密工程，2011，19（2）：316-322.

［19］Dong-Yoon KIM，Young-Whan PARK. Weldability evaluation and tensile strength estimation model for al umin um alloy lap joint welding using hybrid system with laser and scanner head［J］.Transactions of Nonferrous Metals Society of China，2012，22：596-604.

［20］Hongbo Xia，Liankai Zhang. Effect of heat input on a laser powder deposited Al/steel butt joint［J］. Optics & Laser Technology，2019，111：459-469.

第7章　激光熔覆工艺在煤矿机械截齿中的应用

矿用截齿作为煤矿开采时不可缺少的切割刀具。截齿的失效不仅大幅降低了工程进度、增加了采煤成本和工人的劳动强度。除此之外，国产截齿使用寿命较低，煤矿企业为了提高生产效率，不得不依赖进口截齿，增大了企业的成本，增加了企业生存难度。因此，改善截齿表面性能，提高其服役周期已经迫在眉睫。截齿性能的提升将大幅度节约更换截齿损耗的工程时间，提高开采效率，降低开采成本。

任葆锐等研究市场上硬质合金刀头的性能及使用寿命，通过全新的制粉工艺，制备碳化钨合金粉末，并应用于截齿齿体中，经过实验验证发现，矿用截齿齿头各部位的密度相同，其抗磨损能力明显增强。Ulrik Beste等研究发现，在不改变矿用截齿中钴含量的条件下，当钨（WC）颗粒尺寸提高时，熔覆层中会出现由钴元素构成的、宽度较大的带状涂层，这种带状涂层能够避免WC颗粒受到较大的作用时，脱离熔覆层。欧小琴等制备了WC—Co的截齿齿头，并分析了钴的粉末粒度和实验环境温度对截齿齿头的枝晶和相关性能的影响机理，最终得出结论，粒度较小的钴粉会促使硬质合金的组织更加均匀，抗断裂能力较强。除此之外，还总结出实验温度在1400℃条件下，矿用截齿齿头的硬度值最高。

张项阳等用D212焊条对截齿进行堆焊修复以后，截齿的硬度和耐磨性明显提高，而且堆焊层不易脱落。李辉等研制得到与进口截齿性能相同的产品，并通过梯度技术，在合金齿表面形成约1.5mm厚的梯度层，其使用寿命较国外合金提高了约32%，达到了理想的效果。衡永恩等研究人员挖掘了强化截齿表面性能的新工艺，不仅提高了Cr12基体的硬度，而且明显增强了基体的抗磨损能力，完成了通过表面改性，提升42CrMo表面性能的目标。成博等在熔覆粉末中添加Ti元素，并使用等离子技术，在基体上制取一种抗磨损能力强的金属涂层，极大地延缓了截齿因磨损而缩短服役周期的现象；Liu Y F等应用相关表面强化技术，在基体表面熔覆Fe—Ti—Si—Cr粉末，在基材上制取得到Fe_2TiSi强化层。并对熔覆层进行了硬度测试、抗磨损能力测试以及组织的观察分析，得到熔覆层的硬度值提升明显，且各部位的硬度基本一致，此外，涂层还表现出良好的抗磨损能力。Tosun G等经过实验探究，发现涂层的硬度值随着电流强度的增大而升高，其微观组织种类复杂，晶界中出现铁素体。苏伦昌等以42CrMo为基体进行研究，在涂层中添加抗磨损能力强的颗粒，对截齿进行改性处理，通过观察发现：熔覆层物相由α-Fe、α-（Fe，Ni）、（Fe，Cr）7C3和TiC颗粒增强相等构成，并对试样磨损实验前后的磨损量进行称量计算发现，磨损量明显减少；杨会龙等以WC为第二相，制备激光熔覆层，通过组织观察和相关的性能检测总结出：熔覆层中以奥氏体为主，且含有未完全熔化的WC颗粒，与基体相比，熔覆层的硬度大幅提高，抗磨损能力的提高超过了4倍多。

通过使用工艺技术改善截齿表面性能，从而保护截齿，延缓截齿失效。通过改善Fe基熔覆层的合金成分，在截齿表面制备组织细化、性能优良、裂纹缺陷较少的熔覆层，提高截齿使用寿命。

7.1 不同成分铁基熔覆层的组织与性能研究

7.1.1 WC和Mo单质对铁基熔覆层影响的理论分析

7.1.1.1 WC的性质

我国钨储量丰富，WC是常用的陶瓷粉末添加材料，具有金属光泽的黑色六方晶体，如图7-1所示，熔点为2870℃，显微硬度可达17800MPa，除此之外，WC的抗磨损能力强，有较好的耐腐蚀能力，不易被氧化，与钢铁之间湿润性较好，WC的加入，使制备的复合层不仅有良好的韧性和塑性，而且使制备的复合层具备WC的高耐磨性能，促进复合粉末在各领域具有更好的使用价值。

图7-1　球形WC　　　　　　　　图7-2　Mo单质实物图

7.1.1.2　Mo单质的性质

在已有的稀有金属中，我国Mo储存量居世界首位。Mo单质（图7-2）具有较好的物理性质，其熔点（2622℃）在金属单质中位居第六，硬度较高，热膨胀系数较低，热传导性能好，并且化学性质较稳定，在常温下不易被氧化等优点。Mo优异的性能，使其被应用于汽车、船舶、钻井、采矿等各个行业。

7.1.1.3　WC和Mo单质对铁基熔覆层性能影响的理论分析

理论研究不仅是简单的对实验结果的汇总和概括，也是对实验的引导。为了达到提高激光熔覆层的性能并降低熔覆层表面缺陷的目的，本书汇总分析了金属材料强化的种类及其机理。对于金属而言，金属强化的机理大致可分为五种：固溶强化、细晶强化、位错强化、第二相强化及相变强化，其中相变强化是其他几种强化机制的综合；固溶强化是指一种元素原子替换或者存在元素原子之间的空隙中，提高金属的位错阻力，从而强化金属的性能；细晶强化是指金属熔覆层通过某种工艺或途径使熔覆层内部的枝晶颗粒变得细小，增加了单位体积内的晶界面积，晶界面积的增大，使制备熔覆层的位错阻力变大，使金属得到强化；位错强化主要是在不改变熔覆层内部晶界总面积的前提下，通过外界作用力，拉近晶界之间的间距，实现固定体积内的晶界面积增大，达到强化金属的目的；为了增加熔覆层抗变形的能力，通过添加某种高性能单质或化合物，作为第二相，当熔覆层内部发生变形时，第二相对变形处产生阻碍变形的力，约束了某一区域的熔覆层向外扩展，此种强化机理为金属第二相强化，第二相强化又分为沉淀强化和弥散强化。其中，弥散强化的强化机制包含绕过机制和切过机制两种，原理示意图如图7-3所示。本书即采用弥散强化作为强化机理，并依据绕过机制，选择WC颗粒和Mo单质作为第二相，强化熔覆层表面性能。

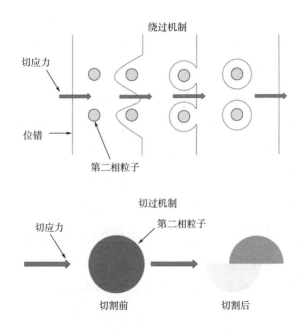

图7-3 弥散强化两种机制的示意图

（1）WC对铁基熔覆层性能影响的理论分析。WC作为激光熔覆粉末的一部分，由于激光辐照温度较高，经过激光辐照后，部分WC颗粒部分熔化分解，使熔池内部的C含量增多，促使其内部碳化物的生成，碳化物的生成可增强熔覆层的性能；其次，激光辐照后，熔池开始凝固，在熔池凝固的过程中，熔池中未熔化的WC颗粒，能够增强熔池捕获能力，提升熔池的结核率，细化熔覆层内部的组织，通过细晶强化增强性能；除此之外，在熔池完全凝固后，WC颗粒作为熔覆层中的第二相，其在熔覆层中以化合物的形式存在，由于其硬度较高，抗磨损能力强，在使用煤矿设备进行采矿时，熔覆层中的WC颗粒随熔覆层共同作用于煤层所带来的冲击载荷、切应力、压应力等，减少煤层对截齿齿体的损伤。

（2）Mo单质对铁基熔覆层性能影响的理论分析。Fe基自熔性粉末中加入Mo单质，在激光实验时，Mo单质周围熔融的成分快速地以Mo为核心，开始凝固成核，提升熔池中的结合率，促进其组织变得细小，提升制备涂层的强度；部分分解的Mo，增加了熔池中Mo的含量，由于Mo是中碳化物的重要组成元素之一，Mo元素含量的增多能够促进碳化物的产生，提升制备涂层内部的硬度；熔覆层中未熔化的Mo单质仍然具有良好的物理性质，其优异的物理性能，也是改善熔覆层性能的原因之一。

7.1.1.4 WC和Mo单质对铁基熔覆层裂纹影响的理论分析

（1）裂纹缺陷的产生与消除的理论分析。裂纹缺陷是激光熔覆技术制备激光熔覆层的过程中经常遇见的缺陷之一。裂纹缺陷的存在阻碍了激光熔覆技术的应用和发展，熔覆层内部裂纹的出现，受到多种因素的影响，从实验的角度，包括粉末的组成成分、实验参数以及制备工艺等。从受力的角度分析，裂纹的出现是由于内部应力的产生，应力可以分为热应力、组织应力、约束应力。在激光熔覆层中，热应力主要来源于熔池冷却凝固时，熔覆层内部不同位置冷却速度不同，导致熔覆层内部不同位置的温度存在差异。制备的熔覆层内部各成分之间以及它与基体之间的热膨胀系数不同，使其内部受到的压应力和拉应力的方向大小不一致，也是熔覆层产生热应力的原因之一。因此，热应力不仅受到熔覆层成分与基体成分的影响，还与冷却速度、各成分之间的温度差值的大小有关。组织应力主要是由于激光束将熔池内部的粉末完全熔化并凝固期间，内部各组分之间的组织在相应的相变温度下，发生相与相之间的转变，而在熔覆层内部产生力的作用。约束应力的来源主要是激光束将熔覆粉末完全熔化形成熔池，基体因受热变形而对熔池有拉应力或压应力。在熔池凝固的过程中，基体逐渐冷却拥有恢复到原来状态的趋势，从而对熔覆层产生相应的压应力或拉应力，熔覆层的形成受到约束力的作用。由于激光熔覆制备熔覆层是一个复杂的过程，熔覆层中裂纹的产生可能是受到一种应力作用产生的，也可能是受到几种应力共同作用的结果。但熔覆层受到应力作用并不一定会有裂纹的出现，熔覆层出现裂纹的条件必须要满足：熔覆层内部受到一种或多种应力，并且其大小超出了熔覆层的屈服极限。

因此，改善熔覆层内部应力和提高其强度是消除其内部缺陷两个重要的途径。目前，降低熔覆层应力的方法主要包含层状梯度过渡法、预热法、膨胀控制法、负膨胀组员添加法。其中，层状梯度过渡法主要是设计多种合金成分，通过多层熔覆的方法，逐渐改变合金粉末成分，减少基体与顶部熔覆层的成分及性能不同的程度，从而减少各个熔覆层之间以及其与基体之间的应力大小，进而降低其开裂的可能性，但层状梯度过渡法对合金粉末的成分设计及操作较为复杂。预热法的原理是：在激光熔覆之前，使用高温炉等加热设备提前对基体进行预热处理，使基体温度与熔覆层之间的温度差降低，降低甚至消除熔覆层中的应力，但其缺点是基材被加热期间容易被氧化；实验粉末各成分之间的膨胀系数不同是促使熔覆层内部出现裂纹的重要原因，膨胀控制法与负膨胀组员添加法均是通过降低各组分之间膨胀系数的差异性，抑制熔覆层中裂纹的产生。提高熔覆层强度的方法有很多，其中稀土添加法和磁场辅助法是两种主要方法，稀土添加法主要是具有针对性地添加一部分稀土元素，对熔覆层进行变质处理，改变熔覆层中的晶粒大小和结构，提升熔覆层的性能；磁场辅助法是在磁场的作用下，利用激光照射在熔池中会产生微弱的电流，电流在磁场的作用下会增强熔池的流动性，阻碍较大晶粒的生成，细化熔覆层中的晶粒，从而提高熔覆层的强度。单因素控制很难实现既能提升熔覆层强度又能减少熔覆层中裂纹的出现，目前，主要是通过强度与应力双控法实现这一目标，强度与应力双控法是使用增强熔覆层强度与降低熔覆层中的应力的方法相结合，制备强度高且无裂纹缺陷的熔覆层。本书使用WC及Mo单质共同作用，实现改善熔覆层性能并且抑制熔覆层中的裂纹缺陷产生，熔覆层裂纹及消除的理论分析如图7-4

所示。

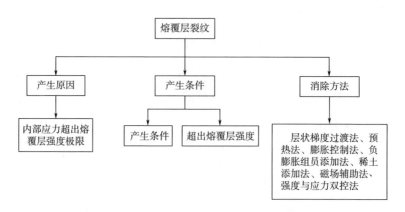

图7-4　熔覆层裂纹及消除的理论分析图

（2）WC对铁基熔覆层裂纹影响的理论分析。WC作为Fe基合金粉末的添加材料，由于WC颗粒在高能激光束照射下已发生分解，增加了熔覆层中的C含量，C含量的增加不仅促使熔覆层中碳化物的生成，增加熔覆层的高脆性，而且增加了C与熔池中的氧元素发生化学反应产生气孔的概率，熔覆层的高脆性和气泡增加均会增加熔覆层的裂纹敏感性。然而，WC的加入易使熔覆层中的晶粒细化，增强熔覆层的强度，减少裂纹的产生；除此之外，熔覆层中未熔的WC能够阻断贯穿性裂纹的产生。

（3）Mo单质对铁基熔覆层裂纹影响的理论分析。Mo单质是中碳化合物组成物质之一。Mo单质的加入，易增强熔覆层的脆硬性，但Mo单质熔点高，在激光熔覆过程中不易分解，以固体单质的形式存在熔池中，Mo单质的存在能够提高熔池捕捉成核的能力，抑制粗大枝晶的形成，强化熔覆层的性能，避免熔覆层发生开裂的现象。激光扫过的熔池逐渐冷却凝固，由于Mo单质具有良好的导热性能优良，熔池边缘的Mo单质作为散热通道，提高熔池的散热能力，熔池内部的Mo单质能够减缓熔覆层内部受热不均匀而产生热应力，避免熔覆层热应力的产生，避免熔覆层开裂，除此之外，Mo单质作为金属元素，与Fe基合金粉末的热膨胀系数差别较小，避免冷却凝固时，因收缩不一致而产生裂纹。

7.1.2 WC的加入对铁基合金熔覆层的组织与性能研究

7.1.2.1 熔覆层表面形貌分析

熔覆层表面形貌分析主要是通过目测的方法观察并分析熔覆层表面的残留物、孔洞以及较大裂纹等缺陷，以调整或评价实验参数。本实验的形貌分析主要是用于验证上述实验参数，在加入WC颗粒之后，制备的铁基熔覆层表面是否仍然保持良好的完整性和光洁度。据上述所认定的实验参数制备了Fe+15%WC的铁基合金熔覆层，其表面形貌如图7-5所示。

图7-5 Fe+15%WC铁基合金熔覆层形貌

由图7-5可知，加入WC颗粒之后的熔覆层表面熔覆彻底、完整性好，厚度均匀，未出现明显凹坑等熔覆缺陷。说明WC颗粒的加入，对激光熔覆功率的影响较小，激光功率为3800W、扫描速度为300mm/min、送粉速度为25g/min、载气流量为4.0sccm的实验参数适用于制备Fe+15%WC的铁基合金熔覆层。

7.1.2.2 熔覆层组织分析

图7-6为Fe基熔覆层和Fe+15%WC熔覆层在500倍显微镜下底部及中部的组织图。图7-6（a）和（b）为Fe基熔覆层组织图，（c）和（d）为Fe+15%WC熔覆层组织图，由图7-6（a）和（b）可知，Fe基熔覆层底部以平面晶生长，随着熔池凝固的进行，熔覆层中出现沿热流的反方向生长的粗大树枝晶，至熔覆层中部，粗大的树枝晶逐渐消失，转而形成细小的树枝晶。由图7-6（c）和（d）可知，Fe+15%WC熔覆层的组织类型从熔覆层底部至熔覆层中部的枝晶类型依次为平面晶、树枝晶。Fe基熔覆层和Fe+15%WC熔覆层的枝晶生长类型

基本相似，这主要是与金属凝固原理中的温度差值和凝固速度的比值有关。在激光扫描过后，熔池开始凝固，由于在熔池凝固初期的基体温度较低，与之接触的熔池温度较高，基体与熔池温度相差较大，而此时的凝固速率趋近零，两者的比值趋近于无穷，基体表面以平面晶生长；随着凝固继续进行，熔池中的温度经平面晶逐渐传导至基体，致使基体的温度逐渐上升，熔池温度逐渐降低，因此，熔池与基体温度的差值变小，熔池的冷却速率降低，凝固速度加快，两者的比值减小，枝晶类型由平面晶转换成树枝晶晶区，随着凝固的继续进行，混合晶区开始向树枝晶过渡。

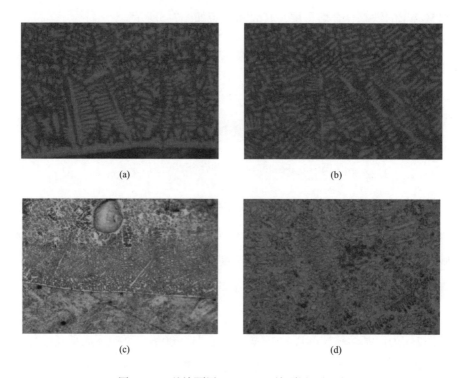

(a)

(b)

(c)

(d)

图7-6　Fe基熔覆层Fe+15%WC熔覆层组织图

虽然Fe基熔覆层和Fe+15%WC熔覆层中的枝晶类型基本相似，但Fe+15%WC熔覆层底部及中部的树枝晶明显小于Fe基熔覆层树枝晶，这主要是由于较大的WC颗粒的存在能够阻断熔覆层中的粗大树枝晶继续生长，抑制粗大树枝晶的形成，WC颗粒的加入，能够提高熔池中的结核率，细化熔覆层的组织。

7.1.2.3　熔覆层的硬度测试与分析

目前对硬度的检测方式有许多，其中包括洛氏、布氏和维氏等。布氏硬度测量金属硬度时，测试面积较大，硬度测量的准确性较高。但被测物的布氏硬度大于450HV时，测量结果准确。洛氏硬度的测量方法简单，读取数据更加便捷，但误差较大，需要多次测量取平均值。维氏硬度的测量方法压痕浅，而且载荷可调范围大，适用于测量表面硬化层的硬度。本实验所测试样为金属薄片、硬度大，测试面较小，测试力要求较低，所以，采用维氏显微硬度作为本实验测量硬度的测试方法。

图7-7是Fe基熔覆层和Fe+15%WC熔覆层显微硬度梯度图，其中横坐标0点位置是指基体与熔覆层的结合线，由结合线指向熔覆层的硬度测量方向为正方向，由结合线指基体的硬度测量方向为负方向。由图7-7可知，基体硬度为240HV左右，Fe基熔覆层平均硬度为630HV左右，约为基体硬度的2.6倍，Fe基熔覆层热影响区的平均硬度为685HV左右，约为基体硬度的2.8倍，激光熔覆前，基体与热影响区的材料相同，硬度相同，但激光熔覆实验后，Fe基熔覆层的热影响区硬度远远高于基体硬度，其原因是：激光熔覆实验过程中，激光束的能量不仅用于熔化Fe基合金粉末，一部分能量通过熔池导入基体，基体温度上升，部分基体因受热而硬化，硬度增高，这一过程相当于基体淬火。Fe基合金粉末中加入15%WC颗粒后，Fe+15%WC熔覆层热影响区的平均硬度稍微降低，约为545HV，这是因为，WC颗粒的加入，导致大量激光辐照的能量被合金粉末吸收，仅有少量的热量导入基体，热影响区受到温度的影响而硬度降低，Fe+15%WC熔覆层的平均硬度增加为840HV，明显高于Fe基熔覆层平均硬度，一方面是WC颗粒的加入，提高了熔覆层的形核率，使熔覆层的晶粒细化，晶粒的细化增加了测试面单位面积的晶界长度，增强了熔覆层组织抵抗变形的能力，宏观上表现为硬度提高；另一方面，未溶解的WC颗粒以化合物的形式存在于熔覆层中，由于WC颗粒脆硬性高，提高了熔覆层的硬度；除此之外，部分WC颗粒发生溶解导致熔覆层中的C元素增多，

促使熔覆层中的碳化物的生成，熔覆层的硬度得以提高。

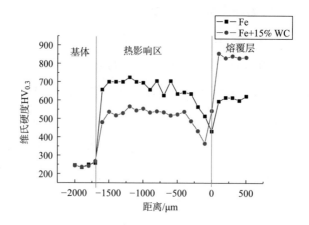

图7-7　Fe基熔覆层和Fe+15%WC显微硬度梯度图

由图7-7可知，WC颗粒的加入改变了热影响区与熔覆层的硬度，但WC颗粒的加入未改变Fe基熔覆层和Fe+15%WC熔覆层的热影响区深度（热影响区深度均为1700μm），加入WC颗粒也会改变基体与熔覆层显微硬度的变化趋势，两者均在-1700μm处开始升高，之后在-400μm处开始下降，随后开始上升。

7.1.2.4　熔覆层磨损性能测试与分析

磨损性能是检验熔覆层性能的重要指标，对于矿用截齿而言，截齿具有优良的抗磨损性能是防止截齿失效的关键因素。为了检验本实验制备的熔覆层的抗磨损性能，本章节从摩擦系数、磨损实验前后的失重量三个角度进行对比分析。

图7-8为42CrMo基体、Fe基熔覆层、Fe+15%WC熔覆层在室温下使用GCr15为对磨材料磨损60min得到的摩擦系数图，由图7-8可知，摩擦磨损实验包含两个阶段，在摩擦磨损实验初始阶段，三者熔覆层的摩擦系数均急剧上升且超出稳定后的摩擦系数，之后逐渐趋于动态稳定，出现这种现象主要是因为磨损初期，对磨材料与熔覆层测试面的接触深度逐渐增大，并由于较短时间内产生的磨削残渣粒度较大并存在于对磨面与测试面之间，阻碍了对磨材料与测试面之间的相对运动，导致摩擦系数急剧上升，随着摩擦磨损实验的进行，对磨材

料与测试面的接触深度增加，速度减小，磨削粒度逐渐减小，近似呈球状物，促使对磨材料与测试面之间的滑动摩擦转化为滚动摩擦，降低了摩擦系数，最终趋于动态平衡。摩擦系数稳定后，42CrMo基体的摩擦系数为0.55左右，Fe基熔覆层和Fe+15%WC熔覆层稳定后的摩擦系数均比基体的摩擦系数小，且稳定后的摩擦系数近似相等，约为0.3。虽然Fe基熔覆层和Fe+15%WC熔覆层稳定后的摩擦系数近似相等，但加入WC颗粒之后的Fe+15%WC熔覆层的摩擦系数不仅更快地趋于稳定，而且波动幅度相对较小，主要是因为WC颗粒的加入提高了Fe+15%WC熔覆层的硬度，增强了Fe+15%WC熔覆层被切削和横向抗变形能力。

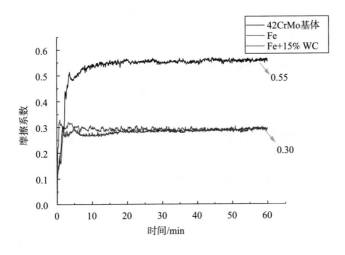

图7-8 基体与熔覆层的摩擦系数对比

摩擦系数小不代表熔覆层的抗磨损性能优良，磨损量也是衡量熔覆层抗磨损能力的重要指标。图7-9为摩擦磨损实验前后，42CrMo基体、Fe基熔覆层、Fe+15%WC熔覆层磨损量对比图。由图7-9可知，三次重复测量的摩擦磨损实验前后的磨损量，均呈现这样的规律：基体磨损量<Fe基熔覆层的磨损量<Fe+15%WC熔覆层的磨损量，经过计算得到：42CrMo基体磨损量的平均值为10mg，Fe基熔覆层磨损量的平均值为7.3mg，Fe+15%WC熔覆层磨损量的平均值为7.17mg。

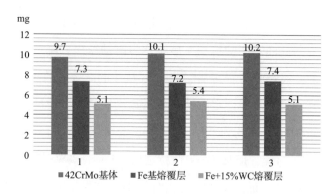

图7-9　基体与熔覆层磨损量对比图

综上所述，Fe基熔覆层和Fe+15%WC熔覆层的摩擦系数与磨损量均小于42CrMo基体的摩擦系数和磨损量，说明Fe基熔覆层和Fe+15%WC熔覆层均具有防止截齿因磨损而失效的能力；Fe+15%WC熔覆层的摩擦系数与Fe基熔覆层的摩擦系数近似相等，但Fe+15%WC熔覆层的磨损量明显小于Fe基熔覆层的磨损量，因此，WC的加入，能够进一步提高Fe基熔覆层的抗磨损能力，保护截齿。

7.1.3　Mo含量对铁基合金熔覆层的组织与性能研究

7.1.3.1　不同Mo含量的Fe基熔覆层的形貌分析

为了探究Fe基合金粉末中添加合适的Mo含量增强Fe基合金熔覆层的性能，使用实验参数：激光功率为3500W、扫描速度为300mm/min、送粉速度为25g/min，载气流量为4.0sccm，制备了Fe+15%Mo熔覆层、Fe+10%Mo熔覆层、Fe+15%Mo熔覆层和Fe+20%Mo熔覆层。图7-10为不同Mo含量的Fe基熔覆层的宏观形貌。

由图7-10可知，Fe+5%Mo熔覆层连续，但表面有大量未熔物，熔覆效果不佳；Fe+10%Mo熔覆层表面熔覆未熔物较少，有明显的金属光泽，熔覆效果较好；Fe+15%Mo熔覆层表面有少量未熔物，无明显裂纹，熔覆较为彻底；Fe+20%Mo熔覆层表面未熔物较多，熔覆层连续性较差，熔覆层效果不佳；因此，在Fe基合金粉末中添加10%或者15%Mo元素时，熔覆层表面质量较好。

图7-10　熔覆层的形貌图

(a) Fe+15%Mo熔覆层　(b) Fe+10%Mo熔覆层　(c) Fe+15%Mo熔覆层　(d) Fe+20%Mo熔覆层

7.1.3.2　不同Mo含量的Fe基熔覆层的组织分析

图7-11为不同Mo含量的Fe基熔覆层在500倍显微镜下的组织图。由图7-11可知，不同成分熔覆层底部均以平面晶生长，根据凝固原理，凝固组织生长形态主要受温度梯度/凝固速率（G/R）的影响，因此，在基材表面形成增长缓慢的平面晶。当Fe基合金粉末中添加5%Mo单质时，熔覆层底部的枝晶类型主要是：平面晶、混合晶区以及粗大的柱状晶，而且枝晶排列不紧密；当Mo含量由5%增加到10%时，底部的平面晶类型不变，但平面晶宽度变大，粗大的柱状晶消失，细小枝晶形成，晶体体积变小且排列紧密，主要因为：一方面，Mo单质熔点高，随着Mo单质的增加，熔池中悬浮物增多，提高熔覆层的形核率，细化熔覆层组织，而且溶解的Mo单质也能够通过促进熔覆层中碳化物的生成，细化晶粒；另一方面，溶解的Mo单质可以抑制熔覆层中奥氏体的生长，促使熔覆层的组织细化。当Mo含量由10%增加到15%时，熔覆层中柱状晶明显，靠近平面晶的晶粒体积明显变大，晶粒排列稀疏；当Mo含量由15%增加到20%时，熔覆层中的柱状晶体积进一步增大，晶粒体积增大，单位面积的晶界明显减少，可

能是因为过量的Mo单质悬浮在熔池中，相邻Mo颗粒由于距离较近，成核后的晶粒生长连接为一体导致晶粒较大，晶界减少。

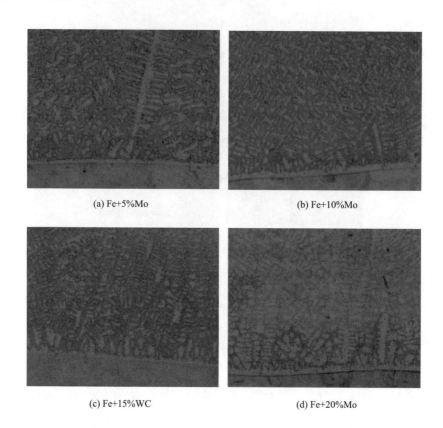

(a) Fe+5%Mo

(b) Fe+10%Mo

(c) Fe+15%WC

(d) Fe+20%Mo

图7-11　熔覆层底部组织图

7.1.3.3　不同Mo含量的Fe基熔覆层的硬度分析

图7-12为添加不同含量Mo元素制备的Fe基熔覆层的硬度测试图。由图7-12可以得到，42CrMo基体硬度为240HV左右，四种熔覆层的热影响区硬度相差不大，均在575HV左右，约为基体硬度的2.4倍；Fe+5%Mo熔覆层的平均硬度为610HV左右，Fe+10%Mo熔覆层的平均硬度为735HV左右，Fe+15%Mo熔覆层的平均硬度为690HV左右，Fe+20%Mo熔覆层的平均硬度为570HV左右，对比分析可得：Fe+20%Mo熔覆层的平均硬度＜Fe+5%Mo熔覆层的平均硬度＜Fe+15%Mo熔覆层的平均硬度＜Fe+10%Mo熔覆层的平均硬度，Fe+10%Mo熔覆

层的平均硬度最高；当Mo含量由5%增加到10%时，熔覆层的硬度明显增加，由7.1.1节可知，Mo含量的增加，能够细化熔覆层组织，增加单位面积的晶界长度，当硬度测试时，能够增加测试面的位错阻力，使测量的硬度结果增大，而且Mo为中碳化合物的重要组成成分，Mo元素的增加能够促进熔覆层中碳化物的生成，使熔覆层的硬度加强；经过测量可知，熔覆层中未熔的Mo单质硬度较大，也是增加熔覆层硬度的原因之一。当Mo含量大于10%时，硬度开始下降，主要是因为熔覆层中的组织粗大，抵抗塑性变形的能力减弱，导致熔覆层的硬度降低。

由此可知，当Mo含量为10%时，制备的Fe基熔覆层的硬度为735HV，与未加入Mo元素的Fe基熔覆层硬度630HV相比，硬度提高了105HV左右，为基体硬度的3倍多。因此，Fe+10%Mo熔覆层能够有效地提高基体的硬度性能，延长截齿的使用寿命。

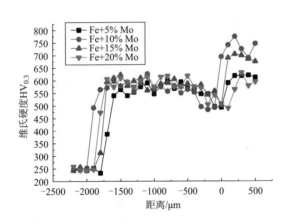

图7-12 不同Mo含量的Fe基熔覆层硬度图

7.1.3.4 不同Mo含量的Fe基熔覆层磨损性能分析

分别对Fe+5%Mo、Fe+10%Mo、Fe+15%Mo、Fe+20%Mo的熔覆层进行摩擦磨损实验，摩擦系数测试结果如图7-13所示。

由图7-13得到不同Mo含量的Fe基熔覆层稳定后的摩擦系数，并对摩擦磨损实验前后各熔覆层的磨损量测试三次，求平均值，得到表7-1所示的实验

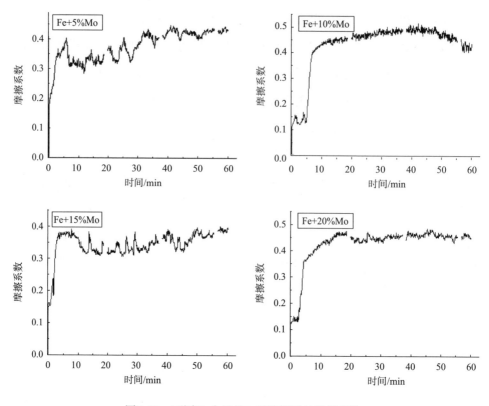

图7-13　不同Mo含量的Fe基熔覆层的摩擦系数

结果。

　　由表7-1可知，Fe+10%Mo熔覆层、Fe+5%Mo熔覆层和Fe+20%Mo稳定后的摩擦系数近似相等，Fe+15%Mo的熔覆层摩擦系数为0.37左右，而各熔覆层的磨损量按照从小到大的排序为：Fe+10%Mo＜Fe+15%Mo＜Fe+5%Mo＜Fe+20%Mo，当Mo含量为10%时，熔覆层磨损量最小。虽然Fe+15%Mo的熔覆层摩擦系数最小，但其摩擦系数曲线不稳定，导致其磨损量较大，然而，与Fe+15%Mo的熔覆层相比，Fe+10%Mo熔覆层的摩擦系数较大，磨损量最小，Fe+10%Mo熔覆层的硬度性能最好。因此，Mo含量为10%时，制备的Fe+10%Mo熔覆层的性能更好。与未加入Mo元素之前Fe基熔覆层相比，Fe+10%Mo的熔覆层磨损量较小，因此，添加10%Mo单质能够显著提升Fe基熔覆层的耐磨损性能。

表7-1　各熔覆层磨损量及摩擦系数汇总表

实验参数	熔覆层	摩擦系数	磨损量/mg
激光功率3800W 扫描速度300mm/min 送粉速度25g/min 载气流量4.0sccm	Fe+5%Mo	0.45	7.18
	Fe+10%Mo	0.45	7.7
	Fe+15%Mo	0.37	7.4
	Fe+20%Mo	0.45	6.2

综上所述，Mo单质的加入，不但能明显提升Fe基熔覆层的耐磨损性能，而且能明显细化Fe基熔覆层的组织，提高了Fe基熔覆层的硬度，有效延缓了截齿的失效。

7.1.4　Mo含量对Fe+15%WC熔覆层的组织与性能研究

由7.2节和7.3节可知，Fe基合金粉末中添加WC和Mo单质均能细化熔覆层组织，提高Fe基熔覆层的硬度及耐磨损性能，为了探究WC颗粒、Mo单质与Fe基合金粉末混合，制备的熔覆层的性能是否有进一步的提升，本节在保证WC含量不变的情况下，改变Mo单质的含量，制备多种熔覆层，并对其性能进行检测。

7.1.4.1　不同Mo含量的Fe+15%WC熔覆层的形貌分析

为了探究难熔金属和非金属对Fe基熔覆层的组织和性能的影响，本章节在Fe基熔覆层中添加15%WC颗粒得到Fe+15%WC合金粉末，然后分别与5%Mo、10%Mo、15%Mo、20%Mo充分混合，并制备出Fe+15%WC+5%Mo熔覆层，Fe+15%WC+10%Mo熔覆层，Fe+15%WC+15%Mo熔覆层和Fe+15%WC+20%Mo熔覆层，其宏观形貌如图7-14所示。

通过对各熔覆层的宏观形貌的观察和分析，得出实验结果见表7-2。根据表7-2各个熔覆层中的宏观形貌结果分析可知，Fe+15%WC+10%Mo熔覆层和Fe+15%WC+20%Mo熔覆层表面未熔物较多，而且Fe+15%WC+20%Mo熔覆层出现明显的熔覆凹坑，熔覆效果较差；Fe+5%WC+10%Mo熔覆层和Fe+15%WC+15%Mo熔覆层表面熔覆连续，表面残渣较少，而且具有明显的金属光泽，因此，在Fe+15%WC基合金中添加5%Mo和15%Mo的熔覆层宏观形貌较好。

图7-14　熔覆层形貌

(a) Fe+15%WC+5%Mo　(b) Fe+15%WC+10%Mo　(c) Fe+15%WC+15%Mo　(d) Fe+15%WC+20%Mo

表7-2　熔覆层宏观实验结果

实验参数	熔覆层成分	熔覆形貌结果
激光功率3800W 扫描速度300mm/min 送粉速度25g/min 载气流量：4.0sccm	Fe+15%WC+5%Mo	熔覆层连续，表面未熔物少，具有良好的金属光泽，熔覆效果较好
	Fe+15%WC+10%Mo	熔覆不彻底，表面含有未熔物，熔覆层连续，无明显裂纹，熔覆效果一般
	Fe+15%WC+15%Mo	熔覆层连续，无明显裂纹，表面未熔物较少，具有良好的金属光泽，熔覆效果较好
	Fe+15%WC+20%Mo	熔覆层不连续，表面未熔物较多，出现明显的凹坑，熔覆效果差

7.1.4.2　不同Mo含量的Fe+15%WC熔覆层的组织分析

图7-15为不同Mo含量的Fe+15%WC熔覆层在500倍显微镜下的底部组织。由图7-15可知，当Mo含量为5%时，Fe+15%WC+5%Mo熔覆层底部主要以块状晶为主，含有少量柱状晶，晶界明显且排列稀疏；当Mo含量增加到10%时，Fe+15%WC+10%Mo熔覆层中的柱状晶基本消失，晶粒明显细化，且排列紧密；随着Mo含量的进一步提高，Fe+15%WC+15%Mo熔覆层中的晶粒紧密排列，但晶粒体积明显增大；当Mo含量增加到20%时，Fe+15%WC+20%Mo熔覆层中出现少量柱状晶，部分晶粒体积进一步增大，晶体排列疏松。

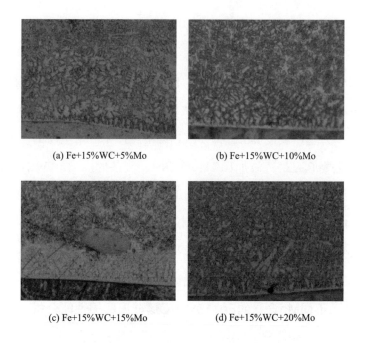

(a) Fe+15%WC+5%Mo　　　　　(b) Fe+15%WC+10%Mo

(c) Fe+15%WC+15%Mo　　　　　(d) Fe+15%WC+20%Mo

图7-15　熔覆层底部组织图

7.1.4.3　不同Mo含量的Fe+15%WC熔覆层的硬度分析

图7-16为不同Mo含量的Fe+15%WC熔覆层硬度测试图。由图7-16可知，不同Mo含量的Fe+15%WC熔覆层的热影响区硬度为580HV左右，为基体硬度的2.4倍左右，Fe+15%WC+5%Mo熔覆层的平均硬度为530HV左右，

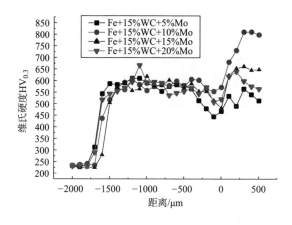

图7-16　不同Mo含量的熔覆层的硬度

Fe+15%WC+10%Mo熔覆层的平均硬度为765HV左右，稳定厚度硬度为825HV左右，Fe+15%WC+15%Mo。

熔覆层的平均硬度为650HV左右，Fe+15%WC+20%Mo熔覆层的平均硬度为600HV左右，因此，当Mo含量为10%时，制备的Fe+15%WC+10%Mo熔覆层的硬度最高，为基体硬度的3.2倍，Fe+15%WC+10%Mo熔覆层的硬度远高于其他熔覆层的主要原因是：添加10%Mo单质时，制备的Fe+15%WC+10%Mo熔覆层的组织更细小且晶体排列紧密，增加组织变形的位错阻力。由7.2节可知，未加入WC和Mo元素的Fe基熔覆层的硬度仅为630HV，而Fe+15%WC+10%Mo熔覆层的平均硬度为765HV左右，稳定厚度硬度为825HV左右，所以，Fe+15%WC基合金粉末中添加10%Mo的条件下，能提升Fe基熔覆层的硬度。

7.1.4.4 不同Mo含量的Fe+15%WC熔覆层磨损性能分析

图7-17为不同Mo含量的Fe+15%WC熔覆层的摩擦系数图。由图7-17可知，Fe+15%WC+5%Mo熔覆层稳定后的摩擦系数约为0.54，Fe+15%WC+10%Mo熔覆层稳定后的摩擦系数为0.4左右，Fe+15%WC+15%Mo熔覆层稳定后的摩擦系数约为0.38，Fe+15%WC+20%Mo熔覆层稳定后的摩擦系数约为0.5左右，因此，各熔覆层的摩擦系数按照从小到大的排序为：Fe+15%WC+15%Mo＜Fe+15%WC+10%Mo＜Fe+15%WC+20%Mo＜Fe+15%WC+5%Mo；虽然

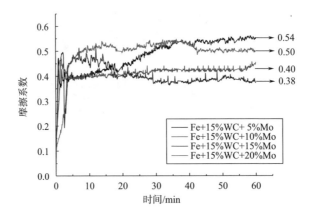

图7-17　不同Mo含量的熔覆层的摩擦系数

Fe+15%WC+15%Mo熔覆层的摩擦系数最小，但与Fe+15%WC+10%Mo熔覆层的摩擦系数相差不大。

通过测量并记录摩擦磨损实验前后各熔覆层的磨损量，得到实验结果如图7-18所示。通过计算得到：Fe+15%WC+5%Mo熔覆层实验前后磨损量的平均值为7.0，Fe+15%WC+10%Mo熔覆层实验前后磨损量的平均值为3.8，Fe+15%WC+15%Mo熔覆层实验前后磨损量的平均值为6.3，Fe+15%WC+20%Mo熔覆层实验前后磨损量的平均值为6.7。虽然Fe+15%WC+15%Mo熔覆层的摩擦系数较小，但Fe+15%WC+15%Mo熔覆层的摩擦系数仅略小于Fe+15%WC+10%Mo熔覆层的摩擦系数，而且Fe+15%WC+10%Mo熔覆层的磨损量小于Fe+15%WC+15%Mo熔覆层的磨损量，所以，Fe+15%WC+10%Mo熔覆层和Fe+15%WC+15%Mo熔覆层的耐磨性相当。

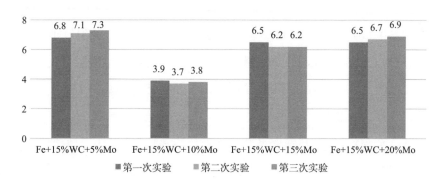

图7-18 不同Mo含量的熔覆层的磨损量的对比分析图

由7.1.3可知，Fe基熔覆层的摩擦系数为0.3左右，磨损量为7.3左右，与Fe+15%WC+10%Mo熔覆层和Fe+15%WC+10%Mo熔覆层相比，三者的摩擦系数相差不大，但其磨损量明显高于Fe+15%WC+10%Mo熔覆层和Fe+15%WC+10%Mo熔覆层的磨损量。因此，Fe+15%WC+10%Mo熔覆层和Fe+15%WC+10%Mo熔覆层耐磨性均可作为提升Fe基熔覆层的耐磨性。结合7.1.3可知，Fe+15%WC+10%Mo熔覆层和Fe+15%WC+10%Mo熔覆层的硬度均高于630HV，所以Fe+15%WC+10%Mo熔覆层和Fe+15%WC+15%Mo熔覆层均可作为截齿的防护层，延长截齿寿命。

7.2 不同成分铁基熔覆层的裂纹缺陷研究

为了探究WC及Mo单质对Fe基熔覆层裂纹的影响并筛选无裂纹缺陷的激光熔覆层，然后依据第四章筛选得到的高性能熔覆层，找出性能优异且无裂纹或裂纹较少的激光熔覆层，用于截齿的防护。

7.2.1 WC对铁基熔覆层裂纹缺陷的影响

图7-19为Fe基熔覆层与Fe+15%WC熔覆层探伤图，在7.1节确定的激光熔覆参数下，制备的Fe基熔覆层表面无明显裂纹，当Fe基合金粉末中添加15%WC颗粒，制备的Fe+15%WC熔覆层表面出现大量裂纹缺陷，且裂纹走向一致，垂直于激光扫描方向。因此，WC颗粒的加入，具有增强熔覆层裂纹产生的趋势，主要原因是，一方面，WC颗粒的加入，使原有的Fe基粉末中添加了非金属物质，在激光熔覆实验期间，大功率、低扫描速度的情况下，使热输入增加，Fe基合金与WC颗粒热膨胀系数不一致，容易促使熔覆层产生裂纹；另一方面，由图7-20（a）可知，WC的形状不一，部分WC的外形具有尖角，与球形WC相比，易引起应力集中，导致熔覆层中有裂纹的出现；除此之外，WC的部分分解，容易使熔覆层某些区域的C元素增加，促进碳化物增多，提升了熔覆层裂纹出现的概率，也是导致熔覆层裂纹出现的原因之一。为了探究熔覆层中的WC是否分解，本书对激光熔覆层WC周围的块状物进行了能谱分析，能谱分析结果如图7-20（c）和表7-4所示。由能谱分析结果可知，WC颗粒周围块状物的由C、Cr、Fe、W等元素组成，由表7-3可知，Fe基合金粉末中不含W元素，而WC颗粒中只含有C、W两种元素，不含Cr和Fe元素。因此，WC颗粒在熔覆期间出现分解。由图7-19（b）可知，熔覆层中的裂纹方向几乎垂直于激光熔覆的扫描方向，且熔覆层中部裂纹较多，熔覆层两端几乎无裂纹出现，主

要原因是：激光熔覆实验期间，熔池以及其周围的基材被迅速加热，温度急剧升高，热膨胀速度较快，而其他部分基材则温度升高较为缓慢，受热影响膨胀速度较慢，当熔池及熔池周围的基材开始凝固或者收缩时，由于收缩不一致，熔覆层的收缩被限制，受到基材对熔覆层的拉应力，且在扫描速度方向上的应力较大。由于熔覆层两端受其他部分的热影响较小，而且熔覆层两端的散热通道比熔覆层中部的散热通道多，导致熔覆层两端的热应力较小，因此，熔覆层中的裂纹集中在熔覆层中部。

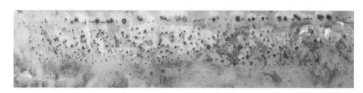

(a) Fe基熔覆层

(b) Fe+15%WC熔覆层

图7-19　熔覆层探伤图

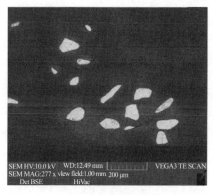

(a) WC颗粒的形貌图

(b) WC周围的块状物能谱测试点

图7-20

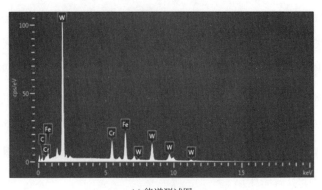

(c) 能谱测试图

图7-20　形貌及能谱图

表7-3　Fe基合金粉末化学成分表

碳	硅	锰	硼	铬	磷	钼	铁
1.6%	0.75%	0.3%	0.9/%	13.2/%	0.01/%	4.5/%	余量

表7-4　激光熔覆层的WC周围的块状物能谱分析结果

元素	质量分数/%	质量分数/%	原子百分比
C	7.68	0.35	31.03
Cr	9.80	0.15	17.18
Fe	20.16	0.23	27.54
W	67.166	0.39	27.05
总量	100	—	100

7.2.2　Mo对铁基熔覆层裂纹缺陷的影响

图7-21为不同Mo含量Fe基熔覆层的探伤图，由图7-21可知，Fe+5%Mo熔覆层、Fe+15%Mo熔覆层和Fe+20%Mo熔覆层表面未出现红色显像液，熔覆层无裂纹出现；Fe+10%Mo熔覆层表面的块状红色部分，是表面未熔物间隙渗透出的显像液，并非熔覆层裂纹，由此说明在Fe基合金粉末中混合5%、10%、15%、20%的Mo单质能制备出无裂纹缺陷的Fe基熔覆层。

图7-21　熔覆层的探伤图

(a) Fe+5%Mo　(b) Fe+10%Mo　(c) Fe+15%Mo　(d) Fe+20%Mo

结合7.3节可知，Fe合金粉末中与Mo单质混合制备的Fe基熔覆层，不仅能够提高熔覆层的硬度及耐磨性能，而且熔覆层中无裂纹出现，主要原因如下：

（1）熔覆层中未熔的Mo单质，如图7-21所示，使熔覆层具有Mo单质良好的导热性能，减少熔覆层中局部的热应力，避免裂纹的出现。

（2）由图7-22可知，熔覆层中的Mo单质为球形，避免非球形Mo单质的加入，增加熔覆层的应力集中，产生裂纹；

图7-22　熔覆层中Mo单质的形貌图

（3）Mo元素为金属颗粒，热膨胀系数差异小，避免了激光熔覆过程中，熔覆层中的金属材料收缩不一致，而导致熔覆层中产生裂纹；除此之外，Mo单质的加入，能够改善Fe基熔覆层的硬度及耐磨性，增加了熔覆层的屈服极限，也是避免熔覆层中产生裂纹缺陷的原因之一。

7.2.3　Mo对Fe+15%WC熔覆层裂纹缺陷的影响

图7-23为不同Mo含量Fe+15%WC熔覆层的探伤图，由图7-23可知，Fe+15%WC+5%Mo熔覆层表面裂纹较多，其中熔覆层中部含有6条裂纹；当Mo含量增加为10%时，制备的Fe+15%WC+10%Mo熔覆层裂纹较少，中部含有2条裂纹；当Mo含量增加为15%时，制备的Fe+15%WC+15%Mo熔覆层中部裂纹消失，但在熔覆末端出现少量裂纹；当Mo含量增加为20%时Fe+15%WC+20%Mo熔覆层表面裂纹完全消失。由此说明：熔覆层中的裂纹数量随Mo单质的增加，裂纹逐渐减少，即Mo单质对熔覆层裂纹的产生有抑制作用。与Fe+15%WC熔覆对比可知，Mo单质的加入能够减少甚至消除Fe+15%WC熔覆层中的裂纹，其主要原因如下：

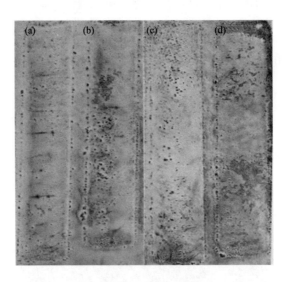

图7-23　熔覆层探伤图

(a) Fe+15%WC+5%Mo　(b) Fe+15%WC+10%Mo　(c) Fe+15%WC+15%Mo　(d) Fe+15%WC+20%Mo

（1）WC颗粒的加入，硬度升高，增加了熔覆层中脆硬性，而Mo单质具有良好的金属韧性，可以减缓降低熔覆层的脆硬性。

（2）Mo单质能够细化熔覆层组织并增强熔覆层性能，Mo单质的加入，增大了熔覆层强度，能避免开裂现象出现。

（3）Mo单质具有良好的导热性能，具有消除熔覆层局部的热应力，避免熔覆层开裂。

（4）Mo单质热膨胀系数与Fe基合金的热膨胀系数相近，避免了凝固时熔覆层内部收缩不一致，产生裂纹。

综上所述，当Mo含量为5%时，制备的Fe+15%WC+5%Mo熔覆层表面产生大量裂纹，当Mo含量为10%或15%时，制备的Fe+15%WC+10%Mo熔覆层和Fe+15%WC+15%Mo熔覆层表面含有少量裂纹，当Mo含量为20%时，制备的Fe+15%WC+20%Mo熔覆层表面裂纹完全消失。

本章主要对第7章制备的各熔覆层进行探伤实验，并分析出WC颗及Mo单质的加入对Fe基熔覆层表面裂纹的影响，并筛选出裂纹较少和无裂纹的熔覆层，得出结论如下：

（1）对Fe熔覆层和Fe+15%WC熔覆层进行探伤分析，发现Fe+15%WC熔覆层表面产生大量裂纹，并分析了其产生裂纹的影响机理。

（2）通过对不同Mo含量的Fe熔覆层进行了探伤实验，得出Mo单质的加入不会引起Fe基熔覆层产生裂纹的结论，并分析其原因，最后筛选出没有裂纹的熔覆层为：Fe+5%Mo熔覆层、Fe+10%Mo熔覆层、Fe+15%Mo熔覆层、Fe+20%Mo熔覆层。

（3）通过对不同Mo含量的Fe+15%WC熔覆层的探伤分析，得到随着Mo含量的增加，Fe+15%WC熔覆层裂纹逐渐减少变化规律，并筛选出裂纹较少的熔覆层：Fe+15%WC+10%Mo熔覆层、Fe+15%WC+15%Mo熔覆层和Fe+15%WC+20%Mo熔覆层，其中，Fe+15%WC+20%Mo熔覆层无裂纹。

综上所述含有裂纹的熔覆层有：Fe+5%Mo熔覆层、Fe+10%Mo熔覆层、Fe+15%Mo熔覆层、Fe+20%Mo熔覆层和Fe+15%WC+20%Mo熔覆层；且

Fe+15%WC+10%Mo熔覆层、Fe+15%WC+10%Mo熔覆层和Fe+15%WC+10%Mo熔覆层表面含有极少量裂纹出现；由于少量裂纹对截齿防护影响较小，因此，结合第7章节筛选出的高性能熔覆层，最终确定的激光熔覆层为：Fe+10%Mo熔覆层、Fe+15%WC+10%Mo熔覆层和Fe+15%WC+15%Mo熔覆层。

参考文献

［1］任葆锐. 高性能硬岩截齿的研究［J］. 煤矿机械，1999（6）：18-20.

［2］Beste U，Jacobson S. A new view of the deterioration and wear of WC/Co cemented carbide rock drill buttons［J］. Wear，2008，264（11-12）：1129-1141.

［3］欧小琴. 超细晶WC-Co硬质合金的制备、显微组织及力学性能研究［D］. 南京：中南大学，2013.

［4］张项阳，翟熙伟. 采用D212焊条堆焊修复不同材质矿用截齿的性能对比研究［J］. 热加工工艺，2016，45（1）：48-51.

［5］李辉，孙志远，迟丽丽. 高性能矿用硬质合金截齿的开发［J］. 硬质合金，2017，34（2）：115-119.

［6］衡永恩，王新，朱可明，等. 镐型截齿材料的耐磨性能研究［J］. 应用技术，2018，（9）：78-80.

［7］成博，张岩，石亦琨，等. 基于等离子堆焊技术的矿用截齿的耐磨性能研究［J］. 中北大学学报，2017（4）：446-451.

［8］Liu Y F，Liu X B，Xu X Y，et al. Microstructure and dry sliding wear behavior of Fe2TiSi/γ-Fe/Ti5Si3，composite coating fabricated by plasma transferred arc cladding process［J］. Surface & Coatings Technology，2010，205（3）：814-819.

［9］Tosun G. Coating of AISI 1 0 1 0 Steel by Ni-WC Using Plasma Transferred Arc Process［J］. Arabian Journal for Science and Engineering，2014，39（4）：3271-3277.

［10］苏伦昌，董春春，杜学芸，等. 矿用截齿激光熔覆高耐磨颗粒增强铁基复合涂层的性能研究［J］. 矿山机械，2014，42（3）：102-106.

［11］杨会龙，孙玉福，等. 截齿表面感应熔覆WC增强Fe基熔覆层的研究［J］. 表面技术，2011，40（4）：26-29.

［12］丁阳喜，陈元凯，廖芳荣，等. 钼及La$_2$O$_3$对激光原位合成TiC-VC颗粒增强镍基复合组织和性能的影响［J］. 有色金属工程，2016，6（1）：22-26.

［13］杨会龙，孙玉福，等截齿表面感应熔覆WC增强Fe基熔覆层的研究［J］. 表面技术，2011，40（4）：26-29.

［14］于计划. 矿用截齿激光熔覆工艺与性能实验研究［D］.郑州：中原工学院，2020.

［15］库尔兹，费希尔. 凝固原理［M］. 李建国，胡侨丹，译. 北京：高等教育出版社，2010.

［16］张伟. 钼对高铬铸铁激光熔覆层组织和硬度的影响［J］. 金属热处理，2016，41（3）：170-174.

［17］宁爽，边秀房，田永生，等. WC对铁基激光熔覆层微观组织与磨损性能的影响［J］. 特种铸造及有色合金，2008，4（6）：422-424，405-406.

第8章　激光熔覆工艺在阀门类零件中的应用

　　为实现阀门密封面表面修复与强化的目标，国内外学者采用诸多技术手段，例如机加工、喷涂、堆焊、沉积、激光熔覆等。对于传统机加工修复阀门密封面而言，适用范围较小，因其多采用磨削加工和车床加工手段，需提前进行测量是否具有加工余量，来保证加工修复后零件尺寸符合工程要求，因此现常作为增材制造后的辅助减材加工来配合使用。刘海波等对比了基于煤化工调节阀的等离子喷涂、超音速火焰喷涂和等离子堆焊三种强化手段，结果表明，喷涂整体制备的涂层厚度薄，两种喷涂技术与基材的结合力均低于等离子堆焊，且堆焊层硬度最高。长时间以来，对于阀门密封面常用堆焊技术对其进行修复与强化，但张敏等对闸阀阀瓣表面Stellite合金堆焊层脱落部分进行微观结构和化学成分的分析，结果表明，涂层裂纹、缩孔、夹杂物主要由堆焊工艺造成，制造不合格，但堆焊层金相组织和化学成分复合要求。申景泉利用气相沉积技术对锥面截止阀密封面进行修复，对涂层性能检测后发现提升了阀门表面的抗擦伤和抗气蚀性能。虽然阀门密封面修复手段多样，但各方法均有其局限性，而对于近年来国内外高端泵阀制造商普遍使用的激光熔覆技术而言，其技术优势较为明显。

　　采用激光熔覆技术对阀门密封面进行修复强化，激光熔覆技术可以在阀门低成本金属上熔覆高性能合金粉末涂层，这样可以节约稀有金属，降低成本，并且利用激光熔覆技术柔性化程度高的特点可以实现多形状、部位的阀门修复。还有再制造的熔覆层力学性能良好，且表面耐腐蚀性和耐磨性提高，达到修复强化的目的，延长阀门使用寿命。

近年来对于阀门修复手段的研究很多，其中对比各技术方案优劣性的文献也十分具有参考意义。激光熔覆技术相对于喷涂技术而言，主要优势是与基材的结合力强、不易脱落且可保证较小的稀释率；对比气相沉积技术，气相沉积在效率上明显低于激光熔覆，由于可选材料少、单层涂层厚度极薄导致其使用范围受限严重；激光熔覆技术与堆焊技术相比，优势在于对基材的影响较小，一方面体现在形变量，另一方面体现在热影响区的宽度，激光熔覆层具有更精细的微观结构，固熔基体中保留了更多强化元素，且稀释率较低，在显微硬度、高温硬度、磨损率、耐蚀各方面性能也都优于堆焊层。故从先进性角度考虑，选择激光熔覆技术来改善和提高阀门质量是一条可行的技术路线，有助于延长阀门寿命。

8.1 激光熔覆搭接熔覆层工艺优化

对于激光熔覆涂层质量评价而言，控形和控性是尤为重要的两个方面，这两方面都需要像激光功率、搭接率、光斑面积等这种参数的组合搭配进行直接控制。激光熔覆是由多次单道熔覆构成的，为获得良好的涂层，必须首先对单道熔覆层截面的几何特征进行建模和优化，得出较优工艺范围区间后进行多道熔覆层几何特征和质量特征分析，最终得出最佳工艺参数来指导硬质密封偏心半球阀的钴基激光熔覆。经验统计模型有助于避免分析过程的复杂物理现象，可以帮助探索激光熔覆的关键加工参数和几何特征，利用经验统计模型，研究了激光熔覆工艺中涂层与基体的几何特性与关键工艺参数之间的关系。目前，有许多优化工艺参数的方法，如数学统计、田口方法、响应面方法、人工神经网络等。

比如很多学者利用正交实验对参数与响应进行方案设计，经过一次或二次回归模型对其进行拟合，便能求解出较优参数组合，以便后续实验测试。在这其中，为探寻导致熔覆层响应值的最大影响因素，便通过极差分析进行模型中各系数的优化，最后使用灰色关联度的方法分析模型预测值与后续实验结果之间的关联度，得出最优参数组合。还有的以正交试验数据作为基础，在上述灰色关联度方法上设置目标权重，将其转换为多目标参数优化，以此更进一步获得准确的最优参数组合。BP神经网络也可建立参数输入与质量响应的模型，后续结合遗传算法进行优化。

采用田口设计方法进行设计实验，通过信噪比对质量特征影响因素进行排序，使用ANOVA分析了重要因素对涂层质量特征的影响，选择出最佳工艺参数。最后，利用支持向量机建立了熔覆层质量特性的预测模型。利用TOPSIS优化方法建立预测模型。文献等采用田口方法设计实验，将熔宽、熔高、稀释率等响应指标结合灰色关联理论转换为单个GRG进行综合评估，即可得出较优的参数组合来保证进行后续试验。

基于响应曲面法实验数据，利用方差分析建立其工艺参数与涂层质量特征之间的回归数学模型，分析和讨论单个工艺参数和多个变量共同对于涂层几何特征之间的影响，优化出最佳工艺参数组合，以较小的成本实现对激光熔覆工艺的模拟与预测。利用响应曲面法设计实验，通过ANSYS对其进行模拟仿真，然后通过方差分析对其仿真数据进行回归拟合，最后根据目标优化得出最佳工艺参数。在BP神经网络建立模型后，利用NSGA–Ⅱ优化方法求多目标最优解。Onwubolu G C等采用离散搜索优化技术确定最佳工艺参数，通过方差分析验证了预测模型的充分性。MaM等通过响应面方法对激光熔覆参数的稀释率和残余应力进行建模，研究了每个参数对响应的影响，然后将二次模型用作约束函数，并应用多目标量子行为粒子群优化算法来找到最小稀释率和残余应力，最终通过该算法预测了最佳工艺参数，制备出高熵合金涂层。另外，建模之后也可采用PCA–TOPSIS法进行优化。为了对比响应曲面法和机器学习方法，继续将已有输出指标设置权重和层次转化为单一质量指标，以此进行对比实验，发现响应曲面法在预测精度方面表现更为优异。

综合来看，利用正交实验数据并对其进行数学建模，无法对工艺参数与响应特征之间进行详细的分析，无法考虑交互作用的影响，而利用机器学习和神经网络再加以算法优化的模型，需要大量的实验数据，成本大且容易陷入局部最优解，而对最佳工艺参数范围预测精度较差，响应曲面法在较少的实验组数下对实验数据进行拟合，并且对工艺参数与输出响应之间的关系以及工艺参数之间的相互作用可以进行详细分析和讨论，能直观且高效地对涂层质量特征进行预测分析，在工程实践应用中应多采取此方法。

8.1.1 中心复合设计多道激光熔覆实验数据处理

在已做单道熔覆涂层的基础上，为进一步探索多道熔覆层规律，LP与SS已经对前试验结果给出区间范围，但是作为大面积搭接实验，搭接率（OV）也是需要进行进一步优化的。表面平整度（F）、宽高比（W/H）和稀释率（DR）为输出响应，进行工艺参数优化和影响因素分析。本书采用中心复合试验设计了多道熔覆层的三因素三水平实验方案，总计20组，部分轴向点选取了14处，中心点选取了6组，符合设计标准。表8-1和表8-2为试验设计方案与数据汇总表。

表8-1 各参数水平编码表

变量	缩写	单位	参数		
			−1	0	1
激光功率	LP	W	1500	1600	1700
扫描速度	SS	mm/s	5	6	7
搭接率	OLR	%	30	40	50

表8-2 中心复合试验设计及试验数据表

序号	LP/W	SS/（mm/s）	OV/%	H/μm	W/μm	W/H	A_c/mm²	F	A_d/mm²	DR/%
1	1500	5	30	2713.2	9435.8	3.48	20.539	0.802	0.368	1~79
2	1700	5	30	2469.5	9568.2	3.87	19.525	0.826	0.397	2.03
3	1500	7	30	2009.97	9975.6	4.96	13.702	0.683	0.142	1.04
4	1700	7	30	1827.2	10298.9	5.64	14.646	0.778	0.249	1.7

序号	LP/W	SS/ (mm/s)	OV/ %	H/ μm	W/ μm	W/H	A_c/ mm²	F	A_d/ mm²	DR/ %
5	1500	5	50	3261.3	8040.4	2.47	18.879	0.72	0.234	1.24
6	1700	5	50	2912.5	8222.5	2.82	18.804	0.785	0.318	1.69
7	1500	7	50	2530.4	9469.3	3.74	15.378	0.642	0.134	0.87
8	1700	7	50	2325.5	9637.8	4.14	14.982	0.668	0.224	1.5
9	1431.821	6	40	2502.7	9671.1	3.86	16.672	0.689	0.266	1.6
10	1768.179	6	40	2207.6	9746.5	4.41	17.228	0.801	0.4	2.32
11	1600	4.318	40	3089.7	8436.8	2.73	22.812	0.875	0.447	1.96
12	1600	7.682	40	2214.8	9817.2	4.43	14.767	0.679	0.238	1.61
13	1600	6	23.182	2109.6	10282.4	4.87	17.478	0.806	0.247	1.41
14	1600	6	56.818	2845.9	9185.9	3.23	16.596	0.635	0.096	0.58
15	1600	6	40	2486.1	9679.8	3.89	17.51	0.728	0.104	0.59
16	1600	6	40	2297.9	9798.6	4.26	16.645	0.739	0.158	0.95
17	1600	6	40	2475	9646.8	3.9	18.363	0.769	0.112	0.61
18	1600	6	40	2148.4	9936.4	4.63	16.542	0.775	0.192	1.16
19	1600	6	40	2346.8	9817.2	4.18	17.685	0.768	0.137	0.77
20	1600	6	40	2290.7	9798.6	4.28	16.723	0.745	0.156	0.93

8.1.2 多道熔覆层表面形貌

在经过预定实验参数的激光熔覆后，得到如图8-1所示的表面和截面整体形貌图：5号试样熔覆层底部有三处凹坑，在搭接率为50%且扫描速度为5mm/s下，由于搭接量大，同时扫描速度较慢，导致在较低功率下粉末未能全部熔化，形成底部凹坑。14号试样熔覆层底部有一处凹坑，其搭接率大于50%，表明搭接率不宜过高，易导致粉末未能全熔形成缺陷。初步表明搭接率小于50%时更易得到较好的熔覆效果。10号、11号、12号试样熔覆层探伤效果显示其底部均有缺陷，10号试样底部缺陷表明，在扫描速度为6mm/s、搭接率为40%时，超过1600W的激光功率易造成熔覆层质量缺陷的产生。11号试样横截面宏观形貌显示其顶部有裂纹形成，其扫描速度小于5mm/s，导致激光输入能量过大形成裂纹，而12号试样在扫描速度大于7mm/s时产生了底部缺陷，两者均验证了多道搭接时扫描速度应为5～7mm/s区间的正确性，如图8-2所示。

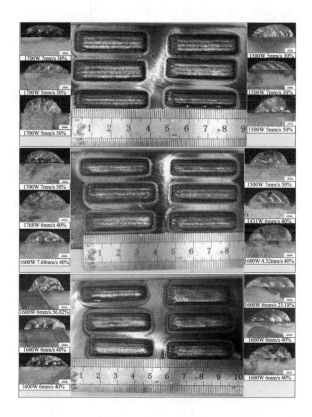

图8-1　搭接试样表面与横截面宏观特征图

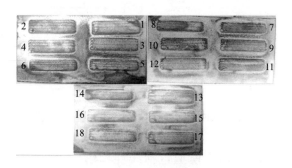

图8-2　熔覆层表面探伤图

8.1.3　工艺参数对多道熔覆层几何形貌的影响

8.1.3.1　熔覆层宽高比

对宽高比选择完全二次回归模型进行拟合，首先进行逐步回归剔除不显著变量。由表8-3的方差分析可知，模型的F值为55.63，失拟项F值为0.47，说明该模型中项与响应高度关联。模型的P值小于0.0001，显著，失拟项P值为0.8576，不显著，这时失真概率为0.01%，拟合性非常良好，表明模型可以代表输入变量与输出响应之间的数据关系。R-Squared为93.68%，这直接代表了实际与预测之间非常强的关联性。Adj R-Squared为92%，表明模型对响应拟合程度非常高。Pred R-Squared为87.31%，表明模型对新响应值进行预测效果出色。Adeq Precision为25.728，表明试验数据与噪声误差的比值很大，高于4即表明模型符合统计要求。因此回归方程式（8-1）可作为数据拟合的统计模型对后续试验进行预测分析。

表8-3　宽高比方差分析表

来源	DF	调整项 SS	调整项 MS	F值	P值	显著性
模型	4	10.91	2.73	55.63	<0.0001	显著
LP	1	0.55	0.55	11.25	0.0044	
SS	1	5.54	5.54	112.97	<0.0001	
OV	1	4.16	4.16	84.83	<0.0001	
SS*SS	1	0.66	0.66	13.46	0.0023	
残差	15	0.74	0.049			
失拟项	10	0.35	0.035	0.47	0.8576	不显著
误差	5	0.38	0.076			
总计	19	11.65				

$$\frac{W}{H}=-8.33123+0.00200997LP+3.18219SS-0.055197OV-0.2121SS^2 \quad (8\text{-}1)$$

输入变量对宽高比响应模型包括线性项LP、SS、OV，二次项SS^2，其为宽高比的主要影响因素，根据F值大小可知，对宽高比影响等级为

$SS>OV>SS^2>LP$。

图8-3为输入变量对宽高比的摄动图,在本次实验工艺参数内,激光功率对宽高比为正效应,但其影响宽高比变化区间较小,不是主要影响因素。扫描速度对宽高比产生正影响,增大扫描速度会导致输入能量变少,从而粉末熔化量变少,导致熔高减小,宽高比增大。搭接率对宽高比为负效应,随着搭接率的增大,激光输入能量不变,激光熔化的重叠部分变大,导致熔高增大,熔宽减少,最终导致宽高比减小。图8-4为扫描速度与搭接率对宽高比交互作用影响图,等高线非线性则代表各参数之间的耦合作用关系明显。扫描速度与搭接率对宽高比的影响均呈近线性关系。

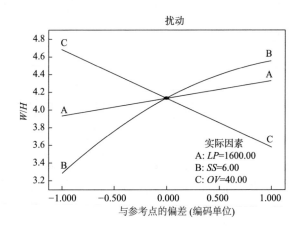

图8-3　宽高比摄动图

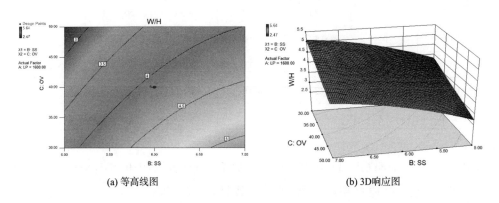

(a) 等高线图　　　　　　　　　　　　(b) 3D响应图

图8-4　扫描速度与搭接率对宽高比交互作用影响图

8.1.3.2 熔覆层稀释率

对稀释率选择完全二次回归模型进行拟合，首先进行逐步回归剔除不显著变量。由表8-4的方差分析可知，模型的F值为27.51，失拟项F值为0.52，说明该模型中项与响应高度关联。模型的P值小于0.0001，显著，失拟项P值为0.8116，不显著，这时失真概率为0.01%，拟合性非常良好，表明模型可以代表输入变量与输出响应之间的数据关系。R-Squared为90.76%，这直接代表了实际与预测之间非常强的关联性。Adj R-Squared为87.46%，表明模型对响应拟合程度非常高。Pred R-Squared为81.87%，表明模型对新响应值进行预测效果出色。Adeq Precision为17.429，表明试验数据与噪声误差的比值很大，高于4即表明模型符合统计要求。因此回归方程式（8-2）可作为数据拟合的统计模型对后续试验进行预测分析。

表8-4　稀释率方差分析表

来源	DF	调整项 SS	调整项 MS	F值	P值	显著性
模型	5	4.64	0.93	27.51	<0.0001	显著
LP	1	0.75	0.75	22.12	0.0003	
SS	1	0.36	0.36	10.79	0.0054	
OV	1	0.52	0.52	15.33	0.0016	
LP*LP	1	1.94	1.94	57.54	<0.0001	
SS*SS	1	1.34	1.34	39.69	<0.0001	
残差	14	0.47	0.034			
失拟项	9	0.23	0.025	0.52	0.8116	不显著
误差	5	0.24	0.049			
总计	19	5.11				

$$DR=103.235-0.11447LP-3.80083SS-0.019447OV+0.0000365LP^2+0.30314SS^2 \quad (8\text{-}2)$$

输入变量对稀释率响应模型包括线性项LP、SS、OV，二次项LP^2、

SS^2，其为稀释率的主要影响因素，根据F值大小可知，对稀释率影响等级为$LP^2>SS^2>LP>OV>SS$。

图8-5为输入变量稀释率的摄动图，激光功率对稀释率的影响在1500～1570W区间内呈负效应，原因是单位时间内增加的激光输入能量用于熔化粉末，基材所受辐射能量较少，稀释区域面积减少，稀释率变小；在1570～1700W区间内呈正效应，且效应明显，其原因是激光功率增大，激光输入能量更多地辐射到基材上，导致熔池扩大加深，稀释区域面积增大，稀释率变大。

扫描速度对稀释率的影响在5～6.3mm/s区间内呈负效应，且效应明显，若扫描速度提高，那么能量输入会明显下降，熔池缩减，稀释区域面积减小，稀释率变小；在6.3～7mm/s内呈正效应，当扫描速度过快时，钴基粉末由于来不及充分熔化，从而导致单位时间内的激光能量过多地照射在基材表面，导致熔池扩大，稀释区域面积增大，稀释率变大。

搭接率对稀释率的影响在30%～50%区间内为负效应，其原因是当激光输入能量不变，搭接率提高时，单位时间内所需熔化粉末增多，对基材辐射热量减少，熔池缩减，稀释率变小。图8-6为稀释率与搭接率对稀释率交互作用影响图，等高线非线性则代表各参数之间的耦合作用关系明显。

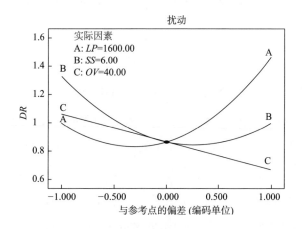

图8-5　稀释率摄动图

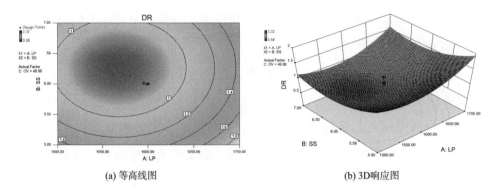

(a) 等高线图	(b) 3D响应图

图8-6　激光功率与搭接率对稀释率交互作用影响图

8.1.3.3　熔覆层表面平整度

表面平整度的定义如式（8-3）所示，A_c为多道搭接熔覆层面积，W为熔宽，H为熔高，其示意图如图8-7所示，当熔覆层表面高低变化较大时，表面平整度较低。

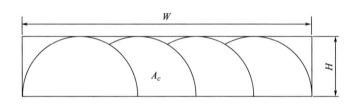

图8-7　多道熔覆层表面平整度示意图

$$F = \frac{A_c}{W \times H}$$

（8-3）

对表面平整度选择完全二次回归模型进行拟合，首先进行逐步回归剔除不显著变量。由表8-5的方差分析可知，模型的F值为41.13，失拟项F值为1.29，说明该模型中项与响应高度关联。模型的P值小于0.0001，显著，失拟项P值为0.4095，不显著，这时失真概率为0.01%，拟合性非常良好，表明模型可以代表输入变量与输出响应之间的数据关系。R-Squared为91.64%，这直接代表了实际与预测之间非常强的关联性。Adj R-Squared为89.42%，表明模型对响应拟合程度非常高。Pred R-Squared为83.03%，表明模型对新响应值进行预测效果出色。Adeq Precision为23.034，表明试验数据与噪声误差的比值很大，高于4即表明模型符合统计要求。因此回归方程式（8-4）可作为数据拟合的统计模型对后续试验进行预测分析。

表8-5　表面平整度方差分析表

来源	DF	Adj SS	Adj MS	F值	P值	显著性
模型	4	0.073	0.018	41.13	<0.0001	显著
LP	1	0.012	0.012	26.35	0.0001	
SS	1	0.035	0.035	79.42	<0.0001	
OV	1	0.023	0.023	52.36	<0.0001	
OV*OV	1	0.003	0.003	6.40	0.0231	
残差	15	0.007	0.0004			
失拟项	10	0.005	0.0005	1.29	0.4095	不显著
误差	5	0.002	0.0004			
总计	19	0.079				

$$F=0.5349+0.000291693LP-0.050644SS+0.00698OV-0.000138655OV^2 \quad (8-4)$$

图8-8为表面平整度的摄动图，图8-9为变量耦合作用影响图，输入变量对表面平整度响应模型包括线性项LP、SS、OV，二次项OV^2，其为表面平整度的

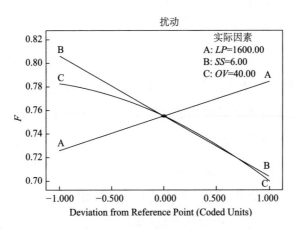

图8-8　表面平整度的摄动图

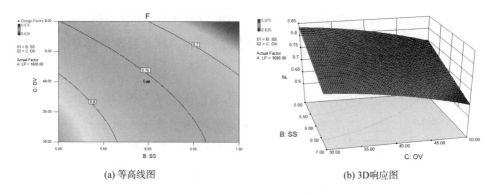

(a) 等高线图　　　　　　　　　　　　(b) 3D响应图

图8-9　变量耦合作用影响图

主要影响因素，根据 F 值大小可知，对 F 影响等级为 $SS>OV>LP>OV^2$。以试验工艺参数范围作为边界，激光功率对表面平整度产生正影响，其原因是随着激光功率逐步增大，$W\times H$ 值逐步减少，对熔覆层面积影响较小，从而表面平整度增大。扫描速度与搭接率则起到相反的作用，一旦速度越来越快，总熔化金属粉末变少，面积骤减，$W\times H$ 值逐步增大，表面平整度变小。搭接率增大时，$W\times H$ 值逐步增大，熔覆层面积变化较小，导致表面平整度变小。

8.1.4　多道激光熔覆工艺参数优化

在Design-Expert软件中使用优化器即满意度函数进行优化，由此可得出单道激光熔覆工艺参数优化区间，以此来继续对多道搭接激光熔覆工艺参数进行下一步优化。

由上述可知，单道熔覆层所需高度为1500μm，而本书预期熔覆层厚度为2000μm，因此熔高优化目标为望大函数2000～2300μm；在结合单道熔宽和多道搭接率后，计算出多道熔覆层宽高比优化目标为望大函数3.3～3.8；以公式定义的表面平整度和多道熔覆层截面图来看，过高的表面平整度会增加浸润角的明显增大，不利于后续搭接，因此表面平整度预期优化目标为0.75～0.8；由于多道搭接稀释率均在2%以下，因此本次多道优化不作为影响变量。

在Design-Expert软件中使用优化器即满意度函数进行优化，各变量和响应的权重与界限见表8-6，得出的激光熔覆工艺参数复合合意函数图如图8-10

所示，Desirability为1的区域为最优区域，可得多道激光熔覆的最优参数是：
*LP*1600W，*SS*6mm/s，PFR17.5g/min，*OV*40%。

表8-6　各变量和响应的权重与界限表

名称	目标	下限	上限	权重	权重	重要性
A：*LP*	区间内	1500	1700	1	1	3
B：*SS*	区间内	5	7	1	1	3
C：*OV*	区间内	30	50	1	1	3
宽高比	最大值	3.3	3.8	1	1	4
表面平整度	区间内	0.75	0.8	1	1	3
熔高	最大值	2000	2300	1	1	5

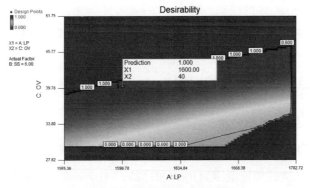

(a) 激光功率与搭接率复合合意函数图

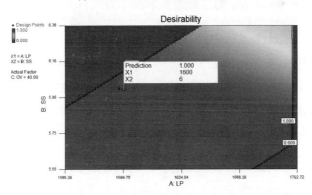

(b) 激光功率与扫描速度复合合意函数图

图8-10

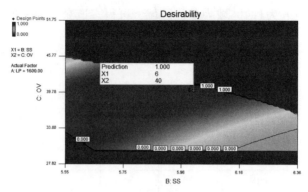

(c) 激光功率与扫描速度复合合意函数图

图8-10　激光熔覆工艺参数复合合意函数图

8.2　钴基合金熔覆层组织及性能

8.2.1　熔覆层界面显微组织

8.2.1.1　显微组织分析

使用TESCAN VEGA3 XMU钨灯丝扫描电镜观测熔覆层截面组织特征，拍摄图像时，扫描电镜的加速电压为10kV和15kV。由于熔覆层各部位组织形貌相差不大，故选取如图8-11所示的截面组织形貌作为代表进行分析，由图8-11（a）可知，在底部钴基合金与基体金属相融，以平面晶形态生长的金相组织形成明显的熔凝线，此区域为熔覆层与基材的冶金结合区。此区域内成分过冷度小，导致枝晶生长缓慢，形成大量的平面晶。凝固组织向上生长，此区域钴基合金粉末内的元素成分含量增大，在快速凝固过程中元素的再分配导致成分过冷程度不同，当程度较轻时，凝固组织会突破固—液界面，形成部分垂直胞状晶，过冷度继续变大，突破的位置越来越多，会结合形成既宽且长的柱状晶，并且凝固组织向冷却速度最快方向生长，因此从图中可看到柱状晶与平面晶夹角为60°。沿着柱状晶区域往上，由图8-11（b）可知，整体熔覆层中部组织大部分由树枝晶构成，并且生长的二次枝晶较多。这是由于在凝固过程中，晶体潜热也会逐步释放，这会阻碍整体冷却速度，一次枝晶主干依旧粗大。但元素成分的再分配依旧逐步增大，这就导致了枝晶形态进一步变化，生成细小的二次枝晶。中层组织的散热途径单一，只有下方已凝固的底部组织，枝晶生长方向也就与其散热方向相反。图8-11（c）为凝固组织从中部继续向上生长到顶部金相图，在熔覆层顶部区域，散热方向多、速度快，既可以由已凝固组织进行传热，又可由表层与空气进行热交换进行散热，顶部快速的散热性也导致了顶部组织凝固速率快，基于此会使凝固组织散乱无序但又细小，所以由图可知更多表现为无序的胞状晶和树枝晶。

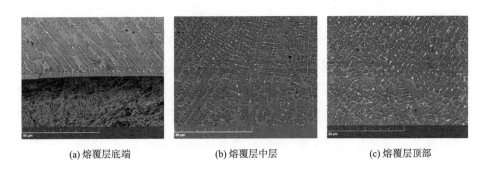

(a) 熔覆层底端　　　　　　(b) 熔覆层中层　　　　　　(c) 熔覆层顶部

图8-11　钴基熔覆层金相组织特征

8.2.1.2　物相组成及元素成分分析

钴基合金涂层的物相组成是研究其性能不可或缺的一环，对此本书在衍射角10°～90°，衍射强度0～1500/2000cps的环境下对试样进行检测，结果如图8-12所示。本次对元素含量测试的仪器为20kV加速电压下的X-Max 80能谱仪。为检验枝晶间的元素差异，对其进行EDS线扫描，另需对稀释区元素转移规律进行研究，故在底部区域进行多点EDS测试。由图8-12可以看出，熔覆层含有的主要相为γ-Co、$Cr_{23}C_6$，另有Co_7W_6、Cr_2Ni_3。从图8-13和图8-14可知，谱图1为枝晶中心部位，Co、Fe含量较大且在枝晶中分布均匀，谱图2为枝晶间部位，Cr、C、W含量较大且在枝晶间均匀分布。由表8-7可以看出，EDS点中铬、钴、钨含量：位置2>位置3（熔凝线）>位置

4（基体），位置4中钴和钨占比是零；EDS点中铁占比：位置1（枝晶）<位置2<位置3<位置4，这表明在熔覆层和基材的稀释区域内，各元素进行了有规律性的定向转移，这也从成分方面印证了平面晶附近区域形成了冶金结合。

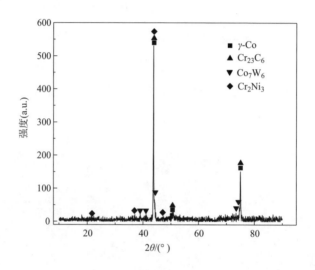

图8-12　钴基合金熔覆层XRD结果

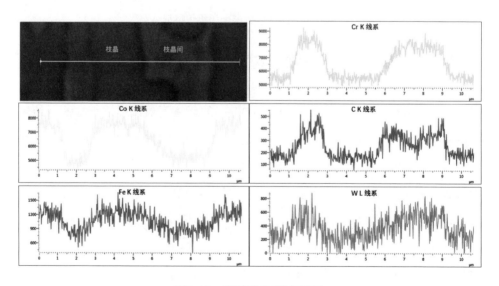

图8-13　熔覆层EDS线扫描图

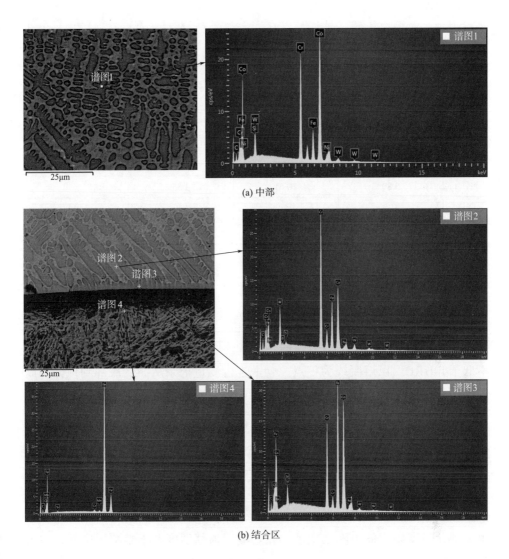

(a) 中部

(b) 结合区

图8-14　熔覆层各点EDS结果图

表8-7　各点元素质量分数

元素	1	2	3	4
C/%	5.44	8.15	5.13	5.19
Si/%	0.82		0.71	0.20
P/%		0.16		
S/%		0.24		

元素	1	2	3	4
Cr/%	22.70	33.48	15.08	0.65
Mn/%				0.63
Fe/%	10.03	17.82	36.49	93.33
Co/%	52.57	28.36	37.08	
Ni/%	2.55	1.18	1.96	
W/%	5.89	10.61	3.55	
总计	100	100	100	100

8.2.2 钴基熔覆层显微硬度

制糖阀门密封面长时间服役于恶劣环境从而导致泄漏、咬死等情况发生，为保证良好的生命周期，需密封面与阀体之间具有较大硬度差，且最低硬度不低于40HRC。以熔凝线为零点，朝上进行测量记录从涂层底部到顶部的硬度变化，朝下记录基体从热影响区到本身硬度的变化过程，记录整理全部硬度数据如图8-15所示。以图8-15整体趋势来看，熔覆层（CZ）区域硬度曲线变化平稳，硬度平均值在600HV$_{0.3}$以上，硬度值相对于基材（210HV$_{0.3}$）钴基合金激光熔覆层提高了近3倍。由8.2.1分析的金相组织特征、物相组成和元素规律可知硬度提升的原因为：激光熔覆形成的金相组织细小，且随着各部位组织细化程度硬度值也随之变动，在熔覆层顶部硬度低于熔覆层中部，主要是因为不同部位显微组织枝晶的细化程度不同，但熔覆层整体形成了细晶强化导致硬度提高。其次是熔覆层物相组成为γ-Co、$Cr_{23}C_6$、Co_7W_6、Cr_2Ni_3，这些强化相的弥散会明显提高显微硬度；还有Co、Cr、W等合金元素对熔覆层的硬度提升的固溶作用。熔覆层与基材结合区域形成的稀释区（DZ）间宽度为200~400μm，在熔凝线上方200μm内由于基材元素对钴基合金元素的稀释作用导致显微硬度的急剧下降，但在其下方200μm内，基材表层在激光照射下，被快速加热到大于相变温度，基材组织转变为奥氏体，导致晶粒变大，热影响区内各处不同的温度也会导致最后冷却后形成的马氏体含量不同，显微硬度呈明显上升趋势，其上升值的大小与激光输入能量密度密切相关，马氏体转化程度决定了其硬度大小，这也使熔覆层与基材硬度值形成梯度平稳过渡。稀释区往下的热影响区（HAZ）内，基材温度升高的主要原因为传热效应，没有经过激光直接照射，显微硬度随着基材厚度的增加而逐步降低，宽度为 $1200 \sim 1600\mu m$。

对比试样1与2、7与8、9与10可知，在其余变量不动的情况下，增大激光功率会减少熔覆层硬度，因为激光功率减小会导致激光输入能量变小，从而凝固速度变大，枝晶会更加细化；对比1与3、2与4，在搭接率为30%时，扫描速度的提高有助于熔覆层硬度的提高，在搭接率为50%时，对比试样6与8、5与7，扫描速度的提高会导致熔覆层硬度的减小，可知若要达到良好熔覆层硬度，激光输入能量有最低数值，可保证其高硬度，若搭接率过高，激光输入能量未能全部熔化粉末，则会导致熔覆层硬度的减小。试样15 ~ 20的熔覆层平均硬度为607.8$HV_{0.3}$，相对于基材提高了2.9倍，随后DZ是449.6$HV_{0.3}$，HAZ是259.4$HV_{0.3}$，基材硬度为210$HV_{0.3}$，这样硬度的逐步递减保证了熔覆层到基材硬度的梯度过渡，具有结合力强且稳定的优势。钴基合金熔覆层截面显微硬度可以达到预期目标，符合工程需求。

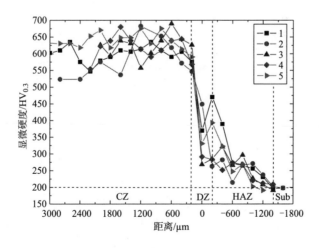

图8-15

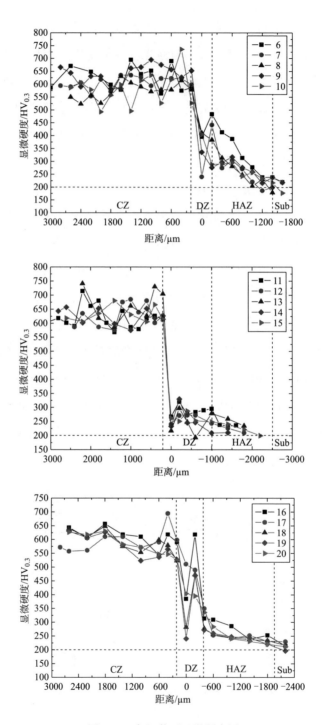

图8-15　各组截面显微硬度图

8.2.3　熔覆层表面性能

8.2.3.1　熔覆层耐磨损性分析

对经摩擦磨损试验后的基材与熔覆层进行扫描电镜观测，如图8-16所示，对其分别进行EDS元素成分测量，结果如图8-17和表8-8所示。首先钴基熔覆层磨损的整体形貌要好于基材，磨损宽度和深度均低于基材。其次基材表面经磨损实验后出现犁沟和整块脱落的情况，这是发生了磨粒磨损。对比基材及其

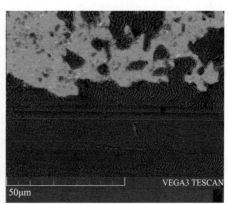

(a) 基材	(b) 熔覆层

图8-16　磨损形貌对比图

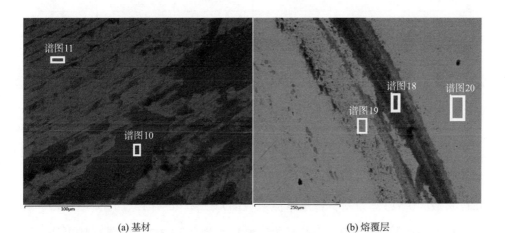

(a) 基材	(b) 熔覆层

图8-17　EDS点位置图

磨损后的元素成分，谱图10含有Cr元素，这是对磨材料GCr15所残留的，元素成分的残留和附着代表在磨损过程中出现了黏着磨损。而钴基合金熔覆层表面仅有轻微划痕与极少磨屑，即磨粒磨损，对比谱图18、19、20可知，随着磨损程度的加深，O元素增多，Co、Cr、W元素减少，表面钴基合金熔覆层在熔覆初期表面会形成氧化薄膜来抵抗磨损，长时间形成的磨屑堆叠导致部分发生磨粒磨损，同时Co、Cr、W这些耐磨损元素的减少也表明了钴基合金粉末具有良好的耐磨损性能。

表8-8　各谱图的元素质量分数

元素	谱图10	谱图11	谱图18	谱图19	谱图20
C/%	5.09	5.17	6.95	7.8	8.12
O/%	33.27	2.44	27.35	6.15	
Si/%	0.23	0.29	0.5	0.61	0.77
Cr/%	0.77		18.92	26.35	27.62
Fe/%	60.64	91.61	12.7	11.65	12.17
Mn/%		0.49			
Co/%			27.44	38.11	41.48
Ni/%			1.36	1.71	1.89
W/%			4.79	7.61	7.62
P/%					0.14
S/%					0.19

由图8-18可知，以30min后摩擦系数均值作为其稳定摩擦系数，基材的稳定摩擦系数为0.682，而本次全部试样的摩擦系数均低于基材。稳定摩擦系数最低的为试样3的0.432，为基材稳定摩擦系数的63.3%，全部试样的平均稳定摩擦系数为0.513，为基材稳定摩擦系数的75.2%。试样15、17、18、19、20的平均摩擦系数为0.500，为基材稳定摩擦系数的73.3%。由图8-19可知，钴基试样失重量均低于基材失重量1.4mg，最小为0.2mg，为基材的14.3%，最高

提升了7倍的耐磨性。本次试验所有试样的平均磨损量为0.445，为基体失重量的31.8%。试样15、17、18、19、20平均磨损量为0.24mg，为基材磨损量的17.1%，耐磨性提高了5.8倍。

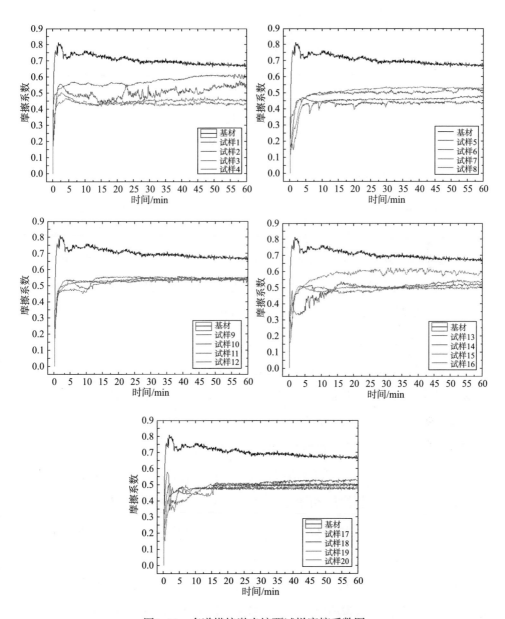

图8-18 多道搭接激光熔覆试样摩擦系数图

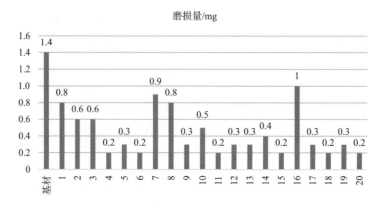

图8-19　基材与试样磨损量对比图

8.2.3.2　熔覆层耐腐蚀性分析

　　面对现在阀门密封面的材质，其只能适用于水、气等无腐蚀性环境，这使机械结构有利于制糖环境，但仍无法直接应用于实际，因此需对钴基熔覆层试样进行盐雾腐蚀环境测试。盐雾腐蚀实验条件经查询按照标准ASTM-B117进行，实验室温度设置为35℃，饱和桶温度为47℃，整体实验时间设定为48h。

　　经过48h腐蚀实验后，冲洗试样进行观测，可以从图8-20中看出，在同等情况下基材表面出现大量腐蚀的锈斑和凹坑，但是钴基合金熔覆层表面无明显腐蚀情况，形貌保持良好，可直观看出钴基熔覆层比基材耐腐蚀性更优秀。随后具体探讨腐蚀表面情况，对基材表面和熔覆层表面进行点EDS元素成分分析，从腐蚀情况来看，谱图16<谱图12<谱图13<谱图14，图8-21为各点位EDS结果。能够看出在经历长时间的盐雾腐蚀后，钴基合金形成的熔覆层无明显变化，但基体已经被腐蚀严重，甚至有点蚀和脱落状态发生，直接从表面对其进行对比，钴基熔覆层具有明显优势。根据具体的EDS元素情况来看，腐蚀后的基体明显Fe含量骤减，Ca、Si已经不存在于坑洼中，同时Cl和O的出现和增多都证明其发生了腐蚀行为。其原因有三：一是在本次腐蚀实验中，NaCl溶液作为主要腐蚀源，Cl必然会在腐蚀行为中充当着主力，而这对基体腐蚀力度极大，并且多沉淀附着基体裂纹、小孔中，这会直接毁坏已有的金属氧化层保护区域，随后进一步的沉积于腐蚀坑中，破坏性很强，导致金属发生腐蚀行为；二是基体中含有的Ca元素易与腐

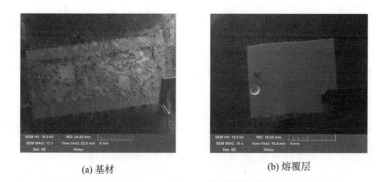

(a) 基材   (b) 熔覆层

图8-20 腐蚀后宏观形貌对比

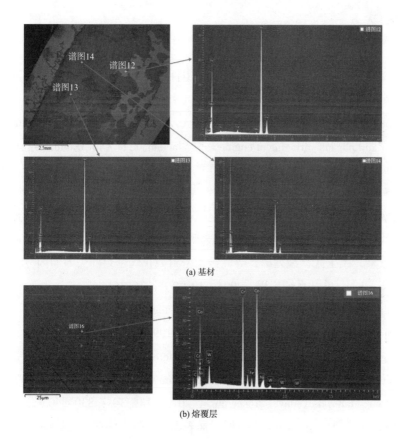

(a) 基材

(b) 熔覆层

图8-21 盐雾腐蚀后EDS结果

蚀液形成具有碱性的氢氧化钙，这会沉积破坏金属表面，形成腐蚀；三是基体本身很容易和氧元素（空气和水中）发生反应，导致Fe_2O_3形成，即常见的铁锈，最终都可以导致基体表面腐蚀。谱图16对应的是钴基合金熔覆层，可以与腐蚀前的元素含量进行对比，发现各元素占比变动较小，这也证明了其较好的耐腐蚀性。分析其原因可以了解到，Cr元素不仅能形成Cr_2O_3的致密氧化膜，还能形成钝化相，这对于在整体粉末中占比25.34%的特制钴基合金而言，无疑是耐腐蚀的保证，可极大地提高熔覆层的耐腐蚀性。总结来看，从宏观形貌、金相表面和元素成分转移规律三方面解释了钴基熔覆层比基体更耐腐蚀的机理。

参考文献

［1］梁汉生，蒋定功，张朝文，等．阀门组件老化敏感点预警值的确定及老化缓解对策［J］．核动力工程，2005，25（S1）：97-102.

［2］Klimpel A，Dobrzański L A，Lisiecki A，et al. The study of the technology of laser and plasma surfacing of engine valves face made of X40CrSiMo10-2 steel using cobalt-based powders［J］. Journal of Materials Processing Technology，2006，175（1-3）：251-256.

［3］张敏，明洪亮，王凡，等．某核电厂楔形闸板阀阀瓣表面司太立合金堆焊层失效分析［J］．腐蚀科学与防护技术，2019，31（6）：622-630.

［4］申景泉，康玉武，魏列琦，等．锥面密封截止阀密封面失效原因分析与改进措施［J］．电站系统工程，2004，19（2）：35-36.

［5］Riabkina-Fishman M，Zahavi J. Laser alloying and cladding for improving surface properties［J］. Applied Surface Science，1996，106：263-267.

［6］Singh S，Singh P，Singh H，et al. Characterization and comparison of copper coatings developed by low pressure cold spraying and laser cladding techniques［J］. Materials Today：Proceedings，2019，18（3）：830-840.

［7］宇杰，熊顺源，童幸生．阀门密封面表面处理技术的探讨与展望［J］．江汉大学学报（自然科学版），2004，31（4）：81-85.

［8］Feng K，Chen Y，Deng P，et al. Improved high-temperature hardness and wear resistance of Inconel 625 coatings fabricated by laser cladding［J］. Journal of

Materials Processing Technology, 2017, 243（12）: 82-91.

［9］Yao J, Zhang J, Wu G, et al. Microstructure and wear resistance of laser cladded composite coatings prepared from pre-alloyed WC-NiCrMo powder with different laser spots［J］. Optics & Laser Technology, 2018, 101（10）: 520-530.

［10］Lei K, Qin X, Liu H, et al. Analysis and modeling of melt pool morphology for high power diode laser cladding with a rectangle beam spot［J］. Optics and Lasers in Engineering, 2018, 110（5）: 89-99.

［11］Erfanmanesh M, Abdollah-Pour H, Mohammadian-Semnani H, et al. An empirical-statistical model for laser cladding of WC-12Co powder on AISI 321 stainless steel［J］. Optics & Laser Technology, 2017, 97（5）: 180-186.

［12］Aggarwal K, Urbanic R, Aggarwal L. A methodology for investigating and modelling laser clad bead geometry and process parameter relationships［J］. SAE International Journal of Materials and Manufacturing, 2014, 7（2）: 269-279.

［13］Reddy L, Preston S P, Shipway P H, et al. Process parameter optimisation of laser clad iron based alloy: Predictive models of deposition efficiency, porosity and dilution［J］. Surface and Coatings Technology, 2018, 349（10）: 198-207.

［14］雷靖峰, 祁文军, 谢亚东, 等. U71Mn钢表面激光熔覆Ni60-25％WC涂层工艺参数优化的研究［J］. 表面技术, 2018, 47（3）: 66-71.

［15］赵丹丹, 焦锋. 基于灰色关联分析的35CrMoV钢活塞杆激光熔覆工艺参数优化［J］. 兵工学报, 2018, 39（10）: 2073-2080.

［16］王东生, 杨友文, 田宗军, 等. 基于神经网络和遗传算法的激光多层熔覆厚纳米陶瓷涂层工艺优化［J］. 中国激光, 2013（9）: 62-70.

［17］Chen T, Wu W, Li W, et al. Laser cladding of nanoparticle TiC ceramic powder: Effects of process parameters on the quality characteristics of the coatings and its prediction model［J］. Optics & Laser Technology, 2019, 116（8）: 345-355.

［18］Shi Y, Li Y, Liu J, et al. Investigation on the parameter optimization and performance of laser cladding a gradient composite coating by a mixed powder of Co50 and Ni/WC on 20CrMnTi low carbon alloy steel［J］. Optics & Laser

Technology, 2018, 99（2）: 256–270.

［19］Yu T, Yang L, Zhao Y, et al. Experimental research and multi–response multi–parameter optimization of laser cladding Fe313 ［J］. Optics & Laser Technology, 2018, 108（11）: 321–332.

［20］练国富, 姚明浦, 陈昌荣, 等. 激光熔覆多道搭接成形质量与效率控制方法 ［J］. 表面技术, 2018, 047（9）: 229–239.

［21］赵运才. 再制造HT250基体的亚激光瞬间熔技术工艺参数优化 ［J］. 中国 表面工程, 2015, 28（4）: 127–133.

［22］赵凯, 梁旭东, 王炜, 等. 基于NSGA–Ⅱ算法的同轴送粉激光熔覆工艺多 目标优化 ［J］. 中国激光, 2020, 47（1）: 96–105.

［23］Onwubolu G C, Davim J P, Oliveira C, et al. Prediction of clad angle in laser cladding by powder using response surface methodology and scatter search ［J］. Optics & Laser Technology, 2007, 39（6）: 1130–1134.

［24］Ma M, Xiong W, Lian Y, et al. Modeling and optimization for laser cladding via multi–objective quantum–behaved particle swarm optimization algorithm ［J］. Surface and Coatings Technology, 2020, 381（C）: 125129.

［25］陈峰, 周金宇, 陈菊芳, 等. PCA–TOPSIS法在激光熔覆工艺参数优化中的 应用 ［J］. 机械设计与制造, 2018（3）: 120–123.

［26］许向川. 面向再制造的激光熔覆的工艺参数多目标优化 ［D］. 太原: 中北 大学, 2019.

［27］Wen P, Feng Z, Zheng S. Formation quality optimization of laser hot wire cladding for repairing martensite precipitation hardening stainless steel ［J］. Optics & Laser Technology, 2015, 65（1）: 180–188.

第9章 激光熔覆工艺在转子轴中的应用

9.1 国内外研究现状

国外研究，Liu X B等基于激光焊接铸造Ni基高温合金K418涡轮盘和合金钢42CrMo轴实验研究，并利用光学显微镜、能量色散光谱仪等设备检测焊接微观组织结构及力学性能，结果表明激光焊缝具有非平衡凝固组织，焊缝的平均显微硬度相对均匀，焊接接头的抗拉强度约为基体材料的88.5%，断裂机理是延性和脆性的混合。Aditya Y N等对于齿轮、轴以及螺旋桨轴的高强度钢，利用6kW二极管激光器探究AISI4340钢熔覆AerMet-100合金粉末的可行性。结果表明，AerMet-100熔覆层与基体能够产生良好的冶金结合，并在470℃下进行1h的包层后热处理（PCHT），热处理后对熔覆层进行微拉伸试验，结果表明，与基材1240 MPa相比，最大拉伸应力为1752 MPa。Toms等使用现场激光熔覆设备对船用柴油机曲轴进行新型技术设备的开发，对曲柄销轴颈进行熔覆修复且不用拆卸曲轴。并对常规曲轴修复的局限性进行可行性分析，评估现场激光修复船用曲轴解决方案。

国内研究，刘钊鹏等利用激光熔覆修复空压机高速转子轴，基于不同激光功率和搭接率进行多组单道和多道搭接实验，并进行组织性能检测，探究出最佳修复工艺参数且熔覆层硬度为HRC53-56，同时熔覆过程中基体材料温度始终维持在100℃以下，修复后表面质量良好达到装机运行要求。罗星星等通过激光设备的特性分析、传统修复技术的对比、不同工艺参数的研究以及有限元数值模拟的运用，提出了轴类零件激光修复工艺的可行性，并基于激光设备参数对比及熔覆实验实现激光熔覆轴类修复，且工件显微组织结构良好。澹台凡亮等利用4kW的大功率半导体激光器，基于45#钢基体材料进行修复工艺试验，并利用显微仪器进行显微组织观察以及性能检测，探究最佳工艺参数进行现场修复风机转子轴。结果表明，修复后的表面涂层厚度约为1.45μm，基体表面与涂层能够实现冶金结合；在扫描速度为8mm/s时，熔覆后的涂层组织均匀致密且晶粒细小，显微硬度为200HV$_{0.5}$，稳定且熔覆效果较好。杨云霞基于激光熔覆技术对精轧机转子轴进行修复和检测，利用超声波检测对疑似裂纹部位进行检测，显示裂纹深度在45~90mm之间，采用1kW全固态移动式激光器并利用全空间自由度机器人执行进行机构，对转子轴损伤部位进行激光修复处理，结果表明，修复后的转子轴强度性能提高，且大幅提高精轧机转子轴的使用寿命。

9.2　不同熔覆方式轨迹对激光熔覆转子轴的影响

9.2.1　模型建立及计算

本书中基体轴的尺寸为直径30mm，长750mm，熔覆层的宽度为3mm，高1.4mm。如图9-1所示，两种熔覆扫描轨迹方式分别采用光栅式及螺旋式，从起点到终点的轴向距离为27mm。

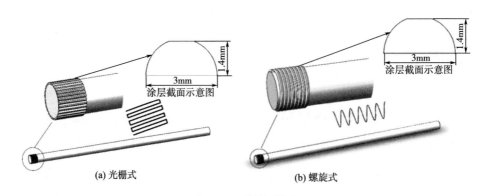

(a) 光栅式　　　　　　　　　　　(b) 螺旋式

图9-1　两种熔覆轨迹

利用SolidWorks建立几何模型，并将文件导入Ansys Workbench中进行网格划分。为在不影响计算精度的前提下减小计算量，得到更为理想的计算模型，对几何模型进行分区域网格划分。如图9-2所示，将熔覆层和与熔覆层接触的部分柱体区域进行网格细化，网格尺寸大小为1mm，而将其余远离涂层位置的部分网格粗化，网格大小为10mm。

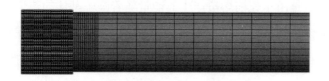

图9-2　有限元网格模型

本次试验中转子轴材质为45#钢，熔覆层材质为铁基合金，两者与温度相关的部分热物理属性分别见表9-1和表9-2。

表9-1　45#钢部分热物理性能参数

温度/℃	200	300	400	500	600
比热容/ [J/ (kg·K)]	578	624	649	716	864
导热系数/ [W/ (m·K)]	46.9	45.2	42.3	39.4	35.6

表9-2　铁基合金粉末部分热物理性能参数

温度/℃	20	200	400	800	1200
密度/ (kg/m^3)	7825	7760	7701	7642	7577
比热容/ [J/ (kg·K)]	472	559	550	569	605
导热系数/ [W/ (m·K)]	44.17	41.88	36.45	22.17	25.66

如图9-3所示，通过实验室前期的相关工作表明，功率1800W，送粉速度15g/min，扫描速度6mm/s时，可以得到质量较好的表面涂层，将此工艺参数作为研究参数。

图9-3　预实验试样

9.2.2 实验及结果分析

分别在图9-4所示位置选取测量点，观察在热源经过时，各点的温度曲线变化情况。由图9-5可知，各对应点的中心温度都超过了铁基粉末的熔点温度，熔覆可以实现。随着熔覆过程的推进，激光经过图示观测点时涂层中心温度不断升高，这是由于先前熔覆产生的能量随着圆柱基体的热传导作用，为后续的熔覆起到预热效果。赵洪运等在进行多道熔覆层温度变化探究时得到了相似的结论。而R. Jendrzejewski与蔡春波等的研究结果表明，预热温度的变化会对熔覆结果造成不同程度的影响。除此之外，值得注意的是：观测位置$A \sim G$点中，相邻点的峰值温差变化幅度并不明显，而H点的峰值温度较G点有明显的增加。这是由于轴的径向尺寸远远小于轴向尺寸，因此在激光熔覆初期，热量沿着轴向及径向两个方向传递，随着能量不断输入，轴的径向部分温度上升，以温差作为驱动力的热传递能力在径向方向变弱，热累积效应逐步加强，导致温度增加明显。

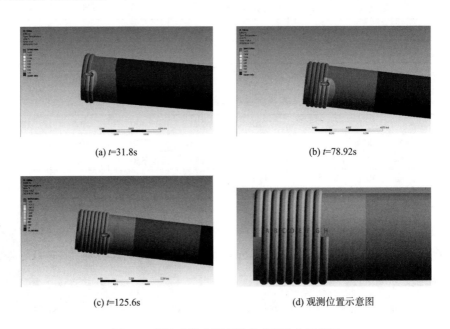

(a) t=31.8s

(b) t=78.92s

(c) t=125.6s

(d) 观测位置示意图

图9-4　螺旋式激光熔覆温度观测取点示意图

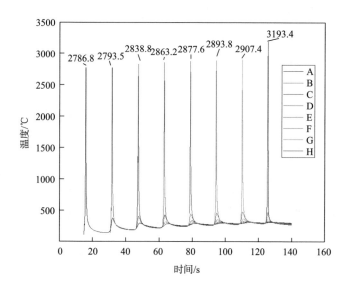

图9-5　测量点温度变化曲线

如图9-6所示，以端面一点作为起始位置，熔覆轨迹沿轴向往复一次作为一个周期。根据几何尺寸，达到试验要求需要进行15个周期。对各周期结尾位置分别取点a~o，观察各点温度变化情况。由图9-7可以看出，随着熔覆过程的推进，整体温度呈增加趋势，且与螺旋式相比，各观测点的平均温度略高于前者。造成这种现象的原因是，螺旋式熔覆完一圈所用时间约为16s，而光栅式熔覆完一个周期所用时间为9s。因此螺旋式在进入下一圈熔覆时，前一圈涂层有更多的时间冷却，而光栅式熔覆中，前后两道涂层加工时间间隔过短，热量散失相对较慢。

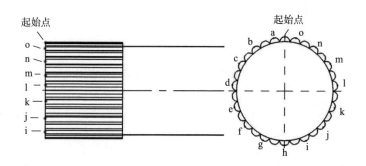

图9-6　温度采集点位置示意图

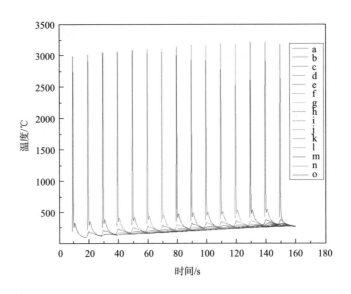

图9-7　每个周期结束时涂层的中心点温度

若将能量在轴上的传递方向简化为二维平面，则一部分能量沿着轴的径向传递，而另一部分能量沿着轴向传递。为了更好地探求两种熔覆轨迹下温度场的变化情况，分别取A、B作为两个方向上的观测点。其中A点为圆柱起始端面的中心点，而B点位于同一轴线距离A点40mm处，如图9-8所示。

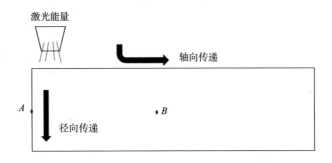

图9-8　能量传递方向及温度采集点示意图

由图9-9（a）可以看出，在两种熔覆轨迹方式下，A点温度皆呈上升趋势。其中采用螺旋熔覆方式下的温度曲线为不规则抛物线，由室温上升到约300℃后，随着熔覆的停止，温度出现下降。与之不同的是，光栅式的温度曲线变化呈锯齿形上升，这是由于热源随时间在轴向方向做往复运动，A点接收热源能量不均匀，经历从小到大，再从大到小的周期变化过程，因此在整体温度上升的同时出现多个局部波峰及波谷，这与理论分析吻合。通过对比可以观测出，采用螺旋式熔覆时，A点温度变化幅度比采用光栅式更加明显。

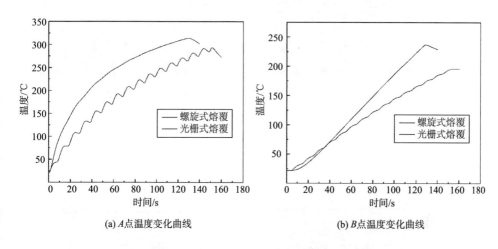

(a) A点温度变化曲线　　　　　　(b) B点温度变化曲线

图9-9　两种熔覆轨迹下A、B点温度随时间的变化曲线

从图9-9（b）中可以看出，B点的温度在两种方式下皆呈上升趋势。其中光栅式变化曲线有不同程度的波动周期，和A点温度曲线相比，锯齿波动并不明显，这是因为B点的观测位置距离热源较远，因此敏感度也较弱。而这两种熔覆方式下B点的温度变化曲线在约40s时出现交叉现象，在此之前光栅式的温度较高，这是由于在熔覆前期，光栅式熔覆热源离B点的位置更近，所以温度上升更迅速，但随着时间的推移，螺旋式熔覆的热源离观测点越来越近，B点温度有明显的升高，且幅度大于光栅式。

由图9-10可知，采用螺旋式熔覆的试样，表面涂层质量整体较好，未出现明显的裂纹及凹坑现象，涂层厚度为1.2mm，进行探伤实验后可知其表面无宏观裂纹；根据图9-11可以观察到，采用光栅式熔覆的试样，涂层表面平整度较差，结尾几道涂层有较为明显的过烧现象，探伤实验表明结尾部分区域未形成良好的熔覆涂层。由上述激光熔覆表面宏观样貌分析可知，在相同试验条件下，对转子轴采用螺旋式熔覆轨迹能够得到比光栅式更好的表面熔覆涂层质量。

(a) 螺旋式表面宏观形貌

(b) 螺旋式探伤宏观形貌

图9-10　螺旋式轨迹宏观形貌

(a) 光栅式表面宏观形貌

(b) 光栅式探伤宏观形貌

图9-11　光栅式扫描轨迹宏观形貌

9.3　激光熔覆转子轴变形量的数值模拟形与实验验证

本次在激光熔覆过程中针对激光熔覆转子轴实物模型中，其主要设备有中科煜宸LDM8060送粉式金属3D打印装备，德国laserline大功率半导体光纤耦合激光器LDF 4000-30 VG64，可提供稳定的高能量激光输出，利用保护气系统提供惰性气体氮气，利用水冷机对激光器进行循环降温，利用双料桶刮板式送粉器对激光器进行实时送粉，且基于四路同轴喷嘴进行同步送粉，在进行转子轴熔覆试验时利用三爪卡盘固定转子轴。其中光纤耦合激光器光斑直径为3mm，基体和熔覆层材料分别为45#钢和316L不锈钢。

9.3.1 表面形貌的对比

对转子轴进行同步送粉激光熔覆，基于三爪卡盘固定转子轴做回转运动，激光器添加延时进行激光熔覆，熔覆前利用酒精、砂纸等对转子轴表面进行清理，除去表面铁锈和污渍，装夹时利用百分表降低位置误差，其熔覆现场以及转子轴实物熔覆如图9-12所示。

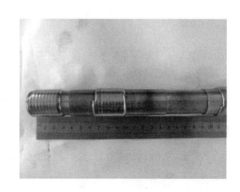

图9-12 激光熔覆转子轴

对激光熔覆转子轴进行四道搭接熔覆，其表面熔覆形貌如图9-13（a）所示，在进行第一道激光熔覆时，熔覆层厚度为1.24mm，在进行第二和第三道激光熔覆时，熔覆层厚度为1.41mm，在完成四道激光熔覆搭接后，由于热量的累积熔覆层高度逐渐升高，且熔覆高度达到1.44mm。熔覆层表面无气孔和残渣产生，熔覆效果良好。

通过对熔覆过程中建立的仿真模型截面与试验样块进行对比，验证仿真模型的可靠性，对单道熔覆模型进行熔覆层截面对比，对于多道搭接熔覆，在实际熔覆过程中由于热量累积产生熔覆层堆积的现象，导致熔覆层高度逐渐升高，与实际仿真模型产生一定的误差，但实际搭接熔覆仿真模型误差低于6.67%，验证仿真模型的可靠性，如图9-13（b）所示。

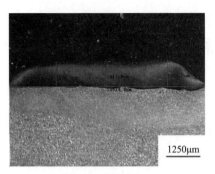
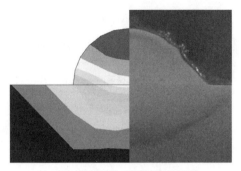

1250μm

(a) 转子轴截面形貌　　　　　　　　　　(b) 熔覆模型与实际熔覆截面对比

图9-13　激光熔覆转子轴截面形貌图

9.3.2　转子轴变形模拟与试验

为了更好地判断激光熔覆工艺对转子轴变形的控制作用以及熔覆后转子轴的径向变形，利用高精度圆柱度仪对熔覆前后转子轴的圆柱度和同轴度进行试验测量。将转子轴固定在卡盘上，在测量时卡盘带动转子轴做回转运动，并根据工件要求选择合适的测头，在标定后开始测量。分别对转子轴熔覆前后的圆柱度和同轴度进行测量，对比探究熔覆过程对转子轴变形的影响，如图9-14所示。

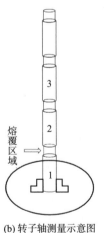

(a) 熔覆前转子轴测量　　　　　(b) 转子轴测量示意图　　　　　(c) 熔覆后转子轴测量

图9-14　激光熔覆转子轴同轴度测量试验

选取靠近三爪卡盘的转子轴区域1作为基准轴线，对转子轴区域2和区域3进行同轴度测量，对于熔覆前后的测量结果进行对比分析，判断熔覆后对转子轴整体变形的影响程度。

由表9-3可以看出，对于熔覆前后的同轴度变化相差不大，由于转子轴表面较为粗糙，在进行测量时有一定的误差，但根据熔覆前后同轴度测量结果对比，最大的变化值为49.31μm，小于转子轴允许的同轴度偏差，显然在该工艺参数下对转子轴进行激光熔覆所引起的变形较小，熔覆后不影响转子轴正常工作。

表9-3 转子轴熔覆前后同轴度测量值

测量截面区域	1	2	3
熔覆前测量结果/μm	0.00	43.00	178.12
熔覆后测量结果/μm	0.00	83.72	227.43
变化值Δ	0.00	40.72	49.31

针对转子轴熔覆模型进行数值模拟变形分析，其变形云图如图9-15所示，最大变形为217.48μm，与试验测量结果较为吻合，试验与模拟误差在4.6%左右，进一步验证仿真模型的可靠性。

图9-15 激光熔覆变形数值模拟云图

9.3.3　熔覆层与相变硬化层组织

9.3.3.1　熔覆层组织分析

利用光学显微镜对熔覆层组织及熔覆层粉末进行观测分析，如图9-16（a）所示为316L不锈钢粉末，图9-16（b）（c）表示转子轴熔覆层区域显微组织，由图可知熔覆层区域组织由细小的等轴晶和胞状晶组成，在涂层的搭接区域，产生大量的取向垂直于熔覆层搭接区域柱状晶，并向熔池内进行延伸，在熔覆的过程中，由于温度梯度的变化，搭接区域的柱状晶向等轴晶进行过渡，晶体的成长方向与熔池的散热方向有关，向熔池内部进行生长。同时熔覆层与基体过渡区域处，凝熔过程中的热量向基体表面及逆行传递，结晶呈现平面状态，从而在界面形成平面晶，与应力分布规律一致。

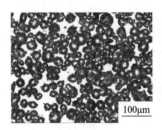
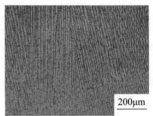
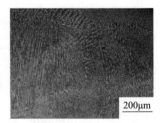

(a) 激光熔覆层显微组织(100μm)　　　(b) 316L不锈钢粉末　　　(c) 激光熔覆层显微组织(200μm)

图9-16　激光熔覆显微组织检测

9.3.3.2　显微硬度检测与分析

硬度表示为材料表面局部为抵抗硬物压入的能力，其硬度的大小对于零件表面以及使用寿命有着较大的影响。对于服役于表面磨损严重的环境中，零件表面性能更加重要，故对于零件表面的显微硬度检测也不可或缺。本试验采用维氏硬度测试法对不同熔覆层截面进行硬度测试，利用自动转塔式维氏显微硬度计对试样截面进行硬度测量，载荷为2.94N，受压时间为10s，测量间距为100μm，其测量结果变化曲线如图9-17所示。

由图9-17可知，熔覆层处的最高硬度为265.7HV0.3，随着熔覆层的深入，

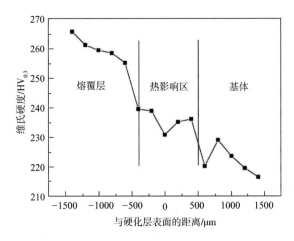

图9-17　转子轴熔覆层显微硬度测试曲线

其显微硬度由逐渐降低的趋势，且熔覆层的平均硬度为256.55HV$_{0.3}$，热影响区域的平均硬度为234.94HV$_{0.3}$，基体的平均硬度为224.15HV$_{0.3}$，熔覆后熔覆层平均硬度相较于基体硬度提升14.5%，熔覆效果较好。

参考文献

［1］Liu X B, Yu G, Guo J, et al. Research on laser welding of cast Ni-based superalloy K418 turbo disk and alloy steel 42CrMo shaft［J］. Journal of Alloys and Compounds, 2008, 453（1-2）: 371-378.

［2］Aditya Y N, Srichandra T D, Tak M, et al. To study the laser cladding of ultra high strength AerMet-100 alloy powder on AISI-4340 steel for repair and refurbishment［J］. Materials Today: Proceedings, 2021, 41: 1146-1155.

［3］Torims T, Pikurs G, Ratkus A, et al. Development of technological equipment to laboratory test in-situ laser cladding for marine engine crankshaft renovation［J］. Procedia Engineering, 2015, 100: 559-568.

［4］刘钊鹏，顾俊，王健超. 激光熔覆技术在高速转子轴修复中的应用研究［J］. 应用激光，2019，39（5）：750-755.

［5］罗星星，高冲. 矿用电机转子轴激光熔覆修复技术的研究与应用［J］. 陕西煤炭，2018，37（5）：25-28，14.

［6］澹台凡亮，田洪芳，侯庆玲，等. 现场激光增材修复风机转子轴实验及组织性能研究［J］. 热喷涂技术，2018，10（3）：76-81，75.

［7］杨云霞. 精轧机转子轴的修复与检测［J］. 冶金动力，2019（5）：10-12.

［8］Zhao Hongyun，Zhang Hongtao，Xu Chunhua，et al. Temperature and stress fields of multi-track laser cladding［J］. Transactions of Nonferrous Metals Society of China，2009，19（S2）：495-501.

［9］Jendrzejewski R，Śliwiński G，Krawczuk M，et al. Temperature and stress during laser cladding of double-layer coatings［J］. 2006，201（6）：3328-3334.

［10］蔡春波，李美艳，韩彬，等. 不同预热温度下宽带激光熔覆铁基涂层数值模拟［J］. 应用激光，2017（1）：66-71.

第10章　激光熔覆操作安全与设备维护

10.1　操作安全

10.1.1　激光设备安全标准

安全标准的目的是查找、分析和预测工程、系统存在的危险、有害因素及可能导致的危险、危害后果和程度，提出合理可行的安全对策措施，指导危险源监控和事故预防，以达到最低事故率、最少损失和最优的安全投资效益。

技术标准是指经公认机构批准的、非强制执行的、供通用或重复使用的产品或相关工艺和生产方法的规则、指南或特性的文件。有关专门术语、符号、包装、标志或标签要求也是标准的组成部分，是指一种或一系列具有一定强制性要求或指导性功能，内容含有细节性技术要求和有关技术方案的文件，其目的是让相关的产品或服务达到一定的安全要求或市场进入的要求。技术标准的实质就是对一个或几个生产技术设立的必须符合要求的条件以及能达到此标准的实施技术。当今世界，技术标准已成为产业和地区参与国内外竞争的重要手段之一，直接影响到产业的区域分工和竞争力的提升。从某种意义上来说，技术标准是一种发展秩序和规则，谁掌握了标准的制定权，并成为主导标准，谁就掌握了市场的主动权。

激光加工设备参照如下标准，但不限于这些标准：GB 7247.1—2001《激光产品的安全第1部分：设备分类、要求和用户指南》、IDTIEC 60825-1：1984 *Safety of laser products-Part* 1: *Equipment classification*，*requirements and user's* guide、GB 18490—2001《激光加工机械 安全要求》、EQV ISO 11553：1996 *Safety of machinery - Laser processing machines - Safety requirements*、GB 10320 —1995《激光设备和设施的电气安全》、EQV IEC 820：*Electrical safety of laser equipment and installations*。

10.1.2 激光设备的危险性

激光具有单色性、发散角小和高相干性的性质，在小范围内容易聚集大量的能量，因此不正确地使用激光设备会产生潜在的危险。激光产生的效应小到轻度皮肤灼伤，大到对皮肤和眼睛产生不可治愈的损伤。激光辐射对于所有的生物系统引起损伤的机理，包括：热反应、热声瞬变和光化学相互作用的过程。引起损伤的程度与物理参数有关，最主要的是波长、脉宽、聚焦尺寸、辐射度和辐射量。激光对人体的主要危害是眼睛和皮肤，激光照射到人体的任何部位都会引起灼伤。应避免将身体任何部位置于激光设备的飞行光路中，以免误操作造成伤害。过量光照的病理效应见表10-1。

表10-1 过量光照的病理效应一览表

CIE光谱范围	眼睛	皮肤
紫外辐射C（180～280nm）	光致角膜炎	红斑（阳光灼伤）、加速皮肤的老化过程
紫外辐射B（280～315nm）	光致角膜炎	色素沉着暗色、光敏感作用皮肤灼伤
紫外辐射A（315～400nm）	光化学反应	暗色、光敏感作用皮肤灼伤
可见光（400～780nm）	光化学和热效应所致的视网膜损伤	暗色、光敏感作用皮肤灼伤
红外辐射A（780～1400nm）	白内障、视网膜损伤	皮肤灼伤
红外辐射B（1.4～3.0μm）	白内障、水分蒸发角膜灼伤	皮肤灼伤
红外辐射C（3.0～1mm）	角膜灼伤	皮肤灼伤

激光器所用电压足以致命。进行任何维护前，应断开所有电源，确保高压已从电容器中释放。如不在接近高压部件开始工作前关闭所有电源，可能导致严重的电击甚至死亡。在激光器的高压区域附近工作时，应始终遵守以下安全预防措施：

（1）不得单独或疲倦时在高压区域工作。

（2）在身体出汗的情况下，不得在高压区域工作（潮湿身体的电阻会大大下降）。

（3）切勿在口袋中放置金属物品，不要戴金属皮带扣。另外，应脱去所有首饰（手表、戒指、项链）。

10.1.3　激光安全员和激光安全管理制度

10.1.3.1　激光安全员的职责

设备的使用时应指定激光安全员，对激光安全员进行有效的培训，确定其职责范围。激光安全员宜有以下职责：

（1）检查防护措施和执行相应的控制措施。

（2）对操作者进行安全操作及安全防护教育。

（3）审查激光设备的安装或改装（如设备转移地点）计划。

（4）颁发激光设备操作证书。

（5）批准防护用品的使用。

（6）保管激光设备档案。

（7）保管激光设备操作人员档案（医学检查记录、事故记录等）。

（8）处理激光事故，为医生提供相关档案。

10.1.3.2　激光安全管理制度

设备使用方应制订激光安全管理制度，在已有的激光安全控制措施的基础上，对作业场所加强管理，防止危害的发生。激光安全管理制度至少应包括以下内容：

（1）承担激光危害评价职责的机构和/或人员。

（2）承担控制激光危害职责的机构和/或人员。

（3）对激光切割机的操作人员和管理人员进行有关激光危害知识的教育和激光安全防护培训的计划。

10.1.4 划定激光安全管理区域

应划定激光安全管理区域，且保证管理区域外泄漏的激光在Ⅰ类可达发射极限以下。在管理区域的出入口处设立警告牌，内容包括：

（1）不可见激光辐射。

（2）Ⅰ类激光产品。

（3）激光加工机功率。

（4）禁止外人进入。

（5）注意保护眼睛。

（6）激光安全员的姓名。

（7）在激光安全管理区域内应有良好的照明。

10.1.5 穿戴防护用品

激光加工机的操作者或在激光使用期间接近激光的人员，应佩戴合适的防护镜，并穿着防护服。所有激光防护镜应有明显的标记，并附有正确选择适用于特定激光防护镜的详细说明。

10.1.6 机器的安放及安全

机器应安放在独立的加工室中，或者设防护板（围墙）等。激光工作时，严禁任何人员接近加工区域。加工过程中的有害气体和物质及激光工作气体应充分排放到室外，气瓶均应安放稳固、整齐。

（1）警告相关人员注意此手册里列举的潜在危险。

（2）若任何人处于危险中，立即停止机器。

（3）当机器无人监控时，应停止运行，以防止突发事件。

（4）禁止站在机器导轨上。

（5）当机器正在运行时，千万不要站在机器上或靠近机器工作。

（6）当需要上切割台上，在站上去之前要先检查一下切割台板条的状况。

（7）当机器在操作运行时，千万不要将控制柜打开或将其覆盖住。

（8）按维护保养手册里规定的保养程序进行机器保养。

10.1.7　防护板材料和安装位置

对近红外线激光器，须采用红外激光安全防护窗专用材料作为观察窗材料。防护板与激光机之间的距离，取决于激光功率的大小、照射时间的长短、光束发散角和玻璃板的厚度等许多因素。必须保证玻璃板外侧的功率密度小于 $1W/cm^2$，且不致引起有机玻璃燃烧而造成火灾。

警告标记的危险符号如图10-1～图10-4所示。

符号和边框：黑色；背底：黄色

图10-1　激光警告标记—危险符号

Ⅰ类激光产品

符号和边框：黑色；背底：黄色；文字高度：14mm

图10-2　说明标记：Ⅰ类激光产品

不可见激光辐射

符号和边框：黑色；背底：黄色；文字高度：14mm

图10-3　说明标记：不可见激光辐射

避免眼或皮肤受到直射或散射辐射的照射

符号和边框：黑色；背底：黄色；文字高度：10mm

图10-4　说明标记：避免照射

10.1.8　标记

不得去除机器上有关标记，必须保持这些标记字迹清楚，明显可见。如果标记脱落、破损、变形或变色、模糊不清，应及时制作并更换同样内容的标记。应在激光安全管理区域的出入口处设置相应的安全警告标记和说明标记。激光器空调室门口也必须设置标记。

10.2　激光熔覆机床日常维护与保养

机床是生产的重要工具，应增加机床的维护保养，减少机床故障，为生产打下良好的基础。设备的维护保养，是指操作工和维修工，根据设备的技术资料和有关设备的启动、润滑、调整、防腐、防护等要求和保养细则，对在使用或闲置过程中的设备所进行的一系列作业，它是设备自身运动的客观要求。为了提升机床维护效果，相关操作人员要注重工作严谨性，不仅在日常的工作中对机床保养及运用起到足够的重视程度，更要根据维护计划提升保养效果，从而保障数控车床保持正常的基础功能，确保数控车床工作的效率和质量。

10.2.1 选择合适的使用环境

激光熔覆机床使用环境（如温度、湿度、振动、电源电压、频率及干扰等）会影响机床的使用性能。在安装机床时，应严格遵守机床说明书规定的安装条件和要求。应将机床与其他机械加工设备隔离安装，以便维修保养。因数控机床是高精度设备，对环境的温度、湿度等有较高的要求。因此，对于高精度、高价格的机床，应尽量避开阳光的直接照射，避免太潮或粉尘较多的场合，应尽量将设备安置在有空调的环境中。为使机床更稳定地工作，需将机床安装在远离强电磁干扰源的位置。

10.2.2 为激光熔覆机床配备专业人员

专业操作人员应该熟悉所用机床的机械部分、数控系统、强电设备、净化系统、工艺软件等，并能够按机床和系统使用说明书的要求正确使用3D打印机床。

10.2.3 数控机床的维护与保养

在机床闲置不用时，应经常经数控系统通电，使其适当空运行。特别是在湿度较大的梅雨季节，利用电器元件本身发热驱走数控柜内的潮气，以保证电子部件的性能稳定。对于工作台和金属护罩等其他易锈部件，应经常除锈擦油保养。

10.2.4 数控系统中硬件控制部分的维护与保养

每年让有经验的维修电工检查一次。检测有关的参考电压是否在规定范围内，如电源模块的各路输出电压、数控单元参考电压等，若不正常并清除灰尘；检查系统内各电器元件连接是否松动；检查各功能模块使用风扇运转是否正常并清除灰尘；检查伺服放大器和主轴大器使用的外接式再生放电单元的连接是否可靠，清除灰尘；检测各功能模块使用的存储器后备电池的电压是否正常，一般应根据厂家的要求定期更换。对于长期停用的机床，应每月开机运行不少于4小时，这样可以延长数控机床的使用寿命。

10.3　加工代码

G 代码参看西门子 828D 编程手册

S代码决定功率大小

M20 激光器发射激光

M21 激光器终止发射激光

M10 左路送粉开

M11 左路送粉关

M12 右路送粉开

M13 右路送粉关

M14 保护气开

M15 保护气关

M30 程序结束

代码在 MDI 及自动运行方式下运行。送粉、保护气通过面板按键也可以进行控制。

保护气 延时 5 秒关断

例子：

M10；开左路粉

M14；开保护气

G04 F=10；暂停 10 秒

G53 G90 G01 X0 Y0 X0 F2000；机床坐标系，绝对坐标，直线插补，移动

至 X0 Y0 Z0 位置，速度 2000MM/MIN

　　S1000；设定功率 1000W

　　M20；激光发射

　　X20 Y10；沿用上句 坐标系，及设定，移动至 X20 Y10 位置

　　G91 X-20 Y-10；增量坐标系，在现在位置点，移动 X-20 Y-10

　　M21；关激光

　　M11；关左路粉

　　M15；关保护气

　　M30；程序停止

参考文献

［1］杨辉. 我国实施技术标准战略的必要性及现实意义［J］. 航天标准化，2006
　　　（1）：6-13.

［2］仝泽峰，张镇西. 激光危害与安全标准［J］. 激光生物学报，2004（3）：
　　　198-201.

［3］马智敏. 数控车床的保养与维修［J］. 农机使用与维修，2021（9）：
　　　78-79.

［4］贾志欣. 数控机床的日常使用及保养［J］. 内燃机与配件，2021（11）：
　　　107-108.

附　录

附录1　平板与轴仿真命令流

*DEL，_FNCNAME

*DEL，_FNCMTID

*DEL，_FNCCSYS

*SET，_FNCNAME，' Z1'

*SET，_FNCCSYS，0

! /INPUT，D：\ANSYS formula\try1.func，，，1

*DIM，%_FNCNAME%，TABLE，6，24，1，，，，%_FNCCSYS%

1.71e8*exp（−3*（（（{X}−0.01）−0.006*{TIME}）^2+（{Y}）^2）/0.0015

! ^2）

*SET，%_FNCNAME%（0，0，1），0.0，−999

*SET，%_FNCNAME%（2，0，1），0.0

*SET，%_FNCNAME%（3，0，1），0.0

*SET，%_FNCNAME%（4，0，1），0.0

*SET，%_FNCNAME%（5，0，1），0.0

*SET，%_FNCNAME%（6，0，1），0.0

*SET，%_FNCNAME%（0，1，1），1.0，−1，0，0，0，0，0

*SET，%_FNCNAME%（0，2，1），0.0，−2，0，1，0，0，−1

*SET，%_FNCNAME%（0，3，1），0，−3，0，1，−1，2，−2

*SET，%_FNCNAME%（0，4，1），0.0，−1，0，3，0，0，−3

*SET，%_FNCNAME%（0，5，1），0.0，−2，0，1，−3，3，−1

*SET, %_FNCNAME% (0, 6, 1), 0.0, −1, 0, 0.01, 0, 0, 2

*SET, %_FNCNAME% (0, 7, 1), 0.0, −3, 0, 1, 2, 2, −1

*SET, %_FNCNAME% (0, 8, 1), 0.0, −1, 0, 0.006, 0, 0, 1

*SET, %_FNCNAME% (0, 9, 1), 0.0, −4, 0, 1, −1, 3, 1

*SET, %_FNCNAME% (0, 10, 1), 0.0, −1, 0, 1, −3, 2, −4

*SET, %_FNCNAME% (0, 11, 1), 0.0, −3, 0, 2, 0, 0, −1

*SET, %_FNCNAME% (0, 12, 1), 0.0, −4, 0, 1, −1, 17, −3

*SET, %_FNCNAME% (0, 13, 1), 0.0, −1, 0, 2, 0, 0, 3

*SET, %_FNCNAME% (0, 14, 1), 0.0, −3, 0, 1, 3, 17, −1

*SET, %_FNCNAME% (0, 15, 1), 0.0, −1, 0, 1, −4, 1, −3

*SET, %_FNCNAME% (0, 16, 1), 0.0, −3, 0, 1, −2, 3, −1

*SET, %_FNCNAME% (0, 17, 1), 0.0, −1, 0, 0.0015, 0, 0, 0

*SET, %_FNCNAME% (0, 18, 1), 0.0, −2, 0, 2, 0, 0, −1

*SET, %_FNCNAME% (0, 19, 1), 0.0, −4, 0, 1, −1, 17, −2

*SET, %_FNCNAME% (0, 20, 1), 0.0, −1, 0, 1, −3, 4, −4

*SET, %_FNCNAME% (0, 21, 1), 0.0, −1, 7, 1, −1, 0, 0

*SET, %_FNCNAME% (0, 22, 1), 0.0, −2, 0, 1.71e8, 0, 0, −1

*SET, %_FNCNAME% (0, 23, 1), 0.0, −3, 0, 1, −2, 3, −1

*SET, %_FNCNAME% (0, 24, 1), 0.0, 99, 0, 1, −3, 0, 0

! End of equation: 1.71e8*exp (−3* ((({X}−0.01) −0.006*{TIME}) ^2+

! ({Y}) ^2) /0.0015^2)

!-->

SF, A1, HFLUX, %Z1%

*SET, %_FNCNAME% (0, 0, 1), 0.0, −999

*SET, %_FNCNAME% (2, 0, 1), 0.0

*SET, %_FNCNAME% (3, 0, 1), 0.0

*SET, %_FNCNAME%（4, 0, 1）, 0.0

*SET, %_FNCNAME%（5, 0, 1）, 0.0

*SET, %_FNCNAME%（6, 0, 1）, 0.0

*SET, %_FNCNAME%（0, 1, 1）, 1.0, -1, 0, 0, 0, 0, 0

*SET, %_FNCNAME%（0, 2, 1）, 0.0, -2, 0, 1, 0, 0, -1

*SET, %_FNCNAME%（0, 3, 1）, 0, -3, 0, 1, -1, 2, -2

*SET, %_FNCNAME%（0, 4, 1）, 0.0, -1, 0, 3, 0, 0, -3

*SET, %_FNCNAME%（0, 5, 1）, 0.0, -2, 0, 1, -3, 3, -1

*SET, %_FNCNAME%（0, 6, 1）, 0.0, -1, 0, 0.41, 0, 0, 1

*SET, %_FNCNAME%（0, 7, 1）, 0.0, -3, 0, 1, 1, 3, -1

*SET, %_FNCNAME%（0, 8, 1）, 0.0, -1, 9, 1, -3, 0, 0

*SET, %_FNCNAME%（0, 9, 1）, 0.0, -3, 0, 0.0145, 0, 0, -1

*SET, %_FNCNAME%（0, 10, 1）, 0.0, -4, 0, 1, -3, 3, -1

*SET, %_FNCNAME%（0, 11, 1）, 0.0, -1, 0, 1, 3, 1, -4

*SET, %_FNCNAME%（0, 12, 1）, 0.0, -3, 0, 2, 0, 0, -1

*SET, %_FNCNAME%（0, 13, 1）, 0.0, -4, 0, 1, -1, 17, -3

*SET, %_FNCNAME%（0, 14, 1）, 0.0, -1, 0, 0.41, 0, 0, 1

*SET, %_FNCNAME%（0, 15, 1）, 0.0, -3, 0, 1, 1, 3, -1

*SET, %_FNCNAME%（0, 16, 1）, 0.0, -1, 10, 1, -3, 0, 0

*SET, %_FNCNAME%（0, 17, 1）, 0.0, -3, 0, 0.0145, 0, 0, -1

*SET, %_FNCNAME%（0, 18, 1）, 0.0, -5, 0, 1, -3, 3, -1

*SET, %_FNCNAME%（0, 19, 1）, 0.0, -1, 0, 1, 2, 1, -5

*SET, %_FNCNAME%（0, 20, 1）, 0.0, -3, 0, 2, 0, 0, -1

*SET, %_FNCNAME%（0, 21, 1）, 0.0, -5, 0, 1, -1, 17, -3

*SET, %_FNCNAME%（0, 22, 1）, 0.0, -1, 0, 1, -4, 1, -5

*SET, %_FNCNAME%（0, 23, 1）, 0.0, -3, 0, 0.003, 0, 0, 4

*SET, %_FNCNAME%（0, 24, 1）, 0.0, -4, 0, 1, 4, 2, -3

*SET, %_FNCNAME% (0, 25, 1), 0.0, -3, 0, 0.000158, 0, 0, 1

*SET, %_FNCNAME% (0, 26, 1), 0.0, -5, 0, 1, -3, 3, 1

*SET, %_FNCNAME% (0, 27, 1), 0.0, -3, 0, 1, -4, 2, -5

*SET, %_FNCNAME% (0, 28, 1), 0.0, -4, 0, 2, 0, 0, -3

*SET, %_FNCNAME% (0, 29, 1), 0.0, -5, 0, 1, -3, 17, -4

*SET, %_FNCNAME% (0, 30, 1), 0.0, -3, 0, 1, -1, 1, -5

*SET, %_FNCNAME% (0, 31, 1), 0.0, -1, 0, 1, -2, 3, -3

*SET, %_FNCNAME% (0, 32, 1), 0.0, -2, 0, 0.0015, 0, 0, 0

*SET, %_FNCNAME% (0, 33, 1), 0.0, -3, 0, 2, 0, 0, -2

*SET, %_FNCNAME% (0, 34, 1), 0.0, -4, 0, 1, -2, 17, -3

*SET, %_FNCNAME% (0, 35, 1), 0.0, -2, 0, 1, -1, 4, -4

*SET, %_FNCNAME% (0, 36, 1), 0.0, -1, 7, 1, -2, 0, 0

*SET, %_FNCNAME% (0, 37, 1), 0.0, -2, 0, 2.5e8, 0, 0, -1

*SET, %_FNCNAME% (0, 38, 1), 0.0, -3, 0, 1, -2, 3, -1

*SET, %_FNCNAME% (0, 39, 1), 0.0, 99, 0, 1, -3, 0, 0

附录2　基于语义分割的裂纹识别网络模型代码

注意力机制

```
def cbam_block(input_feature,index, reduction_ratio=8):
    with tf.variable_scope('cbam_%s' % index):
        attention_feature=channel_attention(input_feature,index,reduction_ratio)
        attention_feature = spatial_attention(attention_feature, index)
        print("hello CBAM")
    return attention_feature
def cbam_bloc(input_feature,index, reduction_ratio=8):
    with tf.variable_scope('cbam_%s' % index):
        attention_feature=channel_attentio(input_feature,index,reduction_ratio)
        attention_feature = spatial_attention(attention_feature, index)
        print("hello CBAM")
    return attention_feature
def cbam_blo(input_feature,index, reduction_ratio=8):
    with tf.variable_scope('cbam_%s' % index):
        attention_feature= channel_attenti(input_feature, index, reduction_ratio)
        attention_feature = spatial_attention(attention_feature, index)
        print("hello CBAM")
    return attention_feature
def channel_attention(input_feature, index, reduction_ratio=8):
    kernel_initializer='random_uniform'
    bias_initializer='zeros'
    with tf.variable_scope('ch_attention_%s' % index):
        feature_map_shape = input_feature.get_shape()
```

```
channel = input_feature.get_shape()[-1]
avg_pool = tf.nn.avg_pool(value=input_feature,
            ksize=[1,feature_map_shape[1], feature_map_shape[2], 1],
            strides=[1, 1, 1, 1],
            padding='VALID')
assert avg_pool.get_shape()[1:] == (1, 1, channel)
avg_pool = Dense(
            units=channel//reduction_ratio,name='one',
            activation=tf.nn.relu,
            kernel_initializer=kernel_initializer,
            bias_initializer=bias_initializer,
            )(avg_pool)
assert avg_pool.get_shape()[1:] == (1, 1, channel//reduction_ratio)
avg_pool = Dense(
            units=channel,name='two',
            kernel_initializer=kernel_initializer,
            bias_initializer=bias_initializer)(avg_pool)
assert avg_pool.get_shape()[1:] == (1, 1, channel)
max_pool = tf.nn.max_pool(value=input_feature,
            ksize=[1,feature_map_shape[1], feature_map_shape[2], 1],
            strides=[1, 1, 1, 1],
            padding='VALID')
assert max_pool.get_shape()[1:] == (1, 1, channel)
max_pool =Dense(
            units=channel//reduction_ratio,name='three',
            activation=tf.nn.relu,
            kernel_initializer=kernel_initializer,
```

```
                      bias_initializer=bias_initializer
                      )(max_pool)
        assert max_pool.get_shape()[1:] == (1, 1, channel//reduction_ratio)
        max_pool = Dense(
                      units=channel,name='four',
                      kernel_initializer=kernel_initializer,
                      bias_initializer=bias_initializer
                      )(max_pool)
        assert max_pool.get_shape()[1:] == (1, 1, channel)
        scale = tf.nn.sigmoid(avg_pool + max_pool)
    return input_feature * scale
def channel_attentio(input_feature, index, reduction_ratio=8):
    kernel_initializer='random_uniform'
    bias_initializer='zeros'
    with tf.variable_scope('ch_attention_%s' % index):
        feature_map_shape = input_feature.get_shape()
        channel = input_feature.get_shape()[-1]
        avg_pool = tf.nn.avg_pool(value=input_feature,
        ksize=[1,feature_map_shape[1], feature_map_shape[2], 1],
                      strides=[1, 1, 1, 1],
                      padding='VALID')
        assert avg_pool.get_shape()[1:] == (1, 1, channel)
        avg_pool = Dense(
                      units=channel//reduction_ratio,name='2one',
                      activation=tf.nn.relu,
                      kernel_initializer=kernel_initializer,
                      bias_initializer=bias_initializer,
```

```
                    )(avg_pool)
    assert avg_pool.get_shape()[1:] == (1, 1, channel//reduction_ratio)
    avg_pool = Dense(
                    units=channel,name='2two',
                    kernel_initializer=kernel_initializer,
                    bias_initializer=bias_initializer)(avg_pool)
    assert avg_pool.get_shape()[1:] == (1, 1, channel)
    max_pool = tf.nn.max_pool(value=input_feature,
                    ksize=[1,feature_map_shape[1], feature_map_shape[2], 1],
                    strides=[1, 1, 1, 1],
                    padding='VALID')
    assert max_pool.get_shape()[1:] == (1, 1, channel)
    max_pool =Dense(
                    units=channel//reduction_ratio,name='2three',
                    activation=tf.nn.relu,
                    kernel_initializer=kernel_initializer,
                    bias_initializer=bias_initializer
                    )(max_pool)
    assert max_pool.get_shape()[1:] == (1, 1, channel//reduction_ratio)
    max_pool = Dense(
                    units=channel,name='2four',
                    kernel_initializer=kernel_initializer,
                    bias_initializer=bias_initializer
                    )(max_pool)
    assert max_pool.get_shape()[1:] == (1, 1, channel)
    scale = tf.nn.sigmoid(avg_pool + max_pool)
return input_feature * scale
```

```python
def channel_attenti(input_feature, index, reduction_ratio=8):
    #kernel_initializer = tf.contrib.layers.variance_scaling_initializer()
    #bias_initializer = tf.constant_initializer(value=0.0)
    kernel_initializer='random_uniform'
    bias_initializer='zeros'
    with tf.variable_scope('ch_attention_%s' % index):
        feature_map_shape = input_feature.get_shape()
        channel = input_feature.get_shape()[-1]
        avg_pool = tf.nn.avg_pool(value=input_feature,
                    ksize=[1,feature_map_shape[1], feature_map_shape[2], 1],
                    strides=[1, 1, 1, 1],
                    padding='VALID')
        assert avg_pool.get_shape()[1:] == (1, 1, channel)
        avg_pool = Dense(
                    units=channel//reduction_ratio,name='3one',
                    activation=tf.nn.relu,
                    kernel_initializer=kernel_initializer,
                    bias_initializer=bias_initializer,
                    )(avg_pool)
        assert avg_pool.get_shape()[1:] == (1, 1, channel//reduction_ratio)
        avg_pool = Dense(
                    units=channel,name='3two',
                    kernel_initializer=kernel_initializer,
                    bias_initializer=bias_initializer)(avg_pool)
        assert avg_pool.get_shape()[1:] == (1, 1, channel)

        max_pool = tf.nn.max_pool(value=input_feature,
```

```
                    ksize=[1,feature_map_shape[1], feature_map_shape[2], 1],
                    strides=[1, 1, 1, 1],
                    padding='VALID')
        assert max_pool.get_shape()[1:] == (1, 1, channel)
        max_pool =Dense(
                        units=channel//reduction_ratio,name='3three',
                        activation=tf.nn.relu,
                        kernel_initializer=kernel_initializer,
                        bias_initializer=bias_initializer
                        )(max_pool)
        assert max_pool.get_shape()[1:] == (1, 1, channel//reduction_ratio)
        max_pool = Dense(
                        units=channel,name='3four',
                        kernel_initializer=kernel_initializer,
                        bias_initializer=bias_initializer
                        )(max_pool)
        assert max_pool.get_shape()[1:] == (1, 1, channel)
        scale = tf.nn.sigmoid(avg_pool + max_pool)
    return input_feature * scale


def spatial_attention(input_feature, index):
    kernel_size = 7
    with tf.variable_scope("sp_attention_%s" % index):
        avg_pool = tf.reduce_mean(input_feature, axis=3, keepdims=True)
        assert avg_pool.get_shape()[-1] == 1
        max_pool = tf.reduce_max(input_feature, axis=3, keepdims=True)
        assert max_pool.get_shape()[-1] == 1
```

```
        concat = tf.concat([avg_pool, max_pool], axis=3)
        assert concat.get_shape()[-1] == 2
            concat = Conv2D(1,(7,7),padding='same',kernel_initializer='he_
normal',activation='sigmoid')(concat)
        assert concat.get_shape()[-1] == 1
    return input_feature * concat
```

U-Net模型

```
# Build U-Net model
def unet_model(output_channels):
    inputs = Input((IMG_HEIGHT, IMG_WIDTH, IMG_CHANNELS))
    s = Lambda(lambda x: x / 255) (inputs)


    c1 = Conv2D(16, (3, 3), activation='elu', kernel_initializer='he_normal',
padding='same') (s)
    c1 = cbam_block(c1, 1, reduction_ratio=8)
    c1 = Dropout(0.1) (c1)
    c1 = Conv2D(16, (3, 3), kernel_initializer='he_normal', padding='same') (c1)
    c1 = BatchNormalization(axis=3)(c1)
    c1 = Activation('elu')(c1)
    p1 = MaxPooling2D((2, 2)) (c1)


    c2 = Conv2D(32, (3, 3), activation='elu', kernel_initializer='he_normal',
padding='same') (p1)
    c2 = Dropout(0.1) (c2)
    c2 = Conv2D(32, (3, 3), kernel_initializer='he_normal', padding='same') (c2)
    c2 = BatchNormalization(axis=3)(c2)
    c2 = Activation('elu')(c2)
```

p2 = MaxPooling2D((2, 2)) (c2)

c3 = Conv2D(64, (3, 3), activation='elu', kernel_initializer='he_normal', padding='same') (p2)

c3 = Dropout(0.2) (c3)

c3 = Conv2D(64, (3, 3), kernel_initializer='he_normal', padding='same') (c3)

c3 = BatchNormalization(axis=3)(c3)

c3 = Activation('elu')(c3)

p3 = MaxPooling2D((2, 2)) (c3)

c4 = Conv2D(128, (3, 3), activation='elu', kernel_initializer='he_normal', padding='same') (p3)

c4 = Dropout(0.2) (c4)

c4 = Conv2D(128, (3, 3), kernel_initializer='he_normal', padding='same') (c4)

c4 = BatchNormalization(axis=3)(c4)

c4 = Activation('elu')(c4)

p4 = MaxPooling2D(pool_size=(2, 2)) (c4)

c5 = Conv2D(256, (3, 3), activation='elu', kernel_initializer='he_normal', padding='same') (p4)

c5 = Dropout(0.3) (c5)

c5 = Conv2D(256, (3, 3), kernel_initializer='he_normal', padding='same') (c5)

c5 = BatchNormalization(axis=3)(c5)

c5 = Activation('elu')(c5)

u6 = Conv2DTranspose(128, (2, 2), strides=(2, 2), padding='same') (c5)

u6 = concatenate([u6, c4])

c6 = Conv2D(128, (3, 3), activation='elu', kernel_initializer='he_normal', padding='same') (u6)

c6 = Dropout(0.2) (c6)

c6 = Conv2D(128, (3, 3), kernel_initializer='he_normal', padding='same') (c6)

c6 = BatchNormalization(axis=3)(c6)

c6 = Activation('elu')(c6)

u7 = Conv2DTranspose(64, (2, 2), strides=(2, 2), padding='same') (c6)

u7 = concatenate([u7, c3])

c7 = Conv2D(64, (3, 3), activation='elu', kernel_initializer='he_normal', padding='same') (u7)

c7 = Dropout(0.2) (c7)

c7 = Conv2D(64, (3, 3), kernel_initializer='he_normal', padding='same') (c7)

c7 = BatchNormalization(axis=3)(c7)

c7 = Activation('elu')(c7)

u8 = Conv2DTranspose(32, (2, 2), strides=(2, 2), padding='same') (c7)

u8 = concatenate([u8, c2])

c8 = Conv2D(32, (3, 3), activation='elu', kernel_initializer='he_normal', padding='same') (u8)

c8 = cbam_bloc(c8, 1, reduction_ratio=8)

c8 = Dropout(0.1) (c8)

c8 = Conv2D(32, (3, 3), kernel_initializer='he_normal', padding='same') (c8)

c8 = BatchNormalization(axis=3)(c8)

```
        c8 = Activation('elu')(c8)


        u9 = Conv2DTranspose(16, (2, 2), strides=(2, 2), padding='same') (c8)
        u9 = concatenate([u9, c1], axis=3)
        c9 = Conv2D(16, (3, 3), activation='elu', kernel_initializer='he_normal',
padding='same') (u9)
        c9 = cbam_blo(c9, 1, reduction_ratio=8)
        c9 = Dropout(0.1) (c9)
        c9 = Conv2D(16, (3, 3), activation='elu', kernel_initializer='he_normal',
padding='same') (c9)
        c9 = BatchNormalization(axis=3)(c9)
        c9 = Activation('elu')(c9)


        c10 = Conv2D(1, (1, 1), activation="sigmoid") (c9)


        return tf.keras.Model(inputs = inputs,outputs = c10)


    model = keras.layers.Lambda(unet_model)(unet)
    adam = tf.keras.optimizers.Adam(lr=1e-3)
    model.compile(adam,loss='sparse_categorical_crossentropy', metrics=
['accuracy'])
    model.summary()
```